人文新视野
丛书
(第10辑)

瑞士当代美学与诗学研究

RUISHI DANGDAI MEIXUE
YU SHIXUE YANJIU

史忠义　户思社　叶舒宪　刘越莲　主编

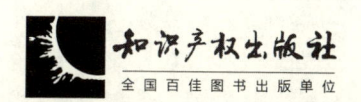

图书在版编目（CIP）数据

瑞士当代美学与诗学研究 / 史忠义等主编 . —北京：知识产权出版社，2015.6

（人文新视野. 第 10 辑）

ISBN 978 – 7 – 5130 – 3581 – 1

Ⅰ. ①瑞… Ⅱ. ①史… Ⅲ. ①美学思想—研究—瑞士—现代 Ⅳ. B83 – 095.22

中国版本图书馆 CIP 数据核字（2015）第 124877 号

责任编辑：刘　睿　刘　江　　　责任校对：董志英
文字编辑：邓　莹　　　　　　　责任出版：刘译文

瑞士当代美学与诗学研究

史忠义　户思社　叶舒宪　刘越莲　主编

出版发行：知识产权出版社 有限责任公司	网　　址：http://www.ipph.cn
社　　址：北京市海淀区马甸南村 1 号	邮　　编：100088
责编电话：010 – 82000860 转 8113	责编邮箱：liurui@cnipr.com
发行电话：010 – 82000860 转 8101/8102	发行传真：010 – 82000893/82005070/82000270
印　　刷：保定市中画美凯印刷有限公司	经　　销：各大网上书店、新华书店及相关专业书店
开　　本：720mm×960mm　1/16	印　　张：21
版　　次：2015 年 6 月第一版	印　　次：2015 年 6 月第一次印刷
字　　数：302 千字	定　　价：52.00 元
ISBN 978 – 7 – 5130 – 3581 – 1	

出版权专有　侵权必究

如有印装质量问题，本社负责调换。

编委会成员

主　编　史忠义　户思社　叶舒宪　刘越莲
顾　问　钱中文　吴元迈　黄宝生　郭宏安
　　　　　罗　芃
编　委　（按姓氏笔画排列）
　　　　　户思社　史忠义　叶舒宪　许金龙
　　　　　李永平　吴晓都　孟长勇　杨鹏鹏
　　　　　周启超　张保宁　姜亚军　南建翀
　　　　　党争胜　高建平　聂　军　徐德林
　　　　　董小英　董炳月　程　巍　魏在江
　　　　　谭　佳
编　务　徐德林（兼）

目　录

瑞士当代美学

为了另一种美学
　　［法］艾让·莫里诺　文　　［瑞士］拉法埃尔·拉法耶－莫里诺　文
　　……………………………………………………… 翟月　译（3）
运动的悬停：跨媒介的优越场所
　　——以莱辛的"画"论分析电影和连环漫画
　　…………………………［瑞士］阿兰·博亚　文　史文心　译（39）
电影诞生时期单帧影像的地位与包孕性顷刻之关系
　　…………………［瑞士］玛丽亚·多塔加达　文　史文心　译（60）
最终时刻的美学
　　………［瑞士］克里斯蒂安 L. 哈特－尼布里格　文　于海燕　译（77）
让沉默言说什么：姿态、品格和作者形象
　　………………………［瑞士］热若姆·梅佐兹　文　许玉婷　译（93）
身体的音乐性
　　—— 音乐美学
　　………………………［瑞士］弗朗索瓦·菲利克斯　文　吉晶　译（107）
中世纪现象的得失
　　——西方世界是古希腊式的还是中世纪拉丁式的？
　　………………………［瑞士］阿兰·科尔波拉利　文　张鸿　译（128）
多元的和谐
　　………………………［瑞士］艾蒂安·巴里利耶　文　向征　译（157）
无与伦比的翻译

················[瑞士] 阿尔诺·朗肯 文 许玉婷 译（174）

现代性中审美范畴的迁移

················[瑞士] 桑德琳娜·比里 文 许一明 译（193）

诗学研究

情感与叙事

················[瑞士] 拉斐尔·巴洛尼 文 张鸿 译（213）

批评关系与共情阅读

——文学中情感理论的影响

················[瑞士] 安托尼奥·罗德里格 文 郭兰芳 译（238）

情节的力量

················[瑞士] 拉斐尔·巴洛尼 文 郭兰芳 译（257）

情节为时间增添了什么？

——重读保尔·利科（Paul Ricoeur）的《时间与叙事》

················ 拉斐尔·巴洛尼 文 向征 译（273）

歧路花园：当代叙事学的虚构化与挑战

················[瑞士] 拉斐尔·巴洛尼 文 景岚 译（295）

Fantaisies chromatiques 色彩幻想

················[瑞士] 弗朗索瓦·德布律 文 史忠义 译（314）

瑞士当代美学

为了另一种美学

■ ［法］让·莫里诺[*] 文
　［瑞士］拉法埃尔·拉法耶－莫里诺[**] 文
　翟月[***] 译

【内容提要】 本文主要探讨的是另一种美学，即一种真正的普通美学的构建。为此，首先论及何为美学，指出应该拒绝美学考察过程中的单一化，尊重存在物本身的多元化；而后，本文对西方美学的历史进行梳理，并指出对于美学的考察不应该仅局限在西方美学的传统中，还要考虑到西方大艺术之外的艺术实践和美学传统，并且欧洲以外的传统将在艺术和美学新形式的创造中发挥决定性作用。因此，在所谓高端艺术与低端艺术之间，应该实现一种价值的翻转，平民艺术、大众艺术、低端美学和低端文化同样应该得到关注。最后，探讨在构建另一种美学的过程中，如何避开无理由的多样性或武断的单一性这种双重危险的问题。

【关键词】 另一种美学 普通美学 西方美学 文人传统 大众艺术

"美丽之物都是难事（χαλεπὰ τα καλά）"
柏拉图，《大希比阿篇》[❶]

---

[*] 让·莫里诺（Jean Molino），艾克斯普罗旺斯大学（法国）及菲斯大学（摩洛哥）文学教授，洛桑大学名誉文学教授。
[**] 拉法埃尔·拉法耶－莫里诺（Raphaël Lafhail-Molino），文学博士、叙事学专家。
[***] 翟月，南京大学法语系。
[❶] χαλεπὰ τα καλά，法文"Difficiles sont les belles choses"，意为"美丽之物都是难事"。

一、一分为三：美、艺术和美学

美学是什么？它首先是一门哲学学科，自18世纪以来逐步形成，并且融入了某些相邻的学科，如历史学、社会学、心理学、进化论、艺术、生产与美学接受的认知科学和神经科学等。而一旦思考其研究对象是什么时，难题便出现了：它首先感兴趣的是否就是艺术创作，某些人或事所拥有的特殊品质，或是某个主体面对同样现实所作出的回应呢？毋庸置疑，必须认识到其对象的多样性，正如新版《牛津美学手册》的编者杰罗尔德·列文森❶（Jerrold Levinson）的做法；确实，对于他而言，美学场域具有三个中心（foci）：艺术、美学属性和审美体验，从这三个中心出发，美学可以得到"恰当地构建"（Levinson，2003，3-7）。对这三个组成部分的不同程度的认可，如今几乎在所有地方普及，但是人们通常不甚确定它们的相对重要性或它们之间的关系。这就解释了这一现象，即许多美学著作都以大篇幅的讨论开始，而争论的问题在于要知道，艺术的观念、美学属性的观念或者审美体验的观念是否就是在概念上要首先考虑的问题。因此，我们似乎不能回避这种爆发，但人们也会询问这种爆发的基础所在。理解这种爆发的唯一方法就是置身于象征形式的符号学范畴（Molino，2009）：意指，即参照的不确定过程，它自行组合成一些整体，借助卡西尔的话说，我们可称之为象征形式。

任何生产、任何人类行为，都以物质痕迹的形式表现出来，这对行动、对言语、对技术物体而言如此，对艺术作品而言亦是如此。但这些文化制品构成了具备特定存在方式的象征物体：它们与"自然"物体不同，自然物体可以与人类背景分离，也可能存在于人类背景中——正是这一点，使得在自然科学范畴内对"自然"物体的研究成为可能——象征物体离不开生产和接受这两个过程，这两个过程对其作出的定义，与

---

❶ 杰罗尔德·列文森（1948~），美国马里兰大学帕克学院哲学教授，尤以对音乐美学的研究，以及对电影、艺术、幽默的意义和本体论研究著称。——译者注

对孤立物体❶属性的定义如出一辙。我们当然可以像对其他物体一样对这些象征物体进行研究和分析，就像研究一棵树或一块石头那样，这构成了象征物体的物质层面或中性层面，但仅仅这个层面的分析还不够，还应该包括生产过程，正是生产过程创造出了象征物体，正像使用过程和接受过程标示着其存在一样。象征物体首先是生产过程的产物，即一种创作学的产物，它构成名副其实的创作。象征物体自存在以来，便可以为接受者所感知，而这种接受，我们称之为感觉，其本身就是一种真正的象征构建。然而，我们为方便起见而继续称之为美学的这个场域，如果围绕三个中心来构建，它则仅仅依存于三个中心之间的关系，这一学科的基本问题也仅从这些关系来定义：主体的审美体验与触发体验的对象属性之间的关系是什么？创作者的意图、体验对象的属性以及主体的回应之间的联系是什么？

正是技术物—象征物的三维——物质存在、创作策略以及接受策略——赋予了它特定的本体论地位。近来，我们对艺术作品的本体论颇感兴趣，但这则要论及我们可以称之为区域的或甚至地方的本体论问题：比如，某部音乐作品的存在方式是什么？它以乐谱、演奏或想象的方式存在么？无疑最好是要突破有关艺术作品本体论的经院式问题，以便关注更为根本性的问题。当代有关本体论的讨论大多数情况下被框定在过分局限的范围内（Thomasson, 2004）：我们只能在传统的二元本体论和受唯科学主义启发的一元本体论之间进行选择。我们认为有必要走向真正的多元本体论：正如生命只能被理解为从物理化学过程中出现的现象，文化和人类世界也只能被理解为从生命及其进化中出现的现象。

在此看到了我们考察的主线之一：拒绝缩减为单一或简单，这对于我们来说似乎是偌大的哲学罪孽，以便尊重存在物本身多样性的多元化。我们刚才提到调查。的确应该指明，在承认美学领域的起初，我们不知道什么是艺术、美或美学，而所有人，或者说几乎所有人都在谈论艺术或美学，都确信自己全然明白。与其说这是分析的问题，不如说更

---

❶ 此处指物理概念中不受任何外力（或者合外力为0）的物体。——译者注

像一次冒险，在一片不甚了解的大陆上探索。

二、西方美学的神圣故事

构建美学场域三个中心之间的这种张力，其展现的最佳场所无疑是在西方的美学历史中，我们将以其正统的形式进行概括，从而凸显出某些预先假设，后者多少以显性方式引导着遵循该传统的哲学家和人类科学专家的思考。这是一种有关西方美学的神圣故事。我们称之为神圣故事，并不因为它是虚假的，而因为它只是局部的，而且带有偏见，因为它只保留了复杂情况中的某些方面，尤其是过分地夸大了理论文本和社会统治阶层的重要性。

（一）美的时代

最初显然不能略过希腊人以及他们不朽的"奇迹"，而且我们知道对希腊人而言，美无处不在。勒南❶在雅典卫城上发出赞叹："啊，宏伟的建筑！啊，简朴而真实的美……"贡布里希❷也向我们证实，希腊确实就是"美之地"。早在荷马心中，一切都可以奉为美：男人、女人的身体之美，人如此，神亦如此，还有动物、衣着和饰物，自然物体，或许还有更美的人类行为。这个清单中所列出的现实，对它们进行描绘的词语，足以证明希腊时期的美与现代的美大相径庭：如果说美的东西呈现出感性的一面——它应该令人愉快、讨人喜欢，那么它还有功能性的一面——它还是有用的，并且适应其功能，最后它还有社会和道德的一面——它端正得体、合乎道德。我们在许多文化中发现了这种融趣味性、实用性和高尚性为一体的结合，借此企图构建美学的共相。

但这不是占支配地位的欧洲传统所秉持的原则。在欧洲传统中，古

---

❶ 约瑟夫·欧内斯特·勒南（Joseph Ernest Renan，1823~1892），法国研究中东古代语言文明的专家、哲学家、作家。——译者注

❷ 恩斯特·贡布里希（Ernst Gombrich，1909~2001），20世纪著名艺术史及肖像学专家。生于维也纳，并在维也纳大学攻读美术史。1936年移居英国，进入伦敦大学瓦尔堡大学。——译者注

希腊古罗马文化的遗产被归纳为一些主题，其影响一直保持至今。欧洲传统为文学和造型艺术保留了一个有效的原则，它源自柏拉图和亚里士多德，而后在文艺复兴时期又得到复活：模仿（mimesis）被设想成一个模糊的原则，既是对人类行为的模仿，也是对古人的模仿。欧洲传统同样忠实于美的古典概念，其特点就是统一性、条理和比例，主要体现在波利克雷特❶的《法则》中，并在维特鲁威❷的作品中得到定义。这一概念至少在理论上被一直保持到中世纪，然后才成为文艺复兴和古典艺术的基本原则。也正是在那时，裸体成了雕塑和绘画青睐的主题：艺术裸体和新帕拉第奥式建筑，从英国传到美国，因而成为西方艺术和美学最突出的外在符号。欧洲传统则多少独立于这种技术方面，仍然将其若干哲学的主题沿用至今，尤其是"归一"的原则：美的物品除了可以呈现出许多形式之外，它还有一种极致的美，❸ 只有通过热爱、通过修行才能达到彼处之美。这种修行使我们从物质之美逐步上升到精神之美，最终达到美的理想境界。正是这种美的观念在中世纪神学中赢得胜利，并且滋养了文艺复兴时期的新柏拉图主义，然后又以另样的形式滋养了艺术的浪漫主义观念，并以艺术代替宗教。

这就形成了欧洲美学的第一个层面。应该指出，这是在更为复杂的传统中进行的选择。尤其是因为理论在先前远比实践以及实际行为占据更为重要的地位，所以美的客观方面如今就显得处于首位：它被认为是物品的属性本身。这并不是说希腊人和罗马人对美的效果不感兴趣，而是说美所激发的众多反应，即诡辩家和怀疑论者所指出的多样性，在多数情况下并不会质疑美的客观属性。

（二）美学时代

渐渐地，在许多社会和文化因素的影响下，出现了观点的颠覆：随

---

❶ 波利克雷特（Polyclète），古希腊雕塑家，著有关于人体雕塑的著作《法则》（Canon）。——译者注

❷ 维特鲁威（Vitruve，约公元前 80 年或前 70 年~约公元前 25 年），古罗马作家、建筑师和工程师。——译者注

❸ 为了与普通的美进行区分，此处作者用了大写的美（Beau）。——译者注

着个人主义的发展,重点从客体走向主体。这种演变随着"品味"这一概念的出现而表现出来,这一概念构成了从美的理论过渡到美学理论的前提。这不是可以让我们对精神作品作出评价的理性,而是一种出自本能的能力:"好的品味是原始运动,或者可以说一种完全理性的本能,快速地激发出这种运动,并且能比理性所进行的所有推理更可靠地引导理性。"(Bouhours,1687)。正是这种能力使我们能够感觉到美好的作品这种难以言明的品质,这个"说不上来的东西"可以让人立即产生喜爱之情。这与"欣赏力"这一概念在英国所扮演的角色类似:其对于夏夫兹博里[1]而言是一种能让我们感受到既美又得体而且合乎道德的事物的情感。正是这种能力定义了"花花公子"这类实现了所有其存在可能性的人。于是逐渐出现了美学现身其中的情况:对于拥有消遣的领导阶层而言,出现了审美体验的可能性,体验对象既可以是自然,也可以是艺术作品。在那个时代,有人建议英国富有的爱好者透过着色的玻璃观看风景,使其像一幅洛林[2]的画。从康德、布洛到20世纪的形式主义者,这种体验逐渐具备了一些特征,其定义就是从这些特征而来。对于康德,评价独立于任何兴趣:愉悦感让人高兴并体现出人对该物品的兴趣,而品味的评价则纯粹是由沉思而来,并且与某种无私且自由的满足感相对应。英国心理学家布洛引入"心理距离"这一概念来表达审美意识的基本特征:对于客观物的考察不是通过其与方法、目的或者一种实践观点的关系来进行,考察点在于其自身并且仅为其自身而考察(Bullough,1912~1913)。

在这一方面,在现代派所定义的审美体验与以前人们感知艺术作品的方式之间进行对比很有趣。当蒙田或孟德斯鸠面对一幅艺术作品,正如当他们在意大利旅行时那般,他们并不感到需要长篇大论地描述或者

---

[1] 夏夫兹博里(Shaftsbury,1671~1713),17世纪末18世纪初英国美学理论家。——译者注
[2] 克罗德·洛林(Claude Lorrain,约1600~1682),原名克洛德·热莱(Claude Gellée),法国巴洛克时期的风景画家,但主要活动在意大利。——译者注

评论他们的印象：他们只说它很美就够了。同样，当卡斯蒂利奥内❶在为一位名副其实的廷臣画肖像时，他并不表现他在凝视美好的事物，而是正专心画画、演奏音乐或跳舞。我们看到，如今依然被置于思考中心的审美体验只是许多可能性中的一种：我们无须长时间凝视一件物品，也无须详细描述其品质就可以体会到美的感觉。

（三）艺术时代

实现向主观性的转向后，我们见证了艺术或者美术概念的出现。的确在很长时间内，技术和我们所称的艺术之间并没有明显的差异。"艺术"（art）一词，等同于拉丁语中的"ars"和希腊语中的"technê"，在黎希莱❷所编《字典》（1732）中被定义为"一种准则的集合，为了达到有用的目的而信奉的准则"。他还在括号中明确指出了其可以分成的两大类："一类是机械艺术，相当于工艺方法和手工业；另一类是自由艺术，包括'逻辑学、修辞学、语法学、绘画、雕塑、数学、天文学等'"。这第二类只会让当代欧洲人感到吃惊，其表明直至18世纪初，我们所构想的这类艺术还不存在。渐渐地，如今美术领域中所包含的实践才被独立出来：从文艺复兴时期开始，人们逐渐趋向于将建筑、绘画和雕塑一起归为"设计"（disegno❸）艺术；到18世纪末，人们列出了美术所包含的六大门类的标准清单：建筑、雕塑、绘画、音乐、舞蹈和诗歌。

我们在同一个时期见证了艺术家的诞生。文艺复兴时期早已生出了一种新的观念，给某些至少是建筑师、雕塑家和画家的人赋予了一种高于简单手艺人的地位：他们逐渐被认为是真正的英雄，人们承认他们是

---

❶ 巴尔达萨雷·卡斯蒂利奥内（Baldassare Castiglione，1478~1529），意大利文艺复兴时期作家、外交官。——译者注

❷ 塞泽尔-皮埃尔·黎希莱（César-Pierre Richelet，1626~1698），法国语法学家、词典学家。——译者注

❸ "disegno"是一个意大利语的词，英语译为"design"，汉语常见译法是"设计"，但"设计"一词显然远不能够传达"disegno"的本义。瓦萨里（Giorgio Vasari，文艺复兴时期意大利画家、建筑师）曾在其《艺苑名人传》第三部分序言中给出了对该词的解释："disegno是对自然中最美之物的模仿，用于雕塑和绘画中一切形象的创造；它依赖于艺术家的手和脑……准确再现眼见之物的能力。"——译者注

有天资之人。在19世纪之初，作家以及造型艺术家意识到他们是作为独立的社会阶层而存在。1831年，《艺术家》杂志的诞生表现出了这种意识。另外，还建立起一种新的艺术组织。直到那时，手艺人—艺术家服从贵族或宗教操纵的制度，而后逐步过渡到了市场制度：艺术家变得独立之后，参与到商品流通之中，书和画都像生活消费品一样被销售。如果说美学的出现与见多识广的爱好者分不开，这些爱好者可以致力于艺术作品的鉴赏，那么艺术和艺术家的同时出现则表现出他们进入商品流通之中。

这样就出现了重点的转移：如果说18世纪的美学最注重的是艺术作品和可以鉴赏艺术作品的爱好者之间的相遇，那么现在是艺术逐渐居于美学的中心，美学则具有一种新的意义。黑格尔在其《美学》中正是要说明这种转移。的确，他开始讲课时这样说："这门课用于讲解美学；其对象是广阔的美的帝国，更准确地说，其领域是艺术，即美术。"而后黑格尔又让人注意到美学这个词不恰当，因为这个词只是从美所激发的感觉来考察美，然而对于他而言，这并不是要从一般意义上研究美，而是研究艺术中的美。这就是为什么他只是出于方便才保留了这个词，并在结束讨论时断言道："我们这门学科最适合被叫做艺术学，更确切地说是美术学。"的确，对于黑格尔而言，艺术美超乎自然美，因此模仿不能再被作为艺术的原则。现在，位居这种新美学中心的是艺术作品，是表现艺术家天资的原创。

(四) 从现代性到当代艺术

在整个19世纪，艺术逐渐抛弃了在此之前作为其基础的原则，并随着浪漫主义开始了对新事物的探索，这种探索引向了该世纪末和下世纪初的先锋派运动。于是我们看到一系列的艺术运动相继而来——印象派、野兽派、表现主义、立体主义、抽象派、达达主义、超现实主义等——这些艺术运动主张抛弃先前的惯例，主张更忠实于现实，但也主张有更强的自律性、更多的新意和创造性。人们在很长时间内将这种发展诠释为现代性的神圣故事，在线性的发展中，它最终必然把我们引向纯粹的艺术本质：对于纯粹的要求存在于文化的每个领域，从瓦尔拉斯❶的纯粹经济学和索绪尔的纯粹语言学到马拉美的纯诗学、包浩斯❷和勒·柯布西耶❸的纯建筑学、一系列作曲家的纯音乐以及波洛克❹的抒情抽象主义倡导的纯绘画，其中波洛克受到了美国批评家克莱门特·格林伯格❺的赞美。但当代艺术没有达到纯艺术，而是使我们进入了实践的丰富化，这种丰富化在对传统艺术的范围和原则提出质疑的同时使艺术无限扩展，从波普艺术、发生艺术、装置艺术扩展至大地艺术、极简主义和概念艺术。

这种演变似乎导致了被许多批评家当作艺术之死亡的状况。争论的矛头尤其指向了杜尚的作品以及他的现成艺术品，尤其是他的著名画作《喷泉》，画中是签有"R. Mutt 1917"字样的小便池。这幅画曾被纽约独立艺术家协会举办的画展拒收，却成了20世纪最著名的艺术作品。如果说到底，没什么可以让人在艺术作品和任意物品——小便池和雕塑品——之间作出区分，那么我们不就是走到了艺术的末日吗？这些有关自然和艺术定义的疑问只是增强了艺术在当代美学思考中所占据的中心地位，但这种仅仅成为艺术哲学的美学，它也同样像有关美的传统理论一样有其局限性、片面性和偏见性。艺术死亡的预言催生出了无数论文，但这实际上相当于一种表层的诊断：艺术继续存在，即使最新的艺术活动似乎没有表现出艺术有任何特异性。然而，正是艺术实践的无限扩展使我们得以发现并开始重视先前被遗落在西方大艺术之外的实践：

---

❶ 里昂·瓦尔拉斯（Léon Walras, 1834~1910），法国经济学家。他开创了一般均衡理论，是一位数理经济学家。——译者注

❷ 国立包浩斯学校（Staatliches Bauhaus，通常简称包浩斯），是一所德国的艺术和建筑学校，讲授并发展设计教育。——译者注

❸ 勒·柯布西耶（Le Corbusier, 1887~1965），法国建筑师、室内设计师、雕塑家、画家，是20世纪最重要的建筑师之一，是功能主义建筑的泰斗，被称为"功能主义之父"。——译者注

❹ 杰克逊·波洛克（Jackson Pollock, 1912~1956），是一位有影响力的美国画家以及抽象表现主义运动的主要力量。他以他独特创立的滴画而著名。——译者注

❺ 克莱门特·格林伯格（Clement Greenberg, 1909~1994）是20世纪下半叶美国最重要的艺术批评家，也是该时期整个西方最重要的艺术批评家之一。

不仅是欧洲社会的边缘艺术（儿童艺术、"疯人艺术"和原生艺术，其中洛桑市拥有极珍贵的原生艺术藏品），更普遍意义上的还有欧洲之外世界范围内的艺术和美学。

三、文人传统

到此为止，我们一直局限在西方美学的传统之中。但是，为了建立起一般的美学，显然有必要涉及其他传统，首先是重要的文人传统，这些文人传统与我们的传统一样，都有对文字的认识、国家的存在以及层级分明的社会。有关这些传统的资料越来越丰富，但我们还是不无吃惊地注意到大部分西方美学专家对别处所发生的一切似乎并没有很大的好奇心。贡布里希的《艺术史》首版于1950年，我们所引用的是英语版第五版（1989）的法语译本（1990）。这本500页的书籍中有12页介绍艺术"神秘的开端"，有34页介绍希腊，还有12页介绍"从2世纪到13世纪的伊斯兰国家和中国"的"朝向东方的目光"。从理论角度而言，2003年出版的《牛津美学手册》是新近对哲学美学作出概括的英语书籍，这本书几乎只有分析的灵感，全书800页中只有14页构成了题为《比较美学》的短小章节，这一章被看做是回顾了世界其他地区的概念。

然而，不可能将这些重要的文人传统置之不理，所有这些文人传统都关心着西方美学所感兴趣的问题，也就是我们作为出发点的三个中心：创作学、美学和美的属性。但更明晰的是，当我们尝试去关注其他传统时会处于一种特别的境地：从一种确定但不可能也不希望避开的传统出发，我们会有一种感受，这种感受不是令人不安的陌生化，而是一种熟悉的陌生化。一方面是陌生化，因为我们不会意识到我们所熟悉的物品以及情况、词语、行为和情感。另一方面是熟悉，因为如果我们从一开始就按照原则不排斥另一种传统所提供的东西，那么就会对其进行阐释，从而使其与我们在自己的传统中所认识到的东西靠近。不应该认为我们的阐释使我们获得了有关这种未知传统的真理，但由此开始的是两种传统之间有产出的交流过程。正是本着这种观点,我们举出对其他美学世界进行探索的几个例子。显然,问题不在于这可能仅仅是迫于能力不足而介绍这些美学的梗概,而在于给出个人学习的例子:这仅仅是为了举出几个例子,其中我们会看到这种陌生化的某些方面渐渐变得熟悉起来。

(一) 印度

我们首先论及的这种文化可能相比其他文化而言,与我们的文化有更多的共同点,这就是印度文化。印度文化中有得到广泛发展的美学理论,其最初是为了戏剧而建立,而后普及为整个文学创作;在当代,印度的美学理论甚至被用于理解所有的艺术实践。其传统的表达是在婆罗多(公元 2 世纪)的《戏剧论》(Nâtyashâstra) 中。其中心概念是"味论"(rasa) 的概念,rasa 一词的本义是"味道":这是一种由戏剧所激发的情感,但其中含有超脱之意,因为这是间接被舞台人物的情绪所感染。我们注意到如此构思的味论显然会让我们想到亚里士多德的净化说。但印度理论家区分出八种"味",与人类心理中所共有的八种情感相对应:爱情、欢喜、悲情、愤怒、勇敢、恐怖、讨厌、惊奇。如果说味论的概念使我们靠近了欧洲的悲剧理论,那么对这八种情感的列举则引导我们拓展了我们有关美学场域的概念。

我们发现印度文学中所展现的也是既陌生又熟悉的人物。这里要谈到一个城里人 (nâgaraka),他通过军队服役、经商和工作发财之后结了婚并且定居在一个大城市,在那儿他可以接触到上流社会的人士。他的房间里安放了一张摆放有鲜花、香水和护肤品的桌子,而在垫子上摆放着弦乐器 (vînâ) 以及绘画用的材料……这位优雅的男士会花很长时间梳洗打扮,然后探望朋友,还会安排伴有音乐、歌唱和舞蹈的款待晚宴,不要忘记还有爱情的游戏,这在他的生活中占据着重要的位置。我们刚刚从《爱经》(Kâmasûtra) 这本"爱情枕边书"的传统评论中借用了展现一位优雅市民生活的片段,在这之中我们列举了 64 种消遣 (kalâ) 艺术,这些消遣艺术包含在年轻女孩、交际花和大家闺秀都应该了解的性艺术中:从音乐到指甲修剪、从准备香水到烹饪、从讲故事

13

的艺术到诗学。非常清楚，在信奉基督教的西方，很难将性这种传统与淫书区分开来，但这种传统是一种艺术，与其他艺术别无二致，可能还高于其他艺术，因为爱情是"味论之首"。

（二）阿拉伯—伊斯兰世界

伊斯兰的艺术，正如人们通常所称的那样，大多情况下被看做一种装饰艺术：其根本上存在一种对空无的恐惧，这促使人们用连续性的装饰对表面进行覆盖。这种装饰的构成元素从自然（植物）、文字和几何中借取。这各种各样的元素在欧洲传统中被统称为阿拉伯式装饰图案。由此，人们或多或少地表示用重点在于结构的建筑反对将结构用于装饰的建筑，前者是欧洲艺术的特点，后者是伊斯兰艺术中的做法。对于结构和装饰之间的这种对立，完全应该提出质疑。如果说这种对立已经成为20世纪占支配地位的一种思想，那是一种现代主义者的反应。根据建筑师阿道夫·路斯[1]的说法，现代主义将装饰看做一种罪恶（*Ornament und Verbrechen*，1908）。但是我们可以如此简单地将结构和装饰截然分开吗？希腊庙宇和哥特式教堂的分界线又在哪儿呢？那些圆柱和它们不同的排列次序属于结构还是装饰呢？反而言之，阿兰布拉宫的狮子院有着复杂的构造，其中每一个细节只有相对整体结构才有意义。如今，当抽象艺术成为形象艺术的一种替身时，我们更能理解人们所称的装饰的独立基础。我们意识到，从艺术起源以来，形象艺术和非形象艺术构成了两大选择：每一种文化、每一个时代构建出不同的解决方法，在这些解决方法中抽象和具象、结构和装饰按照独特的比例相结合。通过比较，可以使另一条创作途径的特点更好地显现出来，其与西方所走的创作道路不同。

我们想在伊斯兰世界中考察另一种现象，起初这种现象似乎远非我们所了解的，但之后它又引导我们感知到了多少有些类似的现象。在伊斯兰的传统中，吟唱的诗被构想出来是为了催生出人们所称的"歌谣"

---

[1] 阿道夫·路斯（Adolf Loos，1870~1933），奥地利建筑师，在欧洲现代主义建筑的发展中有很大的影响力。——译者注

(tarab),而且确实激发了这种艺术形式。这个本义是快乐的词对应着多种情感状态,从一时的感官快感到最强烈的兴奋和恐惧都包括在内。没有作品能比伊斯法哈尼(Abû l-Faraj-al-Isbahânî,10世纪)的《乐书》(Kitâb al-Aghânî)这部有关阿拉伯诗歌和音乐的皇皇巨著更有助于观察这些审美体验,其围绕诗歌和音乐渗透着四个世纪内阿拉伯上流阶层的社会和文化。在其中我们读到有一位哈里发,❶他听着一位音乐诗人的即兴创作对他的宠妃说"创作如我一般",并开始边唱歌边旋转起来,直到晕倒在地。尽管对于吟唱诗的反应可以呈现出不同的形式,然而无论如何,吟唱诗激发的反应,举例来说,比西方古典音乐的独奏会要强烈得多,甚至在当代阿拉伯世界中也如此。如果我们把目光转向包括摇滚和电子音乐在内的当代大众音乐,眼下难道没有部分相类似的效果吗?

(三) 日本

平安时代(794~1185年)被认为是日本文化集大成的时代。这个时代的文化是一种宫廷文化,非常有限的社会精英以及"文人雅士"(yoki hito)在宫廷内过着讲究的生活。重点在于对优雅和美的追求。这种美学的其中一个中心概念就是物哀(mono no aware),雅克·鲁博❷将之译为物的情感(Les Sentiments des choses)。这涉及从主体和世界万物之间的应和中生出的一种感情。对人的脆弱性和物的短暂性(hakanasa)的尖锐意识使这些感情变得更为深刻。在这个时代的尾声,也就是公元1000年左右(顺便想一下同一时期的欧洲艺术和文学),宫廷女官清少纳言写了《枕草子》,法文译本的标题译作《枕边笔记》。这是一部随笔集,作者在其中自由地融合了对生活中和社会上场景的观察以及引发的情感和思考。她列出了世界上最美的事物、让人高兴的事物、用悲伤和苦恼填满灵魂的事物以及不相一致的事物的清单。但无论是对于人和物的列举还是评论,一切都是以最直接、最简单的方式进行展

---

❶ 穆罕默德的继承者,伊斯兰国家的首领。——译者注
❷ 雅克·鲁博(Jacques Roubaud,1932~),法国诗人、小说家、评论作者。——译者注

现，从不会陷入感伤："春天，我最喜欢晨曦。山顶慢慢显出轮廓，并微微变得清晰起来。淡紫色的云拖着细长的尾巴。夏天，我最喜欢夜。我生来喜欢月光；但我也喜欢萤火虫交相飞舞的黑暗。即使下雨，夏天的夜也让我陶醉。秋天，我最喜欢傍晚……"（Shônagon，1966，29）。

大约在同一时期，另一位女官，紫式部创作了《源氏物语》（*Le Dit du Genji*）这部小说，我们将其与普鲁斯特（11 世纪初的女性普鲁斯特……）的作品作比较一点都不为过。这部书是真正的长河小说，共有 54 章，相当于一位名叫"源氏"之人的传记，也就是一位没有继承皇位的天皇之子的传记。他是一位英雄，具备所有可能的身心品质，小说讲述了他的政治生涯和爱情经历，属于巴尔扎克或普鲁斯特式的起起落落（Murasaki Shikibu，1988）。小说所讲述的也是清少纳言笔下那般雅致的宫廷生活，诗歌和绘画在其中起着重要的作用。因此，小说第 17 章专门写一场绘画比赛，就像这一章的标题所言——绘合（*Eawase*）。这是平安时代所进行的一种娱乐活动的特殊形式，人们称其为物合（*monoawase*），书面意思是物的竞赛，其中包含将参与者左右对称摆放，从中选出最美之物的竞赛。竞赛既可以针对花儿展开，也可以对诗歌或绘画进行评比。虽然这种绘画竞赛的特殊形式令我们感到惊奇，但这种形式在多种多样的文化中屡见不鲜：美学判断常常是建立在源于对照的比较之上。

（四）中国

人们有时候断言，中国文化相对欧洲传统似乎是绝对的"他者"。两种文化之间当然有过交流，并且是朝着两个方向：欧洲长时间以来都在探索中国瓷，而中国发现了透视法，耶稣传教士在两种文明之间担当着中间人。但我们的确有一种印象，在许多领域，无论是政治、哲学还是艺术，两种文明作出了对立的选择。

然而，让我们尝试着去触及一个人，这个人在我们眼中充满了异国情调的魅力，他让我们认识到他身上有些接近我们的方面。而且正是因为我们建立了某些联系，西方人才会对他感兴趣。这个人就是李渔（1611~1680），他生活在明朝和清朝的过渡时期。他的生活历经曲折，从富有到贫穷，最后成为一个戏班的掌门人，这个戏班几乎在各地演出。他写剧本，也写长篇和短篇小说，他在欧洲的声誉有一部分是基于他的色情小说《肉蒲团》，译成法语的标题是《肉若跪垫》。他还协助编著了《芥子园画传》，这是一部介绍中国绘画技巧的传统手册。我们还选译了《闲情偶寄》，标题被译作《李渔的秘密记事》（Dars，2003）。这本书中以自由随笔的形式展现了一种真正的生活艺术，其中谈论女性的美、房屋和花园的布置，还谈论饮食和爱情的享乐。所有的论述都是为了表达一种生活观念，这种生活观念是基于对日常生活中大小乐趣的追求，也是基于对内心平静的寻求。那么我们理解了，这位处于社会边缘的作家，这位被看做致力于寻求智慧的享乐主义者的作家在欧洲文学和艺术现代性的思想范围内得到了诠释。但正是在这一点上，我们应该利用这些由西方读者建立起来的相似性迈进一步，对另一种世界观中让我们觉得有些陌生的方面加深认识。

当我们接触到中国的一大绘画形式——文人画时，正是这种陌生化让我们印象深刻。这种由帝国官员中的精英践行的绘画风格明显与专业画家的风格相对立。欧洲的绘画爱好者最初只能觉察到文人画与欧洲传统有所区别的方面。事实上，文人实践多种艺术，最重要的是书法：贵族的书法样本被认为是艺术传统的最高形式。这就是为什么书法艺术甚至位居艺术创作的中心。11世纪，人文画理论围绕显要人物苏轼（苏东坡，1037~1101）而形成，他是政客，同时也是书法家、诗人和画家。对他而言，文人画家不能为钱而作画，绘画艺术也不能与书法和诗歌相分离。总之，且尤为重要的是，绘画的目的不是对现实的模仿再现，而是要忠于"内心的信念"，其表达了绘画的能动性。为了发挥这种能动性，画家不应该模仿外形，而是应该自己化身为他欲画之物的存在。苏轼在提到文同所画的竹子时表达道："与可（文同）画竹时，见竹不见人。岂独不见人，嗒然遗其身。其身与竹化，无穷出清新。"（Escande，2011，112）我们理解了可以将这种绘画与抽象表现主义、波洛克❶和马修❷的"行动绘画"进行比较。

（五）全球化的辩证法

这些多种多样的传统都因西方艺术和美学的传播而被打乱，来自西方的艺术和美学逐渐强加到了其他文化中。当然，总会有美学的传播：13世纪，来自巴黎的金匠大师纪尧姆·布歇成了蒙古大可汗的金匠，欧洲的介入在中国和日本的世界中引入了透视法，而在19世纪末，欧洲画家从日本木版画中得到了启发。但这些交流只是局部的、片面的。相反，当代的传播运动不可抵抗：凭借武器、技术和科学，来自西方的思想模式在艺术、美学以及其他领域占据了全世界。在我们所提及的文化中都没有与现代欧洲所构想的艺术概念相对应的词汇，所有这些文化都顺势创造了新词，或者改变了现有词汇的接受情况，从而能够拥有一个表达相同意义的词，就像阿拉伯语词汇 *fann*，❸ 或者中文词汇"艺术"。有了欧洲艺术作品以及艺术本身的概念，这些文化经常会采纳相应的艺术构想和实践：欧洲古典音乐以及钢琴的演奏融合到了土耳其、中国以及日本的文化生活之中。

在所有这些国家，那些约定俗成被称做艺术现代性的东西的突然涌入并激起强烈的反应，我们处处看到支持传统者和西方创新的信仰者相对峙。但西方的艺术场逐渐扩展到世界范围，非洲、中东和亚洲的艺术家成为全球化艺术市场的接收方，这个市场的参与者有专家、经纪人和富有的爱好者。那么是否应该担心，如此令人惧怕的技术和风俗的统一化将强加于艺术和美学领域呢？在这一点上应该注意不要只看到事情的一个方面，在经济发展和艺术发展之间建立平行关系是有用的。有两个时刻相继相承：首先是源于统治的外来入侵，然后是对此作出的反应和对抗行动。在经济领域，我们进入了第二个时刻：不久前被称做第三世

---

❶ 杰克逊·波洛克（Jackson Pollock，1912~1956），美国画家，抽象表现主义运动的主要力量，他以他独特创立的滴画而著名。——译者注

❷ 乔治·马修（Georges Mathieu，1921~2012），法国著名艺术家，"抒情抽象"运动的开创者。——译者注

❸ 阿拉伯语"艺术"一词。——译者注

界的国家、发展中国家或者是新兴国家正在成为主要的参与者。我认为我们将越来越多地看到艺术领域正在采取同样的行动。直到现在，我们尤为感兴趣的是欧洲对这些文化的仿效或者是按照西方标准对这些文化的改造。首创精神将越来越广泛地迸发出来，并且即使艺术的未来无法预料，也没有任何理由认为人类的创造性会停滞不前，而且正是现在，欧洲以外的传统将在艺术和美学新形式的创造中发挥决定性作用。

四、高与低：为了翻转所有的（美学）价值

假设现在得益于文化间交流的发展，我们如果不是成功地将重要文人传统的美学集中为一个严密的整体，至少可以将其以一种开放性概况的形式呈现，这足以创立真正的普通美学吗？或长期或短期内可以被视作研究角度的这种假设无论如何都有两种局限性。一方面，实际上我们至今所关注的艺术和美学是精英艺术，是上流艺术。这涉及我们所称的大艺术，顾名思义，其与其他小艺术、二流艺术相对。因为大艺术是伴随着等级分明的社会和国家而生的：它在统治阶层所榨取的剩余价值足以让他们集合手艺人和素材时才出现，通过这些手艺人和素材，统治阶层创立了使他们的记忆不朽的作品。另一方面，我们一般对哲学家和批评家的实际操作比对他们的理论化了解更少：我们对于这些文化中的艺术和美学的大部分了解既不能说明传统手艺人的观点，也不能说明当代人的所感所思，而仅能说明理论家或文人艺术家的思考。从一位站在雅典卫城建筑群前面的雅典公民的感受中，从一位在沙特尔大教堂做弥撒的中世纪信徒的感受中，我们知道了什么？如今美学依然过多地局限于不断对伟大作家作出评论，从柏拉图到康德或海德格尔。

于是我们处于一种令人堪忧的左右为难之境。也就是说艺术和美学仅仅呈现为上流艺术的形式，这也就意味着在精英阶层之外不存在艺术和美学；这多是人类学家和社会学家所采取的立场，对他们而言，这涉及15～18世纪在欧洲进行的革新。那么如何解释这些革新的产生呢？是否应该想到一种突然的转变，而出现这种突然转变的可能性不大，因

为正如我们刚刚看到的,我们在其他的文人文化中发现了多少有些类似的现象?那么或者上流艺术的形式只是冰山可见的部分,而被浸没的部分不为专家所知,因此迫切需要了解艺术和美学不为人知且遭到轻视的形式是什么。为了有理有据地提出有关艺术、美和美学的问题,我们应该模仿尼采去实现所有价值的翻转和蜕变("重估一切价值")。与其说这是尼采式的翻转,不如更谦虚地说是安提西尼式或第欧根尼式的翻转,后者只针对得到认可并且通常在艺术和美学领域被接受的价值:就像第欧根尼,想要理解这个领域,就应该努力进行"相对所有人的反向思考"。在这一点上则不得不考虑与宗教之间的平行关系,更何况自浪漫主义以来,艺术就变成了对于绝对的寻求,或者我们更倾向于认为是对宗教替代品的寻求。然而,在这一领域,我们理所当然地在"方法论的无神论"(Berger,1967,107)中看到了研究宗教现象的必要条件:我们只有承认宗教不可避免的多样性,同时置身于整个正统教义及纯神学的方法之外,才能对宗教进行科学的研究。正如人类学家阿尔弗雷德·盖尔(Alfred Gell)所提出的主张,"美学研究是之于艺术领域而言,正如神学研究是之于宗教领域而言"(Gell,1992,41):因此应该通过平行移动,从方法论的无神论过渡到方法论的无智主义。❶

在这一视角下,我们想重新采纳演化心理学家杰弗里·米勒所提出的主张,同时给予它一种稍有不同的见解。他主张,为了在进化论的范畴内解释艺术的起源,可以采取两种策略,一种是自上而下的策略("top-down"),另一种是自下而上的策略("bottom-up"):"top-down策略着重于纯艺术以及囊括博物馆、陈列馆、拍卖行、艺术史教科书和美学理论的精英世界。而bottom-up策略考察的是其他物种的视觉装饰、多样化的人类社会以及我们社会中的各种亚文化。在这种更广泛的视域中,纯艺术是相对不得人心的,近来才被视做制造视觉装饰这种普遍人类天性的表现。"(Miller,2000,266)我们再来看杰弗里·

---

❶ Philistinisme一词本义是"没有文艺修养,庸俗,无知",在哲学和美学领域,该词表达的是社会上的反智主义态度,这种态度低估、蔑视艺术、美和智力,因此笔者在此将该词与反智主义对应,译作"无智主义"。——译者注

米勒的进化论方案,但现在我们所感兴趣的是他所致力的翻转以及他所带来的论据:我们不能在艺术和时尚、主流艺术和二流艺术之间划分明确的界限,如今,我们身边不断环绕着视觉装饰(或许我们还可以加上听觉装饰),这是前所未有的情况。为了理解何为艺术和美学,应该从低出发,而不是从高出发。

(一) 从原始艺术到初始艺术

实现这种翻转的第一个契机原本可以由我们最初所称的原始艺术所提供。但这个机会被丢失了,因为近来原始艺术被归并到了上流艺术中,占统治地位的艺术和美学概念没有零星改变。在很长时间内,未来的原始艺术尚未存在:游客、军人、行政官员或传教士所发现或盗取的都被纳入了贵族的奇物收藏馆,在这些收藏馆里,未来的艺术作品与大自然的神奇相结合,正如夏尔·达尼埃尔·德默隆❶上校留在纳沙泰尔市的自然历史珍藏馆中的情况。不言而喻,正如人们所常说的,被殖民者没有历史:因此他们不会有艺术,至多也只有野蛮艺术。

正是从这里,这些天才艺术家们开始了他们的金色传奇,他们不顾一切,在20世纪初"发现"、承认并宣扬人们当时所称的黑人艺术的价值。在这第二个阶段,大体相当于两次世界大战期间,原始艺术有两种存在。一方面,艺术家、收藏家和商人渐渐使其进入了艺术圈,艺术圈同时是一个商业领域。但它并不是毫无障碍地进入其中,因为艺术家和爱好者们所找寻的并不是杰作,而是有助于与欧洲艺术传统决裂的视觉冲击,是"原始人"的涌入,是一种无理性的涌入,这种无理性潜藏在我们最深处,并且野蛮艺术和先锋派艺术共同再现了这种无理性。另一方面,大部分将成为艺术作品的物品混合在特罗卡德罗人种学博物馆和人类博物馆这两个人种学博物馆所收集的不同物品中,通过殖民帝国获得的资源在橱窗中展现了不同"种族"的生活方式。这里不涉及美学的视角,而是尽可能忠实地展现其生存范围、日常事务以及信仰:"护符"

---

❶ 夏尔·达尼埃尔·德默隆(Charles-Daniel de Meuron,1738~1806),瑞士军官,自然历史收藏家。——译者注

或面具摆放在工具的旁边，这些工具为他们举行仪式所用。对这个"领域"稍有所了解的人都知道这些经常被充公的物品不属于西方意义上的艺术：它们被制造出来并不是为了让一定距离以外的目光所注视，而是具备一种功能。正是因为注意到了这种双重的存在，马尔罗才提出对目的艺术和变形艺术进行区分（Malraux，1947）。目的艺术是指那些至少从出现艺术的现代性开始，艺术家创造出来能够直接进入博物馆的艺术品；相反，变形艺术指那些最初具有实用性，现在摆脱了其实用功能而进入博物馆，在博物馆中变身为艺术作品的物品：罗马的十字架和非洲的面具都属于这一类。直到今天，人种学家和人类学家仍时常提防着在他们眼中不可证明的衍生艺术：在这种情况下谈论艺术是强迫创作者和参观者（大多情况下他们并不是参观者，而是一场仪式的参与者）的意愿。

20世纪中叶开始了第三个阶段，在这一阶段，原始艺术变为初始艺术，抛开人种学博物馆，转而投身艺术博物馆。在进入艺术场域的同时，其状况出现了深度的混乱。首先是莎莉·艾林顿所称的真品原始艺术之死（Errington，1998）：我们不再清楚何为真品原始艺术，另外，从中获得原始艺术的源头随着最后几种独立"原始"文化的消失而枯竭，这是唯一被认为可以制造原始艺术的几种文化；从而造成了艺术品价格的持续增长以及对于最后一些证据的过度研究，其中价格的增长情况依它们的"血统"而定——比如，它们是否属于"发现者"之一。面对这种资源稀缺的情况，人们对当地手工业的当代产品进行了恢复，尽管这样就抹去了真品艺术和"旅游艺术"之间的界限（Graburn，1976）：大众旅游带动了一个重要市场的发展，在这个市场中，"赝品"的制造相当程度地扰乱了"真品"市场……最终就形成了新艺术家的市场，这些新艺术家来自原始艺术盛行的文化，不费吹灰之力便理所当然地变成了"现代"意义上的艺术家。

所谓历史之外的艺术现在回到了占主导的西方编制。但其中有没有价值的翻转呢？没有，初始艺术形式下的原始艺术毫无补偿地被收编，其被收编标志着展览品和博物馆的共同胜利，不是展览品的绝非艺术，博物馆之外的也绝非艺术。是否应该像许多人类学家那样反对这种收编呢？事实上没有任何理由反对这种做法，这只是将很长时间以来用于其他形式的变形艺术的做法应用到了先前的原始艺术。很容易注意到纯艺术的法则在后一种情况中仍被更生硬地运用着：甚至不再有按照时代、流派或者作者进行的分类。这种分类曾经是安排欧洲艺术品展厅的标准：没有行李的参观者的目光在这里成为主宰，他们站在被巧妙照亮的橱窗前面，展览品被摆放在其中显眼的位置，应该立刻向参观者显示出其杰作的品质。

但因此便无须考虑起源背景了吗？实际上，对于博物馆中同样属于变形艺术的其他作品而言，同样提出了这个问题，希腊雕像、中世纪柱头或宗教绘画都属此类。这个问题一般以二难推理的形式提出：或者作品具备某种功能，那么便不属于艺术，或者不考虑其功能，作品便自然而然成为艺术作品。这样一来，便是将两种单独的观点模式相对照，且只有这两种：一种是典礼或仪式的参与者谋求私利的目光，另一种是博物馆参观者、英国绅士的直接继承者以及康德哲学的爱好者无私的目光。那么是否有可能只有一种看待和欣赏艺术本身的正确方法，是否有可能只有一种行为类型或美学体验类型？鉴于没有什么可以保证艺术只局限于博物馆中的展览品，这个问题便更能站得住脚。继牟斯❶之后，莱里斯❷在非洲艺术中区分出了人体艺术、环境艺术和自主的形象艺术，也就是说，作为展览品，它们是明确分开的（Leiris et Delange, 1967）。于是一种挑衅的想法跳入我们脑海：那么是否艺术和美学同样（尤其？）存在于博物馆和陈列馆之外，存在于化妆、人体绘画、舞蹈和仪式之中？

（二）平民艺术与大众艺术

在我们身边还有另一个场域，如今美学家们即使没有完全将其忽

---

❶ 马瑟·牟斯（Marcel Mauss, 1872~1950），法国社会学家，他的学术作品跨越了社会学和人类学的边界。——译者注

❷ 米歇尔·莱里斯（Michel Leiris, 1901~1990），法国作家、诗人、人种学家及艺术评论家。——译者注

略，也只是迟疑不决地有所涉猎，这个场域就是我们以往所称的平民艺术，现在将其称做大众艺术或"低端艺术"，同样带有轻蔑之意。使这个领域被迫实现翻转的具有特殊力量和紧迫性的东西，正是这些艺术和美学形式在当代所有社会中的地位和重要性。只要是平民艺术，正如民俗学者所研究的，就一定有其细微的与众不同之处，这不会对大艺术造成任何威胁。但随着大众传播方式的发展，不仅新的艺术形式补充了旧的艺术形式，从摄影艺术到电影艺术，从广播到电视，这些大众传播方式还给予了低端艺术一种举足轻重的地位：如今歌曲和流行音乐充斥着广播和电视，使得古典音乐仅能勉强糊口。这就是为什么大多情况下，我们说大众艺术并不仅仅指新的艺术形式，比如电影或连环画，而普遍是指所有被认为是面向大众的作品，从《泰坦尼克号》到《哈利波特》。

　　这就是为什么必须回到大众传播方式这个概念本身。这个在广告界产生的表达在得到流传和普及之前曾在美国被用于政治学（拉斯韦尔[1]）和社会学（拉扎斯菲尔德[2]），1960年大众传播研究中心（C. E. C. MAS）在法国的创立以及1964年麦克鲁汉[3]所著《认识传播媒介》一书的出版都证明了这一点。我们应该注意的是"大众"一词。在保持革命"大众"的遗产及其双重版本的情况下，即积极版本（马克思—列宁）和消极版本（从勒庞[4]和塔尔德[5]到奥特嘉·伊·加塞特[6]

---

[1] 哈罗德·拉斯韦尔（Harold Dwight Lasswell，1902~1978），20世纪50~70年代美国社会学科的泰斗，是这种学问科技整合运动的主要人物。——译者注

[2] 保罗·F. 拉扎斯菲尔德（Paul Felix Lazarsfeld，1901~1976），美籍犹太人，著名的美国实证社会学家。——译者注

[3] 马素·麦克鲁汉（Herbert Marshall McLuhan，1911~1980），加拿大著名哲学家及教育家，曾在大学教授英国文学、文学批评及传播理论，也是现代传播理论的奠基者，其观点深远影响人类对媒体的认知。——译者注

[4] 居斯塔夫·勒庞（Gustave Le Bon，1841~1931），法国社会心理学家、社会学家，以其对于群体心理的研究而闻名。——译者注

[5] 加布里埃尔·塔尔德（Gabriel Tarde，1843~1904），法国社会学家、犯罪学家、社会心理学家。——译者注

[6] 何塞·奥特嘉·伊·加塞特（José Ortega y Gasset，1883~1955），西班牙哲学家、社会学家、评论家。——译者注

和阿多诺[1]）的双重评价，他至今保留了统一和混杂大众的观念，即被无比强大的"文化产业"（阿多诺）所操纵的大众。我们发现这更是哲学家诺埃尔·卡洛尔[2]的主导观念，他将大众艺术定义为通过大众技术创作并推广的作品，由多种机关主管的作品，大众技术"是特意设计用以使其结构性选择（比如叙事形式、符号体系、所寻求的效果，甚至其内容）达到能使绝大多数未受过教育（或相对而言未受过教育）的大众轻而易举在第一次接触时就能理解作品的目的"（Carroll，1998，196）。这就是主流文化，这种文化"让所有人喜欢"，弗雷德里克·马特尔[3]在前不久精确地描述了其整体结构（Martel），在法国和欧洲，主流文化对许多人而言就是与大写文化相对立的文化势压一切，就像美帝国主义一般，这种大写文化正是逐渐失势且日渐衰老的精英人物所引以为豪的文化。

但感觉受到威胁的高端文化和人们害怕其蔓延的低端文化之间的对立并不是新现象。1839年，圣伯夫在《两世界杂志》上发表了题为《论产业文学》的文章："两种文学同时存在，所占比例全然不对等，而且共存的程度越来越高，两者就像人世间的善与恶一般混合在一起，直至审判的那一天。"针对价值40法郎的杂志和报纸的法律太过自由，所有人都想写作，想靠连载小说赚钱谋生。圣伯夫承认"应该顺应新的习惯，顺应文学民主的传播，就如同接受所有其他民主的到来"，但"精美艺术品理所当然应该具备的自由和慷慨无私精神"已经不复存在了：艺术不配再被称为艺术，其已然变成了产业。报刊已经是一种大众传播方式，其引入了这种低级小说形式，即连载小说，不只是弗雷德里克·苏利埃和欧仁·苏，还有乔治·桑和巴尔扎克都是因连载小说而声名大振。

---

[1] 狄奥多·阿多诺（Theodor Ludwig Wiesengrund Adorno，1903~1969），德国社会学家，同时也是一位哲学家、音乐家以及作曲家，法兰克福学派成员之一。——译者注
[2] 诺埃尔·卡洛尔（Noël Carroll，1947~），美国哲学家，以其在电影领域的美学分析著称，他还研究普通艺术哲学、媒体理论以及历史哲学。——译者注
[3] 弗雷德里克·马特尔（Frédéric Martel，1967~），法国作家、记者。——译者注

新的主流文化通常只会使社会学家感兴趣，很少有美学家或艺术评论家关注，因为这对他们而言涉及一种文化产业，这种文化产业只是建立在市场营销的基础上从而对绝大多数人都可能喜欢的产品进行调整。但弗雷德里克·马特尔是对的，他强调"商品化"既不排除艺术，也不排除独特的创作，这就是为什么他更喜欢论及"创造性产业"，这种产业在全世界都有所发展，而不仅是在美国。面对这种主流文化，我们必须重新考虑的是高端文化和低端文化、艺术和"娱乐"之间的对立。我们显然忽略了取悦是欧洲文学和艺术传统的关键词，正如拉封丹所言，"我的主要目标一直是取悦：为了达到这个目标，我考虑着人们本世纪的爱好"（《普绪喀和丘比特的爱情》前言）。这是在浪漫主义和资产阶级社会将大艺术视做坚不可摧的堡垒之前的情况，而可以被选入大艺术的标志正是选入对象不属于大众的爱好。为什么否认艺术同样（首先）是一种消遣或娱乐？如果主流音乐、电影或小说意在取悦大众并且成功做到了，这是其创作者的荣耀。分界线不在艺术和娱乐之间，而是在成功的作品和失败的作品之间。主流艺术中有非常优秀的作品，不应该害怕将之与大艺术的作品相比较：《E. T. 外星人》是一部杰作，质量上远胜过许多"作者电影"，后者是贫乏超过雄心。

（三）低端美学

我们必须到大众艺术以外（或大众艺术之中）去寻找美学的更深层面。为此只需要走到街上并倾听或询问现代人：他们在哪里能找到美的东西？让我们听一听年轻人之间的谈话。美似乎离开了现代艺术品商店，而他们难道不是一直在谈论美的东西吗？这不涉及画、雕塑或任意装配艺术，而是指异性的美、漂亮的衣服、美观的汽车（可能在某些地方正在被更为美观的 iPhone 或 iPad 所代替）。并且我们了解他们在美学词汇方面非凡的创造性，这方面的词汇不断更新。

他们首先谈论的是另一个性别，对相貌的优缺点作出大量评论，语气极为变化多样，从最生硬的批评到极为热情、极具诗意的赞扬，西班牙社会中年轻男子对年轻女子表示恭维的用语就表现了这种多样的变化。美国小说家约翰·厄普代克认为，裸体女子对于大部分男人而言是他们所见过的最美的事物。我们的高端文化依然渗透着基督教思想，极为虚伪，还远不能接受这种看法，但这无疑对应于一种得到广泛认同的直觉。如果我们忽略一些对《雅歌》的寓意性阐释，那么相比这本书，还有对女性美和男性美更好的赞扬吗？这些寓意性阐释使这部爱情诗被列入了圣书的行列。为了相信不是只有男性对异性感兴趣，我们只需继续在这个范畴内回想一下《哈加达》中叙述的约瑟的故事：当波提乏的妻子邀请埃及的妇女参加宴会时，她们目不转睛地盯着约瑟惊叹道："你家的这个奴隶太令我们心仪了，他太帅，我们的眼睛都转不回来了。"（Ginzberg, 2001, 40）

男性和女性不只会对异性或同性的身体着迷，还会被衣服所吸引，衣服在日常生活的美学中起着主要作用。正是因为这种重要性才产生了追求时尚的现象，社会学家通常比美学专家对这种现象更感兴趣，然而这种现象却构成了基本的美学体验：对于许多不关心高端艺术的女性和男性而言，服装、样式、布料和颜色的选择是最经常，也是最深入的美学体验。我们不能将服饰与被马瑟·牟斯称做装饰品的范畴区分开来。只需要在超市或一个城市的大街上走一走就可以发现珠宝店的重要性：重要的不只是一件首饰的商品价值，更是它的光彩以及它对佩戴首饰的身体部位的凸显作用。在这一方面，我们可以注意到绅士和商人那种可悲的优雅在欧洲占主导的时代现在已一去不复返：如今的男性不再害怕佩戴首饰，也不害怕像女性一样注重服饰美。

对美的关心还表现在每个人为自己打造的生活环境中。之所以许多人梦想有一个花园，尤其就是为了创造一个让自己感觉舒服的环境，花园里的花草树木相当于创造了一座"乐园"、一座欢乐之所，这是欧洲传统中经常涉及的主题，但也看到其以不同的形式出现在许多文化中：花园的意象经常让我们想到天堂，无疑是艺术创作中最基本的形象之一。在房屋内部我们同样体会到了对美的关心，空间安排、家具选择和内部装潢一直是美学特有的选择对象。并且，在室内如同在室外，花起着特殊的作用，花的存在仿佛是美的完美证明。在这里应该摆脱社会学家和美学家的两种成见。对于美学家而言，这种低端美学不配被称做美学，因为其表现出恶俗的审美观，或者更可以说没有审美观可言；但如果想要理解何为美学，则有必要承认每一种态度的合理性，且其属于广义的美学，广义的美学是以每类人的能力本身为基础的。至于社会学家的偏见，他们认为高端美学遍及整个社会，所有其他形式都只是没有正统性可言的滥竽充数，这只让人忽视了被视为下层的社会阶层可以拥有独立美学原则的能力。

不要忘记低端美学的最后一个领域，我们可以一直随马瑟·牟斯将其称做人体艺术，其中的高端"人体艺术"（Body Art）通常只是一种漫画。我们清楚地认识到这种艺术在原始文化中就已存在，人类学家和艺术爱好者对面具和文身着迷，但放到当代社会，我们却远未准备好承认其艺术合理性。然而现在到处都有健身课和健身房，在大街上随处可见跑步的男男女女。为什么推崇诞生奥林匹克的希腊，却不重视现代人想要保持健康，拥有姣好身材的愿望呢？人们想要变美的愿望随处都有表现，我们看到文身店或穿刺店的旁边打着"普世之美、艺术与美、一千零一种美、美的秘密或秘诀……"这类标语。走进理发店和/或美容店，我们会见识到牟斯所称的"化妆"，也就是牟斯所认为的艺术的起点——身体装饰："第一件被装饰的物品就是人的身体……"（Mauss,［1947］1967, 96）。但不应该按照波德莱尔在《化妆的赞美》中提出的模式理解这些装饰，他所提出的模式是基于两大原则：一是时尚被构想为"自然的美妙变形"，二是化妆专属于女人（"女人要打扮才会有人爱"）。不过化妆并不是专属于女性，因为牟斯在我们上文所引句子的末尾明确指出"……尤其是男性的身体"。动物界的情况就是如此，许多文化中也存在这样的情况：让我们来想一想尼日尔沃达贝族的格莱沃尔节这一真正的选美竞赛，在这个节日里，年轻男子化妆打扮，在年轻姑娘们面前亮相，这些年轻姑娘组成"评审团"选出最帅的美男子（Dupire,［1962］1996）；再来看一看我们周围由人体彩绘爱好者提供的五彩展示，朋克派的头发和装饰品，狂欢节、运动会或者政治集会上画有图案的面孔和躯体……谈到自然与文化之间的关系这种依然困扰人类学研究的老生常谈，我们会想到动物同样会通过炫耀自己和欢叫来求偶。对于有关低端美学的调查研究，为了了解何为艺术和美学，比起男性美学家，难道不应该更相信"女性美学家"吗？

五、历史还是发展？

我们现在走到了哪一步？一方面是一种传统，依然被作为基准的欧洲传统，至少是以其在20世纪所采取的形式作为基准。另一方面是文人文化的传统，其与欧洲传统之间形成了一种辩证关系，目前欧洲传统在这种关系中占主导。这各种各样的传统都是基于一种共同的社会结构：位居为数众多的农民、手工业者和士兵之上的是一小部分统治阶层，誊写人这个群体就属于这个阶层，他们是文字所记载知识的占有者。正是这一精英阶层凭借向低级阶层压榨的剩余价值而制造出了大艺术，用于愉悦他们的生活，使他们的记忆永不磨灭。我们看到，尽管不同文人传统的美学之间存在天壤之别，然而这些文人传统都是建立在共同的政治、经济和社会基石之上。在这些传统之外无疑都发展着下层文化，这些下层文化几乎丝毫不为人所了解，因为下层民众恰恰不能通过文字书写来留下他们生存的痕迹。然而当上层文化求助于下层文化来实现自身的变化时，我们猜到了下层文化的存在：这一幕既发生在中国，也出现在欧洲。在中国，知识分子和平民百姓这两种传统之间始终有交流；而在欧洲，浪漫主义时期，文人诗人将目光转向平民诗歌从而找寻新的灵感。当下形势中大为不同的是随着民主和大众传播方式的发展，下层文化不再被迫保持沉默，恰恰相反，这种文化趋向于占据主导地位。至于最近变为初始艺术的古代原始艺术，我们看到其已不再存在，并且在变身后被归入了上层艺术。

于是我们则面临在空间、时间和社会这三个维度中具有极端多样性的美学。事实摆在眼前：美和艺术，更不用说出现更晚的美学，这三者从未停止过变化。我们被迫使用的这些词语本身都具有迷惑性：任何一种文化中都没有我们通常用来精确表达美、艺术和美学之意的对等词。因此我们理解了我们撞上的理论和实践方面的困难。不同文化之间的确有我们可以阐明的部分相似之处，但也有更明显的不同甚至是对立。那么如何组织好这种多样性并赋予其一种意义呢？问题在于是否存在美学的一般概念。是否应该像当代相对论会让人想到的那样，认为只存在单称的艺术、美和美学，或者对于乍一看只是处于既无限制也无规律的变化之中的东西，我们是否可以赋予一种一致性？我们显然更想停留在西方大艺术的传统中，拒绝承认这一传统之外的一切拥有艺术的尊严。但很明显，越来越难以保持和捍卫这种立场，因为当代艺术的大部分形式明显突破了这种传统的范围。那么如何避开无理由的多样性或武断的单一性这种双重危险呢？这种单一性排斥大部分有理有据的艺术和美学形式。

　　第一种途径是历史的途径。每一种文人传统都有其艺术史，专家继续深化并补充着这些历史。但这些历史在每一种传统中所给予我们的，是一系列连续的变形：在古罗马艺术和欧洲中世纪艺术、中世纪艺术和文艺复兴时期的艺术之间，难道不是断裂性甚于连续性吗？除非给每一种传统的历史赋予一种目的论意义，否则我们就必须将其看做"事件的合成作用"（韦伯），这种作用在每一个瞬间都会催生出新的艺术、美和美学形式。正是因为注意到这种构建性历史以及20世纪的先锋派艺术所造成的断层，有人提出了可以被称做艺术定义的历史决定论模式的理论（Levinson，1979；Dickie，1983）。这些模式的共同特征是根据历史与社会背景之间的关系来定义艺术：在既定的时刻，可以被社会称为艺术的，一方面继承了先前的艺术形式，另一方面又被得到认可的专家所接受。但这些理论面临着双重的困境，造成这种困境的原因是这些理论仍局限在一种特殊的传统，即西方传统中，还局限在对艺术的纯外部研究中：于是，不仅不可能在属于不同历史的不同文化之间建立联系，也不可能对艺术和美学的本质特征进行思考。

　　因此，不应该再置身于历史的领域，而是要置身于普通人类学的领域，透过普通人类学可以看出人类学的一般概念也存在于艺术和美学中："全人类都具备艺术情感的绝对和共同特征，这不仅使美与已经建立的模式联系起来，还使其与人类原始能力的训练联系起来。"（Francastel，1968，1707）那么如何解释这种能力呢？如今在进化理论范围内提出普通人类学问题的情况越来越常见，尤其是在英语区国家。然而，艺术和美学似乎起初就针对达尔文进化论的正统概念提了一个问题：的确，就达尔文的进化论而言，一类物种的所有特性都只是适应的结果，或者是适应所产生的次生影响的结果，具有偶然性，没有功能性价值。从这个角度而言，艺术和美学似乎只是奇怪的异常情况，因为我们无法理解它们可以完成何种适应性功能。这正是认知心理学家史蒂芬·平克[1]所捍卫的立场："从这一观点而言，艺术是一种享乐的技术，就像毒品、性行为或美食———一种带来纯粹的愉悦刺激并将其集中起来，传递给感官的方式。"（Pinker，2003，405）但是，在捍卫过艺术的非功能性理论之后，演化心理学的创始人，勒达·科斯米德斯和约翰·图比自己承认这种解释并不充分（Tooby 和 Cosmides，2001）。他们现在认为艺术，尤其是叙事，有一种间接的功能价值，这种价值在于它们有利于我们的神经认知机制的内部组织。有一批专著试图通过这一途径来说明美学的类似观念（Dissanayake，1992；Etcoff，1999；Dutton，2010）。比如，对达顿而言，风景画只是反映了我们的史前祖先寻求更有利的生活环境的志趣。同样，对他和其他专家（Carroll，2004；Boyd，2009）而言，叙事艺术也有功能性价值：它给我们提供了想象到各种局面的可能性，这有助于我们更好地适应所面对的不同状况。用达尔文主义对艺术和美学作出解释的尝试存在的根本问题在于普适性过大。达尔文自己提出的解释亦如此，后来杰弗里·米勒对达尔文的解释作出了修改（Miller，2000），根据他的观点，美学不是自然选择的产物，而是性选择的产物：园丁鸟搭建的装饰有不同颜色物件的巢穴，或者孔雀五颜六色的大尾巴是"健美"的标志，是在向雌性展现它们的健康和活力，表现出雄性遗传基因的质量，这就构成了人类美学和艺术形成的生物学基础。

---

[1] 史蒂芬·平克（Steven Pinker，1954～），加拿大—美国实验心理学家、认知科学家和科普作家。——译者注

假定人类界和动物界的艺术和美学都是自然选择和/或性选择的产物，那么我们得到了什么呢？异议在于我们认为解释了一切，但事实上什么都没有解释，所存在的问题正是大卫·罗森伯格提出问题："为什么雄孔雀的尾巴上特别的图案只有一种？为什么蜥蜴背部的颜色只有一种，所长的肉冠也都一样？"（Rothenberg，2012，13）同类的问题还可以提出无数个。假定叙事艺术有助于更好地适应人际关系复杂的世界，那为什么灰姑娘的故事、浮士德的故事或者唐璜的故事只有一个？正如杰瑞·福多[1]风趣地指出，很难想象《哈姆雷特》或《尼伯龙根的指环》的情节能怎样指引我们的生活（Fodor，1998）。我们所感兴趣的是详细地了解我们在时间和空间上可以采用的不同形式，以及人类和动物的艺术行为和美学行为。那么，在达尔文的进化理论之外，应该回溯到达尔文曾经从中受到启发的科学模式，科学史学家阿利斯泰尔·卡梅伦·克隆比把这种科学模式称做历史衍生模式（Crombie，1994），我们也可以称之为系谱模式：这种模式甚至在运用到达尔文的进化理论之前就已经在语言学和文本历史学等人类科学中得到适用和实践，并且该模式也是建立在后代渐变论的原则上。历史语言学旨在描述并解释每种语言发生的改变，确定不同语言之间的亲缘性，并把它们分为不同的语族。同样，美学的目标应该是描述并解释每种美学传统发生的改变，按照相同的方法论原则来确定不同传统之间的亲缘性："任何状态都是且只能是根据前一种状态演化而来，可能有外部影响因素的作用，也可能没有。"（Dumézil, in Eliade，1968，6）

考察必须以人类和动物共同的生物学基础作为起点：正如法兰兹·鲍亚士[2]的著作以及安德烈·勒鲁瓦·古尔汉[3]的著作中所认可的，美学情感由我们的感觉而生。可能应该遵循"超验美食学"的创始人布里

---

[1] 杰瑞·福多（Jerry Fodor, 1935~），美国哲学家和认知科学家。——译者注
[2] 法兰兹·鲍亚士（Franz Boas, 1858~1942），德国裔美国人类学家，现代人类学的先驱之一，享有"美国人类学之父"的名号。——译者注
[3] 安德烈·勒鲁瓦·古尔汉（André Leroi-Gourhan, 1911~1986），法国人种学家、考古学家和历史学家，史前历史专家。——译者注

亚·萨瓦兰的建议，在通常而言的五感之外增加第六感，"生殖欲或肉体之爱，这使两性相互吸引，其目的在于物种的繁殖"（Brillat - Savarin［1825］1965，41），第六感在艺术和美学中起着重要作用。因此我们了解到在动物美学和人类美学之间有连续性，即使象征性的出现标志着一种真正的中断：有了象征性，任何行为都是双重的，每一件东西都不再只是它本身，其借助的是所指的无限性。这样就构成了人类艺术和美学的基础："美学敏感性的参照，在人们身上，它来源于内脏和深层肌肉的感觉、皮肤的感觉、嗅觉、听觉和视觉，最后来源于智力印象，智力印象是感觉组织整体的象征性反映。"（Leroi - Gourhan，1965，82～83）基于这共同的来源，每一个人类群体形成了独特的艺术和美学风格。

没有什么比对艺术起源的研究能更好地展现美学物品和美学行为的原始多样性，对艺术起源的研究更准确地说是针对得到证明的那些最初的行为形式进行的考察，这些行为可能与后来被称做艺术或美学的东西存在关联。我们的确了解到史前人类从事各种活动，不免认识到这些活动与我们所从事的活动有某种相似之处（Lorblanchet，1999）：他们作为收藏家，收集化石、制作工具的材料，值得注意的是这些材料的性质，玉石、水晶、黑曜岩以及其他的"珍贵"石材；这些石材并不只是坚硬，它们被选中似乎还因为它们的光泽、形状多样且呈多种颜色。他们收集并使用染料，先是红色，然后是黑色。他们在各种物质上划线条，然后绘画并制作小塑像。因此，他们对形状和颜色很敏感，他们的工具就能表现这种敏感性：继打磨而成的卵石之后是多面体、球状体，再后来是两面石器，在制作的过程中表现出对形状的特别关注。只有在这些基础之上才能构建出另一种美学……

【参考文献】

[1] Berger, Peter L., 1967: *The Sacred Canopy*: *Elements of a Sociological Theory of Religion*, Garden City N. Y., Doubleday.

[2] Bouhours, Dominique, 1687: *La Manière de bien penser dans les ouvrages d'esprit*, A Paris, chez la Veuve de Sébastien Mabre – Cramoisy.

[3] Boyd, Brian, 2009: *On the Origins of Stories: Evolution, Cognition, and Fiction*, Cambridge Mass., Belknap Press of Harvard University Press.

[4] Brillat – Savarin, Jean Anthelme, [1825] 1965: *Physiologie du goût, ou Méditations de Gastronomie Transcendante*, présentation de Jean – François Revel, Paris, Julliard.

[5] Bullough, Edward, 1912 – 1913: 《'Psychical Distance'as a Factor in Art and an Aesthetic Principle》, *British Journal of Psychology*, vol. V, 87 – 118.

[6] Carrol, Joseph, 2004: *Literary Darwinism: Evolution, Human Nature, and Literature*, New York, Routledge.

[7] Carroll, Noël, 1998: *A Philosophy of Mass Art*, New York, Oxford University Press.

[8] Crombie, Alistair Cameron, 1994: *Styles of Scientific Thinking in the European Tradition: The History of Argument and Explanation Especially in the Mathematical and Biomedical Sciences and Arts*, 3 vol., London, Duckworth.

[9] Dars, Jacques, 2003: *Les Carnets secrets de Li Yu. Un art du bonheur en Chine*, Arles, Editions Philippe Picquier.

[10] Dickie, George, 1983: 《The New Institutional Theory of Art》, *Proceedings of the 8th Wittgenstein Symposium*, 10 (1983), 57 – 64.

[11] Dissanayake, Ellen, 1992: *Homo Aestheticus: Where Art Comes From and Why*, New York, Free Press.

[12] Dupire, Marguerite, [1962] 1996: *Peuls nomades: étude descriptive des 《Wodaabe》 du Sahel nigérien*, Paris, Institut d'ethnologie du Musée de l'homme; 2^{e}édition, Paris, Ed. Karthala.

[13] Dutton, Denis, 2010: *The Art Instinct. Beauty*, *Pleasure*, *and Human Evolution*, New York/ Berlin/London, Bloomsbury Press.

[14] Eliade, Mircea, 1968: *Traitéd' histoire des religions*, préface de Georges Dumézil, Paris, Payot.

[15] Errington, Shelly, 1998: *The Death of Authentic Primitive Art and Other Tales of Progress*, Berkeley, University of California Press.

[16] Escande, Yolaine, 2001: *L' Art en Chine*, Paris, Hermann.

[17] Etcoff, Nancy, 1999: *Survival of the Prettiest: The Science of Beauty*, New York, Anchor Books.

[18] Fodor, Jerry, 1998: 《The trouble with Psychological Darwinism》, *London Review of Books*, vol. 20, n°2, 22 January 1998, 11 – 13.

[19] Francastel, Pierre, 1968: 《Esthétique et ethnologie》, in *Ethnologie générale*, Jean Poirier, éd., Paris, Gallimard, Encyclopédie de la Pléiade, 1706 – 1729.

[20] Gell, Alfred, 1992: 《The Technology of Enchantment and the Enchantment of Technology》, in Jeremy Coote and Anthony Sheldon, éd., *Anthropology, Art and Aesthetics*, Oxford, Clarendon Press, 40 – 63.

[21] Ginzberg, Louis, 2001: *Les Légendes des Juifs. 3, Joseph, les fils de Jacob, Job, Moïse en Egypte*, Paris, Editions du Cerf: Institut Alain de Rotschild.

[22] Gombrich, Ernst, 1950: *The Story of Art*, London, Phaidon; traduction française sur la 15e édition (1989), *Histoire de l'art*, Paris, Flammarion, 1990.

[23] Graburn, Nelson H. H., éd., 1976: *Ethnic and Tourist Arts: Cultural Expressions from the Fourth World*, Berkeley, University of California Press.

[24] Leiris, Michel et Delange, Jacqueline, 1967: *Afrique noire: la création plastique*, Paris, Gallimard, L'Univers des formes.

[25] Leroi‑Gourhan, André, 1965: *Le Geste et la parole*, II: *La mémoire et les rythmes*, Paris, Albin Michel.

[26] Levinson, Jerrold, 1979:《Defining Art Historically》, *British Journal of Aesthetics*, 19, 232-250.

[27] Levinson, Jerrold, éd., 2003: *Oxford Handbook of Aesthetics*, Oxford University Press.

[28] Lorblanchet, Michel, 1999: *La Naissance de l'art. Genèse de l'art préhistorique*, Paris, Editions Errance.

[29] Malraux, André, 1947: *Le Musée imaginaire*, Genève, Albert Skira.

[30] Martel, Frédéric, 2010: *Mainstream: enquête sur une culture qui plaît à tout le monde*, Paris, Flammarion.

[31] Mauss, Marcel, [1947] 1967: *Manuel d'ethnographie*, Paris, Payot; 2ème édition, 1967.

[32] Miller, Geoffrey, 2000: *The Mating Mind*, New York, Doubleday.

[33] Molino, Jean, 2009: *Le Singe musicien*, Arles/Paris, Actes Sud/INA.

[34] Murasaki Shikibu, 1988: *Le Dit du Genji*, Paris, Publications orientalistes de France, 2 volumes.

[35] Pinker, Steven, 2003: *The Blank Slate*, London, Penguin Books.

[36] Rothenberg, David, 2012: *The Survival of the Beautiful. Art, Science and Evolution*, London, Bloomsbury.

[37] Shônagon, Sei, 1966: *Notes de chevet*, Connaissance de l'Orient, Paris, Gallimard.

[38] Thomasson, Amie L., 2004:《The Ontology of Art》, in Peter Kivy, éd., *The Blackwell Guide to Aesthetics*, Blackwell Publishing, 78-92.

[39] Tooby, John, and Leda Cosmides, 2001:《Does Beauty Build Adapted Minds? Toward an Evolutionary Theory of Aesthetics, Fiction, and

the Arts》,*SubStance*,94/95,6 – 27.

【让·莫里诺的美学著作】

[1] 1983.《Allégorisme et iconologie. Sur la méthode de Panofsky》, in *Erwin Panofsky*, Cahiers pour un temps, Paris, Centre Georges Pompidou, 27 – 47.

[2] 1986.《La forme et le mouvement》, in *Henri Focillon*, Cahiers pour un temps, Paris, Centre Georges Pompidou, 131 – 151.

[3] 1986b.《Les fondements symboliques de l'expérience esthétique et l'analyse comparée musique, peinture, littérature》, *Analyse musicale*, 4, juin 1986, 11 – 18; repris in *Le Singe musicien*, 2009, 119 – 136.

[4] 1988.《La musique et le geste》, *Analyse musicale*, 10, janvier 1988, 8 – 15; repris in *Le Singe musicien*, 2009, 137 – 148.

[5] 1989.《L'œuvre et l'idée》, préface à Erwin Panofsky, *Idea*, Paris, Gallimard, i – xxxvi.

[6] 1990.《Du plaisir au jugement: les problèmes de la valeur esthétique》, *Analyse musicale*, 19, avril 1990, 16 – 26; repris in *Le Singe musicien*, 2009, 343 – 364.

[7] 1991.《L'art aujourd'hui》, *Esprit*, 7 – 8, Juillet – août 1991, 72 – 108.

[8] 1993.《De l'esthétique à l'ordinateur》, in *L'Art aujourd'hui*, Paris, Editions du Félin, 21 – 32; repris in Patrick Barrer, éd., *(Tout) l'art contemporain est – il nul?*, Lausanne, Favre, 2000, 161 – 166.

[9] 1994.《Pour une théorie sémiologique du style》, in *Qu'est – ce que le style?*, sous la direction de Georges Molinié et Pierre Cahné. Paris, PUF, 213 – 261.

[10] 2003.《Esperienze e giudizi estetici》, in Anna Rita Addessi e Roberto

Agostini, ed. , *Il Giudizio estetico nell'epoca dei mass media. Musica, cinema, teatro*, Libreria Musicale Italiana, 123 – 143; version française《Expériences et jugements esthétiques》, in *Le Singe musicien*, 2009, 365 – 382.

[11] 2007.《Du plaisir à l'esthétique. Les multiples formes de l'expérience musicale》, in J. – J. Nattiez, éd. , *Musiques. V. L'unité de la musique*, Arles/Paris, Actes Sud/Cité de la Musique, 1154 – 1196.

运动的悬停：跨媒介的优越场所
——以莱辛的"画"论分析电影和连环漫画*

■ ［瑞士］阿兰·博亚　文
　　史文心**　译

【内容提要】 定格在电影中的使用由来已久。它既符合梅茨对特效的分析，揭示电影机制的物质性，又联结了定时摄影等电影的前身形式。在改编自连环漫画的美国超级英雄类型片中，对凝固画面的运用更意味着对原媒介表达方式的指涉。本文依据莱辛《拉奥孔》的艺术观，分析固定画面如何重新构建观者对时间的感知，形成特殊艺术风格，调用并改写连环漫画和电影的原则，从而出色地承载跨媒介的演变关系。

【关键词】 莱辛　定格　连环漫画　超级英雄　类型片

绪论：影像中定格面容的特征

《当今电影家》系列纪录片（*Cinéastes de notre temps*）❶采访弗朗索瓦·特吕弗导演时，他谈及《祖与占》（*Jules et Jim*，1961）中的一组镜

---

* 本文法文标题为 "La suspension du mouvement comme lieu privilégié de l'intermédialité：Cinéma et bande dessinée en regard d'une conception lessingienne de l'art《pictural》"，作者阿兰·博亚（Alain Boillat）为瑞士洛桑大学电影史与电影美学教授。
** 史文心，北京外国语大学法语系学士、欧盟 Eramus Mundus 人文学科硕士。
❶ 《弗朗索瓦·特吕弗或批判精神》（*François Truffaut ou l'esprit critique*），让-皮埃尔·夏尔利艾（Jean-Pierre Charlier）导演，1965 年。

头：让娜·莫罗（Jeanne Moreau）饰演的角色表现了转忧为喜的典型表情。这组镜头对她的面容进行了一系列定格处理，具有讽刺感地展示了她的面部表演。特吕弗经常定格画面——如《四百击》（400 coups, 1959）的片末，或者插入静止画面。❶ 这段访谈中，他表示下一部长片将不再如此外露地使用该手法，认为此类定格画面"只在观众无法看出时才有意义"。因此，《柔肤》（La Peau douce, 1964）中相同画面的重复数量确有减少，不足以令人察觉。笔者认为，特吕弗的这一评论同法国符号学家克里斯蒂安·梅茨（Christian Metz）对电影特效的观点相呼应。梅茨将电影特效分为三类：不可感知的特效；不可见的特效（即特吕弗在《柔肤》中期望的效果，令人感知而又并不联想到电影物质层面的特别处理）；可见的特效（如特吕弗《祖与占》中的定格）。梅茨在该文中将自己的思考归入源自语言学的陈述理论的背景，他生前的最后一部著作❷从另一角度对此类理论进行了专门论述，此前也曾在《想象的能指》一书中进行探讨。他借用语言学家埃米尔·本维尼斯特的"论述"（discours）和"故事"（histoire）这对概念作为基础，❸提出了一个关于特效的观点：

在这个游戏中，电影机制总是赢家，因为它会赢两次：一次是以再现的名义，因为几乎难以觉察的特殊效果会被视作叙事世界（diégèse）

---

❶ 特吕弗在电影中大量使用定格画面，可以理解为一种超越静止的渴望。据卡洛尔·勒·贝尔（Carole Le Berre）分析，特吕弗的执念在于通过欢快的场面呈现，在电影内将静止之物赋予运动。卡洛尔·勒·贝尔：《对停止的恐惧》（La peur de l'arrêt），收录于《弗朗索瓦·特吕弗》（François Truffaut），巴黎 l'Etoile 出版社"电影手册"丛书（Cahiers du cinéma）1993年版，第175~189页。需要指出，作者在文中并未区分严格意义上画面的暂停、对静止画面的拍摄以及演员表演僵硬化的倾向。这种赋予运动的手法，其效果接近于早期电影的观众观看卢米埃尔兄弟的投影时的赞叹感受。那些影片正是以定格画面开始，而后为其注入运动。

❷ 克里斯蒂安·梅茨：《无人称陈述或电影的场地》（L'Énonciation impersonnelle ou le site du film），巴黎 Méridiens Klincksieck 出版社1991年版。

❸ 埃米尔·本维尼斯特（Emile Benveniste）："法语动词中的时间关系"（Les relations de temps dans le verbe français），1959年作，见《普通语言学问题》（Problèmes de linguistique générale）第一卷，巴黎伽利玛出版社1966年版；克里斯蒂安·梅茨："想象的能指"（Le Signifiant imaginaire），巴黎 Christian Bourgois 出版社1993年版（1977年初版），第113页。

的一部分（弱化隔离感，陷入魔法）；一次则是它自身力量的确立，因为这一较为显著的手法成为论述的助益：保持隔离感和修辞游戏，这便是爱上电影的原因。❶

梅茨在此定义了两项彼此相反却互不矛盾的活动。一方面，引导观者融入电影的世界（对虚构的渴望）；另一方面，展示再现的人工感（掀开内幕、端详机械构造的快感）：某些特效同时调用这两种机制，以最终服务于电影这一具象方式，否认其生产过程（梅茨并没有被某些电影表现自反性片段时使用的伪间离手法❷所欺骗）。他认为这两种机制是某些理论家所称的"电影的陈述行为"（l'énonciation filmique）❸的印记：电影公然地标示自身为电影，以此处讨论的人像为例，它暂停了胶片流的连贯行进——或者应当说是假装将其暂停，因为屏幕上的定格画面实为多张相同的图像，依然在投影机中继续播放。电影的实体由每秒24帧图像构成，其物质性由此得到揭示，暴露于银幕表面明亮的光芒中。

到了像素时代，以帧为胶片的单位失去了意义，尽管电影再现所建构的特征更加具有现实感。然而，定格画面出现在电影流中时，其特别之处在于指涉出与电影相关的其他表达方式，它们交错于更广义的动画或系列画（成组展示的单帧画面）的历史中：摄影或定时摄影、幻灯机（使用者已经掌握令画面局部活动的技巧）、活人画、❹ 等等。以让－吕

---

❶ 克里斯蒂安·梅茨：" 特效与电影 "（Trucage et cinéma），见文集《论电影的意指》（Essais sur la signification au cinéma）第二卷，巴黎 Klincksieck 出版社，第184页。

❷ 梅茨对于旁白评论的使用这样写道："它让我们与动作之间形成一段距离，便安抚了我们的不愿被动作欺骗的感觉；如此一来，我们感到安心（身处防御墙之后），便会允许我们自己更多地被欺骗一些。"见克里斯蒂安·梅茨：《想象的能指》，同前所引，第101页。一些新近的理论学家指出，取消距离也会出现同样的效果，也即不顾媒介本身的显著存在或是原媒介中出现的另一种媒介的显著存在。后一种情况可参看杰·大卫·博尔特（Jay David Bolter）和理查德·格鲁辛（Richard Grusin）：《再度媒介化——理解媒体》（Remediation. Understanding Media），剑桥/伦敦：MIT 出版社 1999 年版。

❸ 尤可参见《传播》（Communications）1983 年 9 月号，第 38 期。笔者曾将这些理论沿用于"唯物"的模型中，以观察电影图像和电影机制的各个组成部分如何依其原状公开呈现，参见阿兰·博亚：《电影中的虚构叙事》（La Fiction au cinéma），巴黎 L'Harmattan 出版社 2001 年版，第三章，以及《从夸口者到旁白》（Du bonimenteur à la voix-over），洛桑 Antipodes 出版社 2007 年版，第六章。

❹ 真人画（le tableau vivant），指真人摆出造型，静止不动，所完成的画面。——译者注

41

克·戈达尔的《各自逃生》(*Sauve qui peut [la vie]*)为例，该片在英语国家发行时颇具深意地采用了"slow motion"（慢镜头）作为英文名。戈达尔在片中断断续续地展现面孔和身体的画面，静止和运动相交替，声音却依然连贯，以此达到与日常的疏离感（什克洛夫斯基[Chklovski]提出的"陌生化"手法），将动作夸张，如同片中娜塔莉·贝伊（Nathalie Baye）饰演的角色所写，为其注入"一股无规律的气流，一种虚假的运动"。在视频技术发展了几乎十年之后，戈达尔却借此呼吁对定时摄影的回归。

特吕弗在谈及上文中《祖与占》的片段时，无意指涉其他艺术形式，但我们不妨认为让娜·莫罗暂时定格的面部特写镜头不仅指向印刷物和绘画（漫画）的惯用手法，也同时呼应了叙事背景：故事中，钟情于卡特琳娜的两位男性从她的脸上看到了同某尊雕像相似的面容。那是一尊新近出土的雕像，他们在一位艺术爱好者放映的幻灯片中注意到它之后（见图1~图4），又在亚得里亚海的一个岛屿上得以亲睹。❶ 祖和占二人追寻的，确是一个再现。因此，片中展示的首先是面容的图像（幻灯片，雕像，胶片）。艺术家塑造的雕像形体指向了莱辛（Lessing）对雕塑和绘画的再现之中包孕性顷刻（instant prégnant）的概念进行的讨论。❷ 德勒兹在论述柏格森与电影的文章中，曾将此种顷刻同摄影图像的任何顷刻（l'instant quelconque）对立起来，后者即那些由机械分割而得、对应于1/24秒的图像。❸ 戈特霍尔德·埃夫莱姆·莱辛在《拉奥孔》(*Laocoon*, 1766)中表述的艺术理论以拉奥孔群雕为论据，书名也由此而来。莱辛将这组雕像视做古希腊罗马时代艺术理想的典范（他本人只在版画上见过它。此事本身便是一种象征，如同他将结论移用于雕塑以外的再现类型）。该书的论述至今广为人知：莱辛区分了绘画（或

---

❶ 片中拍摄这一雕塑手法粗略的塑像时，有意采用了始终运动的镜头，如同让镜头为面前的无生命对象注入一股生命。

❷ G. E. 莱辛（Gotthold Ephraim Lessing）：《拉奥孔》(*Laocoon*)，巴黎 Hermann 出版社1990年版，第55页。

❸ 吉尔·德勒兹：《电影之一：图像与运动》(*Cinéma 1. L'Image mouvement*)，巴黎午夜出版社1983年版。

广义的图像艺术）和诗歌，将前者归为空间的（诸元素同时存在），将后者归为时间序列的，并据此论述绘画的寓意倾向和诗歌的描述倾向。他的方法旨在辨别两种艺术的特质所在，并在美学层面上着重发掘两者独有的特点。由此，莱辛预示了 20 世纪的思考，尤其是对电影的思考（德国理论家鲁道夫·阿恩海姆［Rudolf Arnheim］更是提出了"新拉奥孔"的说法）。哲学家于贝尔·达弥施（Hubert Damisch）曾写，据莱辛看来，"造型艺术以空间为领域，并将被缩减到极限，也即瞬时"。❶ 这便是通往电影的过渡，如同某种临界点。

图 1

图 2

笔者关心的是，电影这一被认为擅长持续运动和叙事的形式，在何种程度上体现了这一观念。为此，本文试图研究一种当代素材，它属于大众文化，因而同绪论中法国新浪潮时代的例子相差甚远：这便是多年

---

❶ 同前文所引莱辛著作，前言部分，第 8 页。

图 3

图 4

来携带着殖民利益席卷全球银幕的美国超级英雄片。这一当代神话将表现半神时纪念碑般的刻板庄严感,同电影场面壮观的极度动感活力结合于一体。其中的人物成了偶像,并为娱乐工业引入了类同雕像的形式(为收藏者推出的蜡像、玩具市场,等等)。从连环漫画转变为另一种媒介时,超级英雄从静止化身鲜活,图像的速度和当今数码技术完成的特效,令他们的英雄壮举更加扣人心弦。

一、银幕上的连环漫画：风格化的印痕

基于好莱坞近年对连环漫画的改编，本文探讨对原作的指涉如何产生动作定格或慢速进行的形式。作为研究方法，笔者将分析不同艺术形式的交叉之处：如同 1900 年之前的早期电影之中，某些主题将视觉玩具、幻灯片或种种出版物插图引入了电影再现的领域，现今的数码图像从创造之初到呈现效果，都再次联结于旧时的传统与技术。为阐释其中的联结关系，不妨从连环漫画谈起。

技术因素保证了超级英雄电影的同质性和相关性。就本研究而言，我们讨论的是最近十年间的电影制作，它们在特效上大量使用了信息图像资源（CGI，即计算机生成的图像）。笔者要指出的是，观者对这些图像的理解，其背景环境是当今同这些媒介普遍相关的设备，即连环漫画册和放映厅。自然，我们也会想到其他消费方式，例如在触摸屏平板电脑上阅读漫画，或是在电视屏幕上通过 DVD 或蓝光影碟机观看电影。此两种交互界面可以接纳以上两种媒介，因而能够强化或者消弭两者之间的区别。一旦加入对它们的考察，难免会令研究思路模糊复杂，若要顾及用户的互动则更是如此，因为用户只需按下遥控器的按钮，或是轻轻滑动触摸屏，就可以令图像减速播放或是暂停。这些设备的存在是本文的潜在背景，因为就笔者意图考察的形式而言，恰是当代视听传播器材的跨媒介特性提供了多种形式选择的可能。确实某些再现方式在不同媒介之间的流通如今变得极为便利，因为观者—读者—使用者习惯于在同一物理场所中以不同身份共存，例如在电脑屏幕上便是如此。此外，据 20 世纪 60 年代斯坦·李（Stan Lee）的漫画人物改编的《绿巨人》（*Hulk*，李安导演，2003）让片中人物与计算机屏幕互动，从而成功地在电影语言中吸收了连环漫画的排版特点，其空间上的剪辑更是超越了传统的分屏方法。

自从 2000 年布莱恩·辛格（Bryan Singer）将《X 战警》（*X - Men*）系列的第一部电影搬上银幕，好莱坞电影公司和漫画编辑之间展开了日

益密切的合作，使得我们不禁合理地思考，这些改编电影借鉴漫画的叙事素材之余，是如何在表达方式上受到其深刻影响的。诚然，当表达方式明显地指涉原始媒介，并将其实现，便为电影语言提供了非凡的探索潜质。此类影片产生的效果，笔者命名为"漫画效果"，它依据梅茨的观点应划分为可见的特效。将定格图像等常见漫画元素插入电影，也即移置于另一种符号学载体中，从而颠覆该媒介的接受惯例，并一定程度上引入了自反性（在此类以粉丝群体为主要对象的大众媒体作品当中，自反性极为常见）。

综观电影史上由漫画改编而成的作品，在电影语言层面保有原媒介痕迹的影片仍属罕见。[1]通常所见者，无非再度使用杂志上广为人知的英雄形象及其固定化的全套动作，遵循类型片（cinéma de genre）的主流原则而呈现。就事实而言，新近的改编作品方才有意识地调用跨媒介的语境。此现象部分源自漫画在欧洲地位的上升，以及"图像小说"（*graphic novels*）标签在美国的流行。这种认可一方面导致观众对于借用漫画原则的电影产生兴趣，例如莎里·斯宾厄·伯曼（Shari Springer Berman）和罗伯特·帕西尼（Robert Pulcini）执导的 2003 年影片《美国荣耀》（*American Splendor*），同时也让某些漫画家借助电影媒介来自我表达成为可能。比如导演过《罪恶之城》（*Sin City*，2005）和《闪灵侠》（*The Spirit*，2008）的弗兰克·米勒（Frank Miller），其从影经历虽属特例，但他的电影手法典型地体现了对待两种媒介关系的新角度。他不再仅从漫画的画面中汲取视觉主题，而是让电影在物质层面上接受模本的影响。这些影片属于主流作品，其再现却显露了人工感，甚至有时接近于抽象图像。在后期制作中，电影团队对演员们表演时身后的蓝幕进行填充，其自由度几乎不亚于漫画家在白纸上创造世界。这被称做"合成"图像。确实，不同媒介之间矛盾地产生了某种合成。特效的虚拟化，将电影整体搬移到了动画的领域中。

---

[1] 阿兰·博亚（主编）：《银幕上的漫画格——电影与连环漫画的对话》（*Les Cases à l'écran. Cinéma et bande dessinée en dialogue*），日内瓦 Georg 出版社 2010 年版，导论。

运动的悬停：跨媒介的优越场所

本文采用的参量是定格和运动之间的对立关系，基于渐变程度来衡量，以认识不同图像行进速度的范围。图像的速度乃是核心，因为连环漫画本身的限制（而且也是极有创造力的约束）在于，它不得不在单格画面之内以惯用的符号、姿势和构图来暗示运动，或是从一个格子移到另一个格子之时暗示运动，而电影却以拍摄的动作来重新建立运动。因此，在一部主题源自漫画作品的影片当中出现定格或慢速镜头时，观者会倾向于将这种打破电影再现连贯感的手法联想为形式上对原作表达方式的指涉。

定格特征是连环漫画的特有语言，如同其他漫画特质一样（对话框的使用，暗示动作的惯用符号，时间先后连续的画面在同一阅读空间中并存，等等），它也无法进行移用。这一特征同其他参量一起，共同构成连环漫画无法转移的"媒介性"（médiativité，借用菲利浦·马利翁语），❶若是将强调的重心放在跨媒介移用现象而非假想的符号学本体论上，那么定格在新的媒介中产生出异样的效果，也便同时剥夺了连环漫画和电影的原则。电影机制强行建立一套制约系统，在连环漫画读者的身份和观众的身份之间形成了本质的断裂：只能在一种身份中意指（signifier）另一种身份，却不可在后者之中重建（reproduire）前者。然而，足以意指原本媒介的定格画面仍属罕见。著名超级英雄连环漫画家杰克·科比（Jack Kirby）的风格特点之一在于运用大幅的"出血画面"❷以表现面对末日景象时石化般目瞪口呆的城市人群。在扭曲面容传达出的恐惧中、在对壮观画面的注视中，❸画面仿佛"凝固"了。将这位漫画家的神奇世界在电影中再现的尝试往往是行不通的，其刻板庄

---

❶ 菲利浦·马利翁（Philippe Marion）："媒介叙事论与叙述的媒介亲合"（Narratologie médiatique et médiagénie des récits），载《传播研究》（*Recherches en communication*）1997 年第 7 期，第 61~87 页。

❷ 英文 splash panels，连环漫画中一种没有边界、超出版面的画面，多见于美国漫画。——译者注

❸ 阿兰·博亚："连载漫画中静止性所指的悖论"（The Paradoxical Status of the Referent of Stillness in Comics），见洛朗·基朵（Laurent Guido）和奥利维埃·路贡（Olivier Lugon）编：《静止与运动的图像之间》（*Between Still and Moving Images*），伦敦新巴尼特区 John Libbey 出版社 2012 年版，第 375~379 页。

严的效果与好莱坞动作片的标准在本质上格格不入。若是银幕上的超级英雄偶然间摆出静止造型，或是从动作片的角度而言，暂停休息，也只会是其他元素的速度反衬出的效果：在 2012 年乔治·韦登执导的《复仇者联盟》(*The Avengers*) 中，几个主要人物把持了城市的各处战略要地，镜头在他们每个人身边旋转拍摄；2013 年扎克·施耐德 (Zack Snyder) 的《超人：钢铁之躯》(*Man of Steel*) 的男主角以及他的氪星同胞们移动的速度如此之快，以致我们只能觉察到他们的初始和最终状态，因此，战斗姿势被有意夸张，以让观者对速度过快的剪辑得到更为稳定的解读，并令动作的主要阶段得到凸显。悖论在于，恰是在这些电影中动作场面的技术基础上，慢速镜头（定格画面）卷土重来。

二、信息图像再次激活的定时摄影模式

在电影中，静止图像或者更准确地说是定格图像，是漫画效果的主要来源之一。之所以静止图像的说法不确切，是因为至少在银盐胶片的电影中，胶片的行进虽是非连续过程，却从不会令人产生中止感，而是由胶片的前后衔接在视野中形成"难以觉察的光线变化，微小灰尘的跃动"，使得绝对的静止无法存在。[1] 罗杰·奥丁 (Roger Odin) 曾将克里斯·马克 (Chris Marker) 的短片《堤》(*La Jetée*, 1962) 称做"幻灯片效果"(l'effet diapositive)。他对该效果的描述也完全适用于连环漫画，只不过其图像并非画出，而是摄影罢了。据奥丁看来，《堤》的不稳定效果阻碍了真实感和电影叙事的铺陈。在动画影片中，这一阻碍无疑要小些，因为相较于以真实视角拍摄的电影（或是由计算机部分生成、有意与真实视角相混淆的图像构成的电影），动画影片较少地服从于照相写实主义的需求。连环漫画则显然并非如此（其中的不稳定效果并不会阻碍真实感和叙事铺陈——译者注），因为这些特征原为意料之

---

[1] 罗杰·奥丁："虚构中观者的进入"(*L'entrée du spectateur dans la fiction*)，见雅克·奥蒙 (Jacques Aumont) 和让 - 路易·勒特拉 (Jean - Louis Leutrat) 主编：《电影理论》(*Théorie du film*)，巴黎 Albatros 出版社 1980 年版，第 149 页。

中，读者依据约定惯例来推测运动。改编影片对于漫画的指涉常常借由奥丁提及的瞬时（instantané）作为中介来实现。摄影照片的主题也被引入电影的叙事世界，在漫画和动态再现之间建立桥梁，甚至有时短暂地暂停电影的动态图像。在山姆·雷米（Sam Raimi）执导的2002年影片《蜘蛛侠2》（Spider-Man 2）中，托比·马奎尔（Tobey Maguire）饰演的男主角皮特·帕克（Peter Parker）是一名新闻记者。电影从片头字幕过渡到正片开始的镜头逐步呈现了一幅摄影照片，它起初为静止画面（见图5~图7）：克斯汀·邓斯特（Kristen Dunst）饰演的玛丽·珍（Mary Jane）的面容在图片中出现，随着镜头向后推移，成为男主角注视的对象。之后，影片中皮特经过的建筑物立面上再次出现这幅令人目眩的海报，呈现类似连环漫画手法的"视觉序列"（séquence visuelle），同时也说明将后者转化为现实之不可能，因为此处的定格图像序列不具有时间先后关系（见图8）。

图5

连环漫画和电影两者在历史上的特定交汇点，在于定时摄影术，连环漫画如同法国生理学家艾迪安-于勒·马莱（Etienne-Jules Marey）的摄影作品一样，将同一运动的不同阶段先后呈现。在本文研究范围之内的影片现今大多采用动作捕捉技术（简称mocap，英文motion capture的缩写）。该技术也是由定时摄影演变而来，因此要求演员在固定的位置点，以固定姿态完成动作，且更多地以表演在空间位置的先后次序、而非以时间发展来完成。电影演员所穿的布满动作捕捉器的服装，和马莱在19世纪80年代于亲王园林生理学研究站（Station physiologique du

49

图 6

图 7

图 8

Parc des Princes）进行试验时设计的连体服之间具有明显的相似性，尤其是考虑到马莱的助手乔治·德摩尼（Georges Demeny）在医院中为研究病人的运动（跛行者的行走方式）而使用的一种装备，其描述如下：

我们使用白炽电灯作为光亮点……我们将这些灯固定在病人身上形成轨迹的重点部位，例如头顶、肩部、髋部、膝盖和脚踝。……我们在

运动的悬停：跨媒介的优越场所

红光源下进行，以使得摄影底片仅对明亮的灯光发生曝光。这样就得到了头顶、肩部、髋部、膝盖和脚踝的轨迹的极为清晰的照片。这些轨迹是断续的，因为每 1/20 秒曝光产生一帧图像。❶

此种方法表现出同当今的光学式动作捕捉系统明显的相似性，因为后者将图像载入计算机之后的首个步骤便是"将标志点同其余环境隔离"，方法之一在于"分离所有超出预设亮度阈值的像素"。❷当然，在"图像法"的实践中，马莱虽然使用了定时摄影，他的关注却仅限于记录技术得到的简化图解，并不关心除此以外的准确意义上的视觉再现；摄影对于他首先是一种便用手段，当"所研究现象的先后阶段不适合于触发记录仪的针头"❸时使用。玛尔塔·布朗指出，与他同时代的美国人埃德沃德·迈布里奇（Eadweard Muybridge）却有所不同。后者更为专注于景象的吸引力（以及偷窥和男性主义的乐趣），而非科学的严谨。迈布里奇在《动物运动》（Animal Locomotion，1888）上发表的并非全部图片，而是在所见景象的时间间隔中插入不同变体，进行重新排布，其目的在于强化图像序列的视觉趣味。❹由此，马莱和迈布里奇所用手段的差别恰好可以同本文研究的两种媒介联系起来：电影的时间间隔机械而规律（每帧图像间隔 1/24 秒），马莱科学方法的特质与其相同；连环漫画则更接近迈布里奇进行的挑选。尽管漫画在极为罕见的情况下也会使用"频闪效果"（stroboscopiques），借用在同一张"底版"上表现多个阶段的模式，类似于马莱或是哈罗德·埃杰顿（Harold Edgerton）

---

❶ 凯纽（Quénu）、德摩尼（Demenÿ）：《基于病理学案例对人类运动的研究》（*Etude de la locomotion humaine dans les cas pathologiques*），1888 年版，转引自玛尔塔·布朗："医学领域瞬时摄影的边界"（Les limites de la photographie instantanée dans le domaine médical），载《马莱手册》（*Cahiers de Marey*）2011 年第 2 期，第 82~89 页。

❷ 阿尔贝多·莫纳什（Alberto Menache）：《认识电脑动画的动作捕捉》（*Understanding Motion Capture for Computer Animation*），伯灵顿 Morgan Kaufmann 出版社 2011 年版，第 19 页，由笔者译入法文。

❸ 艾迪安-于勒·马莱：《运动》（*Le Mouvement*），尼姆 Jacqueline Chambon 出版社 1994 年版，第 31 页。

❹ 玛尔塔·布朗（Marta Braun）：《显像时间：艾迪安-于勒·马莱的作品，1830~1904》（*Picturing Time: The Work of Etienne-Jules Marey, 1830-1904*），芝加哥和伦敦：芝加哥大学出版社 1992 年版，第 238~254 页。

的作品。此外，蒂埃里·斯莫德伦曾指出，迈布里奇发表的图片强烈地影响了某些连载漫画的早期作者，例如 A. B. 弗罗斯特（A. B. Frost）和温瑟·麦凯（Winsor McCay）。❶ 在《小萨米的喷嚏》（*Little Sammy Sneeze*，1904~1906）中，麦凯熟练地组合运用了定时摄影模式和其他选择顷刻的原则，以至于同一图像序列表现的不同动作，就读者所判断的"速度"而言，并不完全一致。❷

连环漫画极端地使用了提取的原则，在未予表现的假定连续体之中提取动作的一部分。而电影，如同吉尔·德勒兹批评柏格森关于运动的文章时所言，参与了"现代科学革命，记录运动不再是以特殊的顷刻（借用莱辛著名的用词），而是以任何顷刻。即便重新构建运动，也不再基于超验的形式因素（摆拍姿势），而是基于内在的物质因素（剪切）"❸。除非是在维尔纳·内克斯（Werner Nekes）等人的实验作品中，在电影里定格画面，就公开显示了对胶片单位帧的整体否认。在以剪切为原则建立的系统中，局部引入摆拍姿势，对于连环漫画改编影片而言，还意味着电影的再现中沾染了连环漫画的原则。然而，这一中断效果依然显示出不同媒介间的某些相似性。动作捕捉技术从电影图像诞生的层面带来了对于运动的新的观念范式以及对莱辛的分类的重新组构。秋希·比萨诺在一篇关于蜘蛛侠系列影片的文章中指出，此类电影里，"时间唯一的感知方式，就是凝固时间这一隐喻形式，正如艾斯纳关于

---

❶ 蒂埃里·斯莫德伦（Thierry Smolderen）：《连环漫画的诞生》（*Naissances de la bande dessinée*），布鲁塞尔 Impressions nouvelles 出版社 2009 年版，第 108~112 页和第 130~132 页。

❷ 阿兰·博亚：《连环漫画中的极小叙事：温瑟·麦凯的〈小萨米的喷嚏〉中反复出现的喷嚏的故事》（*Le récit minimal en bande dessinée：l'histoire constamment réitérée d'un éternuement dans la série* Little Sammy Sneeze *de Winsor McCay*），见阿布利纳尔·贝德拉纳（Abrinelle Bedrane）、弗朗索瓦丝·勒瓦兹（Françoise Revaz）和米歇尔·维涅斯（Michel Viegnes）编，《极小叙事——从微小到极简主义：文学、艺术、媒体》（*Le Récit minimal. Du minime au minimalisme：littérature，arts，médias*），巴黎新索邦大学出版社 2012 年版，第 103~117 页。

❸ 同前文所引吉尔·德勒兹著作，第 13 页。

连环漫画的表述"。❶ 以合成图像为特效的电影再度表现了连环漫画的此种特质，且合乎莱辛式的艺术观。

三、《守望者》(Watchmen, 2009 年)：守望照片中凝固的时间

作为结论，本文将讨论漫画改编影片中的定格画面。显然，其他类型的电影中也存在此种手法，但改编影片的电影制作本身便给出了一种当代跨媒介情境的处理方式。下文将以扎克·施耐德导演的 2009 年影片《守望者》为例进行讨论。该片改编自阿兰·摩尔（Alain Moore）和戴夫·吉本斯（Dave Gibbons）创作的同名漫画，1986 年 9 月～1987 年 10 月每月连载，由 DC 漫画公司分 12 册出版。

从本文讨论的问题出发，《守望者》的片头字幕尤其值得注意。电影的片头字幕格外适宜在画面上进行图形处理。本片之特别在于它并未采用超级英雄电影的惯常做法，仅仅以标志字母来表现不同媒介的对接，而是以长达 5 分钟有余的片段来处理。这个片段跟在一组片头字幕前的镜头之后，结合了文字评注和连环漫画世界的展现。该片段手法的选择是以原作特点为依据的，在此有必要予以提及。

摩尔和吉本斯的作品虽然以超级英雄为主题，却采取了彻底的反思姿态。著名英国编剧吉本斯描绘了这些穿紧身衣的正义卫士若是进入现实，将如何改写美国的历史。这一想象不仅可以归入科幻领域，也超越了体裁的属类。这部作品在严格意义上并不属于超级英雄连载漫画，尽管其中确实再度使用了 DC 漫画公司所属、原本在查尔顿漫画公司（Charlton Comics）旗下的原型形象。《守望者》以超级英雄体裁为对

---

❶ 秋希·比萨诺（Giusy Pisano）："从纸本到动图，从定时摄影到数码影像——以《蜘蛛侠》为例"（Du papier à l'image en mouvement, de la chronophotographie à l'image numérique. L'exemple de *Spider-Man*），见雷奥纳多·加莱西玛（Leonardo Quaresima）、劳拉·伊斯特·桑佳利（Laura Ester Sangalli）和弗德利多·泽佳（Federico Zecca）编：《电影与连载漫画》（*Cinema and Comics*），乌迪内 Forum 出版社 2009 年版，第 585 页。比萨诺在文中提及了威尔·艾斯纳（Will Eisner）的著作《认识连载漫画》（*Understanding Comics*），该文探讨了每个漫画格的顷刻的选择问题，是涉及此问题的罕少的理论手册之一，不够深入，但瑕不掩瑜。

象，精心解构了其中的既有惯例。故事主角是一群失意的英雄，年迈体衰，看穿世事。社会认识到他们的超人举动乃是法西斯主义的分支，也恰恰是超级英雄体裁中的反派意识形态，因而将他们抛弃。在书中，旁白的叙述文字与故事的不同时间层面产生复杂互动，更兼以整页的文字插入（例如其中一位守望者所作的虚构回忆录《面具之下》）。此外，一篇以绘画表现的元叙事《黑船传奇》（*Tales of the Black Freighter*）构成了守望者故事的譬喻式对位作品。这一"漫画中的漫画"，灵感源于布莱希特（Brecht）和魏尔（Weill）的《三个便士的歌剧》中的一支歌曲，采用海盗传奇的形式。海盗题材曾经流行于20世纪50年代，如EC漫画公司在《海盗》（*Piracy*）杂志登载的作品便属此类。此类故事时常带有奇幻、惊悚，甚至恐怖的色彩。《黑船传奇》故事的漫画格直接嵌入《守望者》的版面中，色彩刺目，易于辨认，情节粗鄙，是对廉价出版物的模仿。在叙事世界的框架之内，它原是一个少年在报刊亭附近阅读的故事，讨论了超级英雄的当下情形。扎克·施耐德将其作为第二层叙事移入电影，选择的手法显示了他对于电影再现中融入异质性的趣味：他要求制作了一部动画片（同样名为《黑船传奇》），预备将其分段加入以"真实"视角拍摄的电影中。

还应提及摩尔和吉本斯的这部图画小说在叙事上的另一个特殊之处：曼哈顿博士（Dr Manhattan）因为原子能而拥有的超能力，从故事内容（意识形态）而言，可以令美国控制住越南局势，保证自身在世界范围内的战略优势地位，而从叙事结构上，这种超能力还产生了极为独特的时间观。在米利奇·加里·斯宾塞新近的著作《阿兰·摩尔：故事叙述者》（*Alan Moore：Storyteller*）中，作者描述了该能力令人惊愕的叙事学后果："超验者曼哈顿博士能够同时感知过去、现在和未来，将时间视作一种凝固的状态。"❶ 这种时间层之间的叠覆，到达顶点时便可构

---

❶ 米利奇·加里·斯宾塞（Millidge Gary Spencer）：《阿兰·摩尔传（插图本）》（*Alan Moore. Une biographie illustrée*），巴黎 Huginn & Munnin/Dargaud 出版社2011年版，第127页。

运动的悬停：跨媒介的优越场所

建出德勒兹想象的"过去的不同层之间的选择"❶，最终导致的凝固顷刻，却是连环漫画的语言的必然组成部分。为了向叙事世界中重新引入定格和运动的对立关系，摩尔多次借用了照片。一方面，群体合影可以从不同视角实现闪回；另一方面，照片也提醒曼哈顿博士，他的亲友经受着时间的沧桑，而他却始终如一，在穿越的一切时代、同时占据的一切空间中毫无变化。他的这一能力也带来了痛苦：退居火星之后，他决定摆脱照片的印记。它的指索功能（fonction indicielle，借用符号学家查尔斯·桑德斯·皮尔斯的分类法）被颇具深意地同红色星球沙土上的脚印联系起来（也即12册连载中第四册的封面图），照片总是不断地重新回到他的手里。这幅封面图展现了一张地上的照片。在该册漫画的第一个版面中，它出现了两次。第一次出现时，这幅图两侧的两个格子包含了一句相同的内心独白："这张照片在我的手中。"而这幅图所在的格子配有的文字则是："12秒钟之后，我让这张照片落在脚下的沙中，然后走远。它已经躺在那里，在12秒钟后的未来。"这一行为被放大了，尤其原作出版时因连载引起的悬念效果更加强了这一点。它表明，定格图像确实是不同时间层相交汇的场所，使得摩尔和吉本斯充分运用连环漫画的特质：这种媒介纠缠于格子的各自独立和图像的序列连贯之间、图画的固定静止和惯例所暗示的运动之间。曼哈顿博士的超能力甚至也令漫画书读者的阅读行为出现了连环嵌套：电影观众对后面的镜头一无所知，与此相反，读者即便严格遵守线性的阅读顺序，却无法不瞥见同时打开的两页书页上接下来的格子。

影片《守望者》的片头部分同样调用了照片的模式，巧妙地解决了这个问题。片头的一幕幕情节前后并置，独立发生，以黑幕的淡入淡出为间断，且都使用单一长镜头慢速表现。依据莱辛的理论，这种手法强调了不同身体在空间中的共存（该导演据弗兰克·米勒漫画作品改编的电影《斯巴达300勇士》也是如此），并且令观者敏锐地感受到每个顷

---

❶ 吉尔·德勒兹：《电影之二：图像—时间》（*Cinéma 2. L'Image - temps*），巴黎午夜出版社1985年版，第153页。

刻的时间行进，而这些时刻正是守望者历史的关键点。它们既被悬停于观看的当下，又被抛入虚构的过去，观者如同曼哈顿博士一样，穿越了不同的时间层。这些时间片段中的动作较慢，与镜头所模拟的运动的正常速度形成对比，因而更加彰显了动作的夸大。电影呈现和拍照取景之间的时间不均（anisochronie）在某种程度上模拟了连环漫画的接受方式：在图文组合表达出的时间性之上，又叠加了观者的目光浏览图画的时间性。这一段落的镜头以规律的节奏向前推移，留出中空的部分以嵌入观察者，其位置正是一个翻看画册的读者所在之处。此外，慢速的画面流几乎总是以相机镜头的闪光灯为顿点，而这个片头的构思便源于此，令超级英雄各自的经历交错于故事之外的集体历史中（如肯尼迪遇刺时的枪手，或是尼尔·阿姆斯特朗的面罩反映出曼哈顿博士的身影）。视觉文献中注入了虚构的故事情节，这一手法在罗伯特·泽米吉斯（Robert Zemeckis）导演的1994年影片《阿甘正传》（*Forrest Gump*）之后广为流行，故事被生硬地嫁接进了影像档案。摄影照片无处不在，不仅因为镜头本身也为影片所表现（群体摆拍的合影、新闻照片、犯罪场景照片），更因为在这个后现代的混乱漩涡里，虚构世界即刻成为了一种再现、一种呈现，将众多著名的圣像主题变化曲解，例如沐浴着几近神圣光芒的圣餐场景中忽然亮起了摄影师的闪光灯（见图9）。❶ 怀孕的女性形象占据了传统圣像画中耶稣专有的位置，令这个镜头仿效于伊丽莎白·奥尔森（Elisabeth Ohlson）和瑞妮·考克斯（Renee Cox）等当代艺术家对于基督教圣像进行的（更为激进的）再度征用。

对于耶稣受难的指涉，标志着这段片头对于跨媒介演变关系的自觉。这个故事在西方产生了大量的序列图像的变体，其装置各种各样，从玻璃花窗到幻灯片，经过了真人画和插图本圣经，再到早期的电影制

---

❶ 这组镜头再现了路易斯·布鲁奈尔（Luis Bunuel）导演的1961年影片《维莉蒂安娜》（*Viridiana*）中的圣餐场景，其中各个乞丐摆出姿势，镜头的位置却极为不恭地被女性性器官的展示所取代。

运动的悬停：跨媒介的优越场所

图 9

作。这些早期影片成了电影叙述演变的关键。❶ 叙事内容从一种媒介到另一种媒介的迁移，自然地伴随着圣像主题的再度出现，并将其调整适应于每种媒介类型的特质。❷ 莱辛将文字和图像中的圣经故事进行比照时，提到过"即便从里面挑出一个别针头，都不可能不发现一个被最伟大的艺术家表现过的片段"❸。艺术史学家弗朗索瓦·波斯弗拉格也曾强调，耶稣的每一个生命阶段都被视作一个包孕性顷刻：

　　对于基督，他的形象和生命的主要场景得到了优先描绘，尤其是那些便于凝固在一个姿态、一个动作中的场景。正面的基督像仿佛运动的暂停，是被艺术所静止的动作。❹

　　对于电影也并无不同，❺ 尤其是《守望者》表现超级英雄人生关键的十字路口时，每个阶段都以双重媒介滤过：这些行为一方面被画

---

❶ 诺埃尔·伯奇（Noël Burch）："受难与追寻之中的线性承袭"（Passions, poursuites：d'une certaine linéarisation），见《通往无限之窗：电影语言的诞生》（*La Lucarne de l'infini. Naissance du langage cinématographique*），巴黎 Nathan 出版社 1990 年版，第 137～154 页。

❷ 参见瑞士电影资料博物馆馆藏版本以及对其互文性分支的研究论文：阿兰·博亚、瓦伦提娜·罗贝尔（Valentine Robert）："耶稣基督的生命与受难（1902～1905）：'图画'的异质性与主题的变体"（*Vie et Passion de Jésus – Christ* (Pathé, 1902～1905)：hétérogénéité des "tableaux", déclinaison des motifs），载《1895，法国电影史研究协会会刊》第 60 期，2010 年 3 月，第 33～64 页。

❸ 同前文所引莱辛著作，第 117 页。

❹ 弗朗索瓦·波斯弗拉格（François Bœspflug）：《艺术中的基督：20 世纪的地下墓穴》（*Le Christ dans l'art：des catacombes au XXe siècle*），巴黎 Bayard 出版社 2000 年版，第 9 页。

❺ 理查德·瓦尔仕（Richard Walsh）：《在黑暗里读福音书：耶稣在电影中的描绘》（*Reading the Gospels in the Dark：Portrayals of Jesus in Film*），伦敦 Trinity 出版社 2003 年版。

面近景处记者的镜头所捕获,但另一方面,拍摄对象本身已经通过画面构图指涉了影响 20 世纪后半叶历史的诸多照片,只是这些照片搬移至此处,成了彩色的银幕尺寸版本。片中涉及安德烈·布里(André Burri)1963 年拍摄的切·格瓦拉;马克·吕布(Marc Riboud)1967 拍摄的"持花朵的少女",该幅作品成为嬉皮士一代反战运动的代表,而片头使用的鲍勃·迪伦(Bob Dylan)的歌曲《他们正改变的时代》(*The Times They Are A – Changin'*)也同样指涉嬉皮士一代;还有阿尔弗雷德·艾森斯塔特(Alfred Eisenstaedt)1945 年 8 月 15 日在时代广场拍下的海军走上街头庆祝胜利时的著名一吻,在此段落中也以女同性恋为背景进行了挪用(见图 10)。上述每幅照片的镜头角度都被作了轻微改变,因为摄影者和场景之间的轴不再位于画面中心。镜头推移时不断地产生着取景的变化,构成了对原作构图的再度征用,同时更加紧密地围绕于背景上的一个元素,并以动作的发生将其叙事化。这部片头中,一切都是再利用,甚至包括明星艺术家安

图 10

迪·沃霍尔(Andy Warhol)代表的波普艺术家对大众文化的挪用手法在内。这部改编作品接受和重塑了固定图像的整个传统,将原作置于跨媒介演变关系的网络中。因此,对于固定图像的指涉,赋予了电影图像的构成以及观者的时间体验以大量的信息。然而,这部作品毕竟遵守电影的原则,除了某些镜头中摆出造型的人物之外,不存在任何绝对的固定。固定一词的含义,更多地在于观者识别出的图画和摄影间的互文关系,以及画面之内的动作和画面之间的行进的速度变化。

运动的悬停：跨媒介的优越场所

正是在一系列任何顷刻之上，浮现出莱辛所言的包孕性顷刻，提示着电影尽管归属于活动图像的演变关系，也依然被静止性所萦绕。这静止性原是电影语言能指的特征，虽是在不可感知的层面上。

电影诞生时期单帧影像的地位与包孕性顷刻之关系[*]

■ [瑞士] 玛丽亚·多塔加达　文
　 史文心　译

【内容提要】 构成电影的单帧影像同顷刻的观念密不可分。电影史的主流观念采纳柏格森的理论，将顷刻与绵延截然对立，认为单帧影像正是不可分割的、无绵延的顷刻。鲜为人所论及的是，在电影诞生之初，尚存在一些将绵延引入摄影瞬时的论述，认为单帧影像可以实现时间的综合。本文将首先指出，莱辛的包孕性顷刻在电影诞生时期依然是重要的美学模型，而后着重探讨马莱在《运动》一书中提出的"可见的顷刻"，以揭示19世纪末围绕着单帧影像和顷刻观念形成的复杂的知识脉络。

【关键词】 柏格森绵延　包孕性顷刻　马莱　定时摄影

为了理解电影机制在电影史不同时期的地位，尤其是在电影诞生时期的地位，单帧影像（photogramme）的定义是最为无法回避的问题之一。单帧影像首先为生产影像的条件所决定：它是一个摄影瞬时（instantané photographique）。既然它以瞬时性为特征，便可以理解单帧

---

[*] 本文法文标题为"Le statut du photogramme et l'instant prégnant au moment de l'émergence du cinéma"，作者玛丽亚·多塔加达（Maria Tortajada）为瑞士洛桑大学电影史与电影美学教授。

影像同所谓的顷刻（instant）❶这一时间形式建立了联系。

20世纪，亨利·柏格森（Henri Bergson）的思想对艺术和电影的影响，使得顷刻和绵延（durée）被截然对立：在1907年的《创造进化论》(L'évolution créatrice) 中，柏格森提出了"思想的电影放映机模式"（modèle cinématographique de la pensée），将单帧影像视做一个不可缩减的顷刻，其中运动停顿，容不下任何绵延。这一模型在电影史中构成了宏大的对立：一方是将单帧影像视做固定图像的电影，例如罗兰·巴特的研究方法；一方是运动的电影，以吉尔·德勒兹（Gilles Deleuze）为著名代表。❷ 然而，将顷刻和绵延之间截然对立的做法，是以对柏格森所定义的顷刻的特定阐释为基础的。诚然，顷刻和绵延需要在辩证的关系中理解，因为顷刻是相对于绵延来定义的，也即相对于时间延展的一段极为短暂的时刻。18世纪的哲学家、理论学家丹尼·狄德罗（Denis Diderot）和戈特霍尔德·埃夫莱姆·莱辛（Gotthold Ephraim Lessing），以及艺术家奥古斯特·罗丹（Auguste Rodin）、哲学家亨利·柏格森、19世纪的生理学家艾迪安—于勒·马莱（Etienne-Jules Marey）等人在这一点上可以达成共识。然而，他们对顷刻的观念却有所不同。在这个特定背景下，尤其是在电影诞生之初，解释顷刻观念的种种不同变体，正是笔者的兴趣所在。进行这一讨论的风险很大，因为形式化的顷刻（l'instant formalisé）也可以被视为时间的构型者（modélisateur），其身份类同于保罗·利科（Paul Ricoeur）所定义的叙事（récit）。顷刻是一种时间的形式。

本文意图证明在电影诞生之初，与绵延截然对立的概念并非顷刻的唯一定义。有多种模态的顷刻将瞬时性和绵延重合起来，其中不乏悖

---

❶ 由于"l'instant prégnant"是文中的关键概念，本文沿用朱光潜先生《拉奥孔》中的"包孕性顷刻"译法，并通篇将"instant"一词译为"顷刻"，以求一致。同理，"durée"一词皆译为"绵延"，仅个别情况除外。——译者注

❷ 罗兰·巴特（Roland Barthes）："第三义"（Le troisième sens），1970年，见《显义与钝义》（L'Obvie et l'obtus），巴黎Seuil出版社Tel Quel丛书1982年版；吉尔·德勒兹（Gilles Deleuze）：《影像—运动》(L'image-Mouvement)，巴黎Minuit出版社1983年版；《影像-时间》(L'image-temps)，巴黎Minuit出版社，1985年版。

论。这种顷刻可以在马莱的作品中发现。对于电影史学者,马莱的作品非常重要,因为他在定时摄影(chronophotographie)中确立了对运动进行综合的技术和理论条件。他使用瞬时的技术,思考出一种"电影"的形式,这是由他在观念上的预设和科学手段的技术所决定的。马莱对本文的价值在于,就顷刻和定时摄影而言,他对艺术实践进行了直接思考。

作为科学家的马莱将美学放在何种位置上,定已引发无数讨论。除了 20 世纪的艺术史、未来主义,尤其是杜尚的主张等种种研究之外,关注马莱的专家们也探讨了马莱的美学问题:洛朗·马诺尼试图突出马莱作品中的美学范畴,玛尔塔·布朗提及他对同时代艺术和 20 世纪艺术的影响,弗朗索瓦·达高涅和米歇尔·弗里左等人也有相关著述。[1] 笔者的研究方法则需要将提问的角度略作偏移。

我们可以立即定义出 19 世纪末两种对于顷刻的核心观念。第一种同摄影瞬时有关。电影以定时摄影的形式构成,因而与瞬时摄影有直接联系。从装置的角度来看,瞬时摄影在再现的生产中不可避免地引入了速度:快门的速度和化学反应的速度。但是,瞬时摄影不仅是一种技术,也是一种实践,它的目标在于捕捉一个移动物体在运动中的最短时间间隔。总体而言,摄影图像指涉的顷刻,既是被拍摄运动的非常短暂的时刻,也是摄影行为的瞬间。它天然地倾向于建立与绵延截然对立的顷刻的概念,也即柏格森所采用的定义。对顷刻的这一观念处在艺术和摄影的争论的核心。摄影的反对者认为,摄影瞬时是一种凝固时间的再现,无法容纳绵延;因而它不同于真实视角,无法说明在时间中表现的

---

[1] 洛朗·马诺尼(Laurent Mannoni):《艾迪安-于勒·马莱——眼睛的存忆》(*Etienne-Jules Marey. La mémoire de l'œil*),米兰/巴黎 Mazzotta 出版社"法国电影"丛书(La Cinémathèque française)1999 年版;玛尔塔·布朗(Marta Braun):《显像时间:艾迪安-于勒·马莱的作品,1830~1904》(*Picturing Time: The Work of Etienne-Jules Marey, 1830~1904*),芝加哥/伦敦:芝加哥大学出版社 1992 年版;弗朗索瓦·达高涅(François Dagognet):《艾迪安-于勒·马莱——影迹钟情》(*Etienne-Jules Marey. La passion de la trace*),巴黎 Hazan 出版社 1987 年版;米歇尔·弗里左(Michel Frizot):《定时摄影家艾迪安-于勒·马莱》(*Etienne-Jules Marey chronophotographe*),巴黎 Nathan/Delpire 出版社 2001 年版。

电影诞生时期单帧影像的地位与包孕性顷刻之关系

动作或经过。这也是欧仁·维隆（Eugène Véron）和罗贝尔·德·拉塞兹兰（Robert de la Sizeranne）等人对于定时摄影持有的立场，只是措辞有所不同。迈布里奇（Muybridge）1878年发表的奔马摄影引发的那场著名的论战中，他们表达了这一立场。

因而可以认为，19世纪末，顷刻的观念往往是通过摄影瞬时形成的。但这并非流传的唯一模型。包孕性顷刻（l'instant prégnant, ou fécond）也同样不可绕过。这一概念来源于艺术史，但也贯穿了柏格森和马莱的论述。要理解电影的出现，包孕性顷刻的概念十分重要，学界却少有论及。它揭示了电影诞生时期，同单帧影像相关的顷刻的概念周围复杂的知识脉络。

一、包孕性顷刻：18~19世纪

何为包孕性顷刻？关于电影的两篇重要著述中有所涉及：罗兰·巴特的《狄德罗、布莱希特、爱森斯坦》（*Diderot, Brecht, Eisenstein*，1973）和爱森斯坦本人所作的《狄德罗谈电影》（*Diderot a parlé de cinéma*，1943）。[1] 以上两篇文章虽然讨论电影，却并未提及笔者关心的单帧影像，而是围绕着与狄德罗的戏剧画布相关的镜头展开。此外，它们的时代也远在电影诞生之后。然而，为了厘清认识论的问题，有必要认识包孕性顷刻的概念在19世纪末的构成和有效性，并说明这一概念是如何与单帧影像之间形成联系的。

直到1900年前后，包孕性顷刻依然是一个重要的美学模型。关键

---

[1] 分别引自《显义与钝义》（*L'obvie et l'obtus*），见前引；《艺术的运动》（*Le mouvement de l'art*），F·阿尔贝拉（F. Albera）主编，巴黎 Cerf 出版社 1986 年版。另有一篇爱森斯坦关于《拉奥孔》的文章，但并不完全涉及包孕性顷刻的问题：《再现，图像，真实，过程》（*Rappresentazione, immagine, datità, processo*），见塞尔盖·M. 爱森斯坦（Sergueï M. Eisenstein）：《蒙太奇概论》（*Teoria generale del montaggio*），皮耶罗·蒙塔尼（Pietro Montani）主编，威尼斯 Marsilio 出版社 1992 年版（1985 年初版），第 210~226 页。

文本无疑是1766年的《拉奥孔》（*Laocoon*）❶。该文评述了梵蒂冈展出的一组公元前1世纪的古代群雕。莱辛（Lessing）在文章提出了媒介特性的问题，依据艺术与时间的关系定义了艺术的目的：诗歌的叙述在时间中展开，因而更适宜再现行动；绘画则不同，它仅以画布为媒介，因而只应再现行动中的一个时刻，专注于单一顷刻从单一角度捕获的身体形态❷："绘画在它同时并列的构图里，只能运用动作中的某一顷刻，所以就要选择最富于孕育性的那一顷刻，**使得前前后后都可以从这一顷刻中得到最清楚地理解**。"❸ 这个汇聚了前前后后的单一时刻作用于观者的"想象"。莱辛将包孕性顷刻视为"独一无二的顷刻"，前提是画家挑选出的能够凝缩和集中绵延（durée）的顷刻：包孕性顷刻在本义上给出了时间的综合。无论如何，这一顷刻并非行动和情感到达顶点的顷刻，而是那个刚好在悲壮的时刻之前或之后的顷刻，那个悬而未决的顷刻，那个容许疑虑、犹豫、含糊的顷刻。包孕性顷刻是凝缩在一个时刻里的潜在的叙事，观者则将这一叙事在头脑中展开（见图1）：

包孕性顷刻的原则

独一无二的顷刻

单一视点（画框）

身体，姿态（与多个行动相对立）

并非顶点的表达的时刻

---

❶ 戈特霍尔德·埃夫莱姆·莱辛（Gotthold Ephraim Lessing）：《拉奥孔》（*Laocoon*），巴黎 Hermann 出版社1990年版。（译文引用片段皆从朱光潜译本：《拉奥孔》，商务印书馆2013年版——译者注）。此外，多米尼克·夏多（Dominique Château）认为，包孕性顷刻的原则可上溯至沙夫斯柏里（Shaftesbury）于1711~1712年提出的"坚实度原则"（见《现代艺术哲学：电影》，巴黎 L'Harmattan 出版社2009年版，第63页）。在包孕性顷刻的概念的形成中，狄德罗的作用非常重要，自1753年版《百科全书》（*L'Encyclopédie*）中的"构成"（Composition）词条开始逐渐产生影响。斯特凡尼·罗吉尼（Stéphane Lojkine）《包孕性顷刻的诞生》（*Genèse de l'instant prégnant*）一文，见《反叛之眼——狄德罗沙龙》（*L'œil révolté. Les Salons de Diderot*），巴黎 Jacqueline Chambon 出版社 Actes Sud 丛书2007年版，第204~238页。

❷ 同上，第55页。

❸ 同上，第120~121页，黑体系笔者所加。

电影诞生时期单帧影像的地位与包孕性顷刻之关系

图1

观者的想象

引发莱辛思考的原因，是雕像的面部表情中拒绝展现丑陋。他自问，如何表现一声嘶喊、一个如同拉奥孔群雕般的强烈痛苦的时刻，而不扭曲人物的面貌；不令长时间注视画布、甚至反复重看的观者，不得不面对一个本应转瞬即逝却被决定性地画了下来的时刻，让它持久地面对他的目光？莱辛认为，若是如此，则定然导致荒谬的结果，或是对美的否定。绘画容许凝视的时长，不应描绘转瞬即逝的对象。❶

运动的概念——在未来的关于瞬时的争论中极为重要——也在莱辛通过面部表情问题进行的思考之列，但它被作为行动的从属概念。绵延被认为与行动直接相关，其形式则是叙事（见图2）。

《拉奥孔》中包孕性顷刻的分类

诗歌　　对立于　　绘画

叙事————画框

绵延————顷刻

系列行动————单一行动

包孕性顷刻在19世纪末的时效性如何？整个19世纪都为包孕性顷刻的问题所贯穿。首先是因为这个世纪，在现代派学者和理想美的拥护

---

❶ "通过艺术，上述那一顷刻得到一种常住不变的持续性，所以凡是可以让人想到只是一纵即逝的东西就不应在那一顷刻中表现出来。"出处同上，第56页。

65

Fig.41.–Homme qui court.Chronophotographic sur plaque fixe.

Fig.42.–Boxeur représenté dans les deux attitudes extrêmes de son action.

图 2

者之间展开了漫长论战，后者以温克尔曼（Winckelmann）为代表，莱辛已在《拉奥孔》中对其进行了反驳。举例而言，对这组雕像的描述在伊波利特·丹纳（Hyppolite Taine）的《意大利游记》（*Voyage en Italie*）❶ 中是不可缺少的段落。19 世纪，围绕拉奥孔形象的考古问题和美学问题十分热门。大量相关著述在德国发表，法国亦然。于是，1894年出版了伊格纳斯·孔特（Ignace（J），Kont）的《莱辛与古代》（*Lessing et l'antiquité*），重新检视了莱辛关于不同考古问题的论述；然而，作者却将包孕性顷刻的美学主张视为无可辩驳的既有事实。❷ 欧仁·维隆的《美学》（*Esthétique*）初版于 1878 年，后多次再版。在该书中，他从媒介问题出发，重提莱辛关于独一无二的顷刻的阐述。于是，运动变成了一个毫不含糊的基础概念。维隆批判古典美学，认为它以理想美

---

❶ 第一卷，"那不勒斯和罗马"，巴黎 Hachette 出版社 1884 年版（第 5 版）。
❷ 巴黎 Ernest Leroux 出版社 1899 年版，第 166～167 页。

为典范，也便意味着对古希腊雕塑的阐释，仅关注形式上的"纯粹美"。他主张，现代艺术家应该表现"运动，生命和行动"。维隆对独一无二的顷刻进行的重新表述，❶ 全都将运动的问题作为重点。

确实，画家可以调遣的只有绵延的一个时刻，他尽力将人物当下的动作（geste）**延伸到过去和未来**，从中提取出一切可能的效果。动作不是停止的运动，否则会与姿势（attitude）相混淆；**它是一个延续的运动**。画家不具备资源以直接再现这一延续性，便应令人感受到它，**他用姿势代替动作，并往姿势的强迫静止中加入某种紧接在其前和在其后的东西**。显而易见，这种同一时刻的多重姿态在物质的现实世界并不存在。❷

行动被直接关联于一个低于叙事的单位，即动作本身，更被关联于动作的定义者，也即运动。运动处于 19 世纪的核心，不仅仅是因为关于艺术和美学问题的争论，也是因为科学以及那些猎奇和游戏性的做法，人们使用光学玩具来体验运动的构成和解构。因而，以上对包孕性顷刻的重述，更多地通过动作将它联系于运动的绵延、而非行动的绵延，便不足为奇了。

二、包孕性顷刻和无绵延的顷刻

运动与绵延是柏格森思考的重点所在。如前文所述，摄影瞬时作为无绵延顷刻的模型，对于这位哲学家极为重要：它帮助他定义了感知（perception）。感知会破坏一切运动，将其凝固成为系列的摄影瞬时，而电影则是反面的例子。❸ 柏格森也同样身处包孕性顷刻问题的广泛背景之下。他借鉴独一无二的时刻来指涉时间的综合，而包孕性顷刻正是

---

❶ 欧仁·维隆（Eugène Véron）谈及"独一无二的姿势"，参见《美学》（*L'esthétique*），巴黎 Vrin 出版社 2007 年版（1878 年初版），第 282 页。

❷ 同上书，第 281 页（黑体系笔者所加，"un mouvement qui se continue"为原文中的强调）。

❸ 见《创造进化论》（*L'évolution créatrice*），巴黎 PUF 出版社 Quadrige 丛书 1998 年版（1907 年初版），第四章。

67

潜藏其中的模型。在 1896 年初版的《材料与记忆》（*Matière et mémoire*）一书中，柏格森描述了感知的过程，并证明感知不具有体验时间流的能力：

总之，感知就是将一个无限稀释的存在的庞大的时期（périodes），凝缩为更为差异化、具有更强烈的生命的几个时刻（quelques moments），从而概括（résumer）一段十分漫长的历史。感知意味着固定（immobiliser）。❶

从某个意义上说，我的感知确实在我之内，因为那些被它压缩（contracter）成为我的绵延的单一时刻的，其自身可以再度分散成多得不可计数的时刻。❷

最终，柏格森对感知的过程进行了解释性的比较：

就这样，一个跑步者的一千个前后连续的位置，被压缩成一个象征性姿势，这个姿势为我们的眼睛所感知（percevoir），为艺术所再现（reproduire），对于所有人成为了一个跑步者的图像（l'image d'une homme qui court）。❸

跑步者的主题源自对定时摄影和摄影瞬时的讨论。因而，柏格森将感知的问题同摄影联系起来❹，并不令人意外。定时摄影捕捉了多种运动中的人像：行走，奔跑，跳跃，骑车等（见图 3）。❺

首张固定底版定时摄影以行走者为主题，1882 年由马莱发表于

---

❶ 《材料与记忆》（*Matière et mémoire*），巴黎 PUF 出版社 Quadrige 丛书 1997 年版（1896 年初版），第 233 页。
❷ 同上。
❸ 同上书，第 234 页。
❹ 参见《材料与记忆》自第一章起的内容，见前引。关于此主题，可参看拙作："摄影/电影：20 世纪初的互补范式"（Photographie/Cinéma: paradigmes complémentaires du début du XXe siècle），见洛朗·基多（Laurent Guido）、奥利维·路贡（Olivier Lugon）编：《定与动——20 世纪摄影与电影的交会》（*Fixe/Animé. Croisements de la photographie et du cinéma au XXe siècle*），洛桑 L'Age d'Homme 出版社 2010 年版，第 47~61 页。
❺ 此处为固定底版上的定时摄影，也即在单一底版上进行多重曝光。

电影诞生时期单帧影像的地位与包孕性顷刻之关系

Fig. 41. – Homme qui court. Chronophotographic sur plaque fixe.

图 3

（图中注释：跑步者。固定底版上的定时摄影）

《自然》杂志 7 月 22 日刊。❶ 这在当时是一幅彻底新颖的图像，因为它将人体的运动在单一图框内分解成了不同的位置，这些位置间的距离被相对缩短了。然而，《材料与记忆》的上述段落中定义的感官构成的图像，并不完全是马莱制作的这种分解为多个形象的典型的定时摄影图像，而更接近于单一形象在独一无二的顷刻的图像：一个"概括""浓缩""压缩"了绵延的顷刻。总而言之，它在一个点上实现了时间的综合。感官可以完成摄影瞬时无法做到的一切，依据柏格森的观点，它可以将绵延萃取为一个时刻。柏格森对于跑步者的评论，将定时摄影的主题转向了包孕性顷刻，以说明人类的感知。因而，有两个模型可以说明柏格森对于感知的认识，正如两种思维过程，两种科学（古代科学和现代科学）的形象。它们将在 1907 年的《创造进化论》中得到明白的阐述。这两个模型，其一是包孕性顷刻，其二则如同电影放映机所展示的摄影瞬时中的顷刻，柏格森称之为"任何顷刻"（l'instant quelconque）。

---

❶ 关于马莱摄影中的行走问题，参看米歇尔·弗里左（Michel Frizot）："如何行进——电影算法"（Comment ça marche. L'algorithme cinématographique），载《电影资料馆》（Cinémathèque）第 15 期，1999 年春季刊，第 15~27 页。

69

令人惊讶的是，这两种模型都被柏格森纳入了他命名的"思维的电影放映机制"（le mécanisme cinématographique de la pensée）或"电影放映方法"（la méthode cinématographique）。❶ 借由定义包孕性顷刻的概念，柏格森说明了感知的过程，并且将包孕性顷刻变换为一种无绵延的顷刻。因为在柏格森看来，时间的综合并不等同于"绵延的直觉"（l'intuition de la durée）。他认为，绵延的直觉才是真正的时间体验。❷

三、包孕性顷刻和顷刻-绵延的变体

作为柏格森的同时代者，马莱在科学实践中始终将定时摄影的瞬时视做一种顷刻—绵延（instant - durée）。他有时试图将其分析，以测量之，也即采取和柏格森彻底相反的立场；有时则通过他的带状胶片定时摄影机（chronophotographe à bande），引入对于延续的顷刻的要求：拍摄的时刻确实可以通过"电影"胶片的间歇停顿来调节，这一停顿被设想为越长越好。为了增加定时摄影的图像数量，有利于运动的综合，这一停顿是必要的。❸ 当马莱论及艺术和他的实践的关联，可以察觉，他再度将定时摄影瞬时同绵延联系起来。因此，他成了用瞬时来再现运动的反对者的猛烈抨击对象。

《运动》（Le mouvement）一书出版于 1894 年。第十章用于说明"从艺术的角度看人的运动"。马莱认为，定时摄影可以作为文献记录，丰

---

❶ 见前引《创造进化论》，第 272 页和第 307 页。

❷ 柏格森拒绝认为时间的综合中包含"绵延"的价值，这仅在他自己的这些体系内成立（参看多米尼克·夏多的论述，见前引，第 55 页）。在这个体系中，"绵延"的概念具有非常特定的意义。从认识论的角度来考虑概念的重塑，时间的综合当然应该被理解为一种历史中形成的指涉绵延的方法之一。然而，这同柏格森的无符号（a - sémiologique）或无再现（a - représentationnel）的立场格格不入。

❸ 可以认为间歇停顿，以及与之相关的顷刻 - 绵延，是电影出现的条件之一。单帧影像被视作与绵延有关的瞬时，关于这一点的认识论分析可参看 M·多塔加达（M. Tortajada）：《电影瞬时：重新解读艾迪安 - 于勒·马莱》（L'instantané cinématographique: relire Étienne - Jules Marey），载《电影》（Cinemas）第 21 册第 1 期，2010 年秋季刊，第 132 ~ 152 页。

电影诞生时期单帧影像的地位与包孕性顷刻之关系

富艺术家的视觉。❶ 马莱完全不认为定时摄影图像自身就是艺术产物。即便定时摄影涉及美学问题，也仅仅是因为马莱考虑将他的研究成果应用于美学领域。《运动》并非是马莱对美学问题产生兴趣的唯一著作，他在 1873 年出版的《动物机体》（*La machine animale*）❷ 中已谈及这一话题。他采用图像手段来处理马匹步态的图像，并要求杜武赛上校（le colonel Duhousset）将他的成果制作成插图，因为杜武赛曾经研究过这一问题。后来，他同乔治·德摩尼（Georges Demenÿ）构思了一系列"以定时摄影为手段的艺术生理学研究"计划，其成果仅在 1893 年发表过一次，题为《人的运动》（*Du mouvement de l'homme*）。❸ 在此我们仅需要研究《运动》的第十章即可。因为马莱关于定时摄影术的论述，此书可谓集大成者，而第十章更以堪称系统化的方式思考了艺术家使用定时摄影术的一系列可能。❹

艺术家可以从定时摄影术得到一系列形象，并依据他想要再现的内容，选出最好的姿势——选择的美学标准是属于他的。使用固定底版的定时摄影和使用移动底版的定时摄影（应当把"带状胶片"理解为电影摄影机），都同样地使马莱感兴趣：前者对于展现"序列关系"（rapports de succession）格外有用，而后者可以给出"所再现姿势最多的变

---

❶ 乔治·迪迪-于贝尔曼（Georges Didi-Huberman）低估了这一点，认为只是"庸见"（banalité）。参见"万物之舞"（La danse de toute chose），见 G. 迪迪-于贝尔曼，L. 马诺尼（主编）：《空气的运动——艾迪安-于勒·马莱，流动摄影家》（*Mouvements de l'air. Étienne-Jules Marey , photographe des fluides*），巴黎 Gallimard 出版社 Réunion des musées nationaux 丛书 2004 年版，第 273 页。因为迪迪-于贝尔曼试图通过柏格森（见前引，第 269~279 页）来将马莱的影像的艺术地位定义为"完整体验"（expérience intégrale，见前引，第 272 页）。从本文采用的认识论角度来看，马莱的目的应当被支持。下文将论述马莱采用不同的顷刻观念，尤其与包孕性顷刻有关，却未要求定时摄影的艺术地位得到承认，尽管他依然认为定时摄影应当对艺术家有用处。

❷ 巴黎 Editions Revue 出版社"EP. S"丛书 1993 年版（1873 年初版），第 159 页。

❸ 第 1 卷，巴黎 Berthaud 出版社 1893 年版。

❹ 美学问题也同样出现在第十章"四足动物的运动"（Locomotion des quadrupèdes），关于马的步态的再现："艺术和科学在寻求精确时，会彼此相遇；同样的方法既可以确定不同的姿态，让艺术家据此再现马匹，也可以从机械和生理学的视角来观察这种动物的运动阶段。"见《运动》（*Le Mouvement*），巴黎 Masson 出版社 1894 年版，第 199~200 页。

化"（une plus grande variété dans les attitudes représentées）。❶ 单帧影像指的是每次瞬间曝光在固定或移动摄影底版上留下的一帧图像。本文中，笔者仅就两种混合了顷刻和绵延的有趣情形加以说明。

马莱首先定义定时摄影瞬时的最大优点，即"展示奔跑者的多种真实姿势"。❷ 与其相反，艺术过于频繁地杜撰出现实中不存在的姿势。随后，他强调了定时摄影瞬时的增添价值，这一价值主要依附于图像的细节："肌肉起伏的表情"（l'expression des reliefs musculaires）。❸ 莱辛将面部表情视为体现包孕性顷刻的极佳位置，而马莱通过比照，将绵延引入瞬时的顷刻中：

肌肉在活动中的起伏独具面貌，其表情如同我们在面部肌肉中辨识出的表情一样。如果最精细的生理学数据可以在艺术中得到应用，那么可以说，一个器官的**形态（modelé）不仅表露了正在实行的动作**，也可以在一定程度上预测**随之而来的动作**。❹

这段文字并未明白地提及包孕性顷刻的概念。然而，其观念阐述得非常清楚：艺术家要选择出独一无二的形象予以再现，而他决定的依据，便是这些图像能够在当前的运动中展示将要发生的动作，简而言之，从顷刻之中发展出绵延。这一点同包孕性顷刻的综合非常相像。

马莱并不仅仅取用包孕性顷刻的某些模型化优点，以应用于自己的科学实践；他还创造了一种独特的顷刻，能够将绵延融入其中，因而同包孕性顷刻保有一定的相似性。它被命名为"可见顷刻"（l'instant visible），作为定时摄影经验的成果，专供艺术家使用。马莱将人同机器做了比较。他感兴趣的顷刻，是令"正在运作"的机器的某些构件或者人的某些姿势"可见"的顷刻：这就是"中止点"（point mort）。

---

❶ 美学问题也同样出现在第十章"四足动物的运动"（Locomotion des quadrupèdes），关于马的步态的再现："艺术和科学在寻求精确时，会彼此相遇；同样的方法既可以确定不同的姿态，让艺术家据此再现马匹，也可以从机械和生理学的视角来观察这种动物的运动阶段。"见《运动》（Le Mouvement），巴黎 Masson 出版社 1894 年版，第 181 页。
❷ 同上书，第 166 页。
❸ 同上书，第 169～170 页。
❹ 同上书，第 169 页（黑体系笔者所加，仅"modelé"一词为马莱原文中的强调）。

电影诞生时期单帧影像的地位与包孕性顷刻之关系

同样地，一架正在运作的机器，只有在**中止点**才会令它的某些构件可见。中止点就是那些**短暂的顷刻**，当运动在一个方向上完结，即将反向开始，如同在人的某些动作中，**也有一些姿态比其他的持续更久**。固定底版上的定时摄影有助于**确定**（déterminer）这些顷刻。❶

确实，单帧影像可以提供一个运动的形象在非常短暂的时刻中的瞬时再现：我们处在瞬时的逻辑中。然而，马莱激烈地反对将摄影瞬时解释为一个无绵延的顷刻。甚至他更进一步，在定时摄影方法中采用瞬时手段，以制作出这样的单帧影像：它确实是在超快的速度下产生，但是却被用来捕获和揭示运动中的一个特殊时刻，也即具有绵延的时刻。马莱继续阐述，这些"姿态"在固定底版上会留下"**一个更为强烈的痕迹，因为它令底版感光了更长的时间**"。❷ 定时摄影的手段可以显示这些特别的单帧影像与同系列其他影像的差异。由此，摄影的瞬时将绵延纳入自身，作为图像的组成材料。

也许我们会认为这里说的绵延是运动停顿本身的时长。那么就会偏离本题，也即一个瞬间的再现所指涉的有绵延的运动。然而，中止点并非是以运动的停止为定义的。《19世纪大词典：法语、历史、地理、神话、目录学、文学、艺术、科学，等等》（Le Grand Dictionnaire universel du XIXe siècle: français, historique, géographique, mythologique, bibliographique, littéraire, artistique, scientifique, etc. etc.）❸ 对中止点的注解是机器中的结构达到各力平衡的时刻；并且"机器获得速度之后，会超越中止点"。在中止点上，运动的惯性依然继续着。

定时摄影证明，这些令马莱感兴趣的中止点，本质上同运动即将反

---

❶ 美学问题也同样出现在第十章"四足动物的运动"（Locomotion des quadrupèdes），关于马的步态的再现："艺术和科学在寻求精确时，会彼此相遇；同样的方法既可以确定不同的姿态，让艺术家据此再现马匹，也可以从机械和生理学的视角来观察这种动物的运动阶段。"见《运动》（Le Mouvement），巴黎 Masson 出版社1894年版，第173页（黑体系笔者所加，仅"point mort"为马莱原文中的强调）。

❷ 同上（黑体系笔者所加）。

❸ 皮埃尔·拉鲁斯（Pierre Larousse）：第12卷，万有大词典编委会（Administration du grand dictionnaire universel），巴黎1866～1877年版。

73

向进行时的临界点有关,可以通过单帧影像的强度和清晰度来标识,因而也同运动的某种停顿有关。只是,很难以肉眼如此清晰地辨别它们。在机器的例子中——我们可以想象活塞规律而快速的运动——中止点并不是运动的停顿,而是这一运动的关键时刻。马莱在文中提出的中止点问题,关注的是人类感官的限度,而定时摄影的优点恰可以补偿或纠正感官的限度。中止点对于"可见顷刻"的重要意义在于以下两个方面:

(1) 为了阐明这些中止点,马莱选择以一个孤立的运动来展示它们,也即击剑的动作(见图4)。❶ 由此,他将中止点的停顿感凸显出来。机器的例子则会令其模糊,或引发其他运动。关于击剑者,马莱写道:

图125展示了一个在击剑的男子,大部分图像是模糊而含混的,其中却有两个图像清晰地显示出来:一个是男子准备出剑的时刻,另一个则是剑已刺到尽头,他的手臂伸展到极限的时候。❷

这些中止点表现的是运动的酝酿和终结。这些时刻定义了运动本身,它们处于运动中,构成运动的暂时临界:"在这些顷刻,运动在一个方向上终结,并即将反向开始。"❸ 总之,这些顷刻是悖论的时刻,因为它们是在运动自身反向进行时出现的、构成运动的极短停顿。悖论在于感官的限度:停顿是肉眼不可见的,却是它构成的运动的一部分。因此,定时摄影对艺术家成为必要,其中的道理被马莱反复重申:定时摄影确实让人看得更清楚。

---

❶ 见前引,第175页。《运动》再版(尼姆 Jacqueline Chambon 出版社 2002 年版)时调整了初版的插图。需要参看初版方可理解马莱的论述过程。

❷ 见前引,第174页。马莱指出,这幅作为例子的照片是乔治·德摩尼在1890年10月11日的《自然》(La Nature)上登载的定时摄影。玛尔塔·布朗谈过德摩尼的摄影清晰度不足,同马莱明白的分析形成了对比:"(……)在马莱的影像中,每个重叠区域的边缘都是锐利而清楚的;德摩尼作品中运动的过渡阶段则有模糊的效果,更加适合作为艺术家的模板,但是却也缺少马莱作品标志性的结构分析"(《显像时间——艾迪安·于勒·马莱的作品,1830~1904》,见前引,第268页)。然而,马莱在此处感兴趣的是清晰的中止点和难以辨识的系列图像之间的对比。后者对论证过程非常必要,尽管他认为艺术家应当采纳最清晰的图像为模板。

❸ 见第72页注①中的引文。

电影诞生时期单帧影像的地位与包孕性顷刻之关系

图 4

（2）这个结论中也存在第二重悖论，同马莱在关于瞬时的争论中的参与方式有关。为了证明定时摄影对艺术家有用处，马莱从科学家的立场出发，试图往艺术家的视角靠拢，至少是努力寻觅他们可能感兴趣的例子。

在对运动的再现当中，艺术家合乎情理地展示肉眼所能见的运动中的人类。看得最清楚的是酝酿阶段和运动的终点。❶

艺术家的这一关注依赖于自身的感官，因而常常在关于瞬时的争论中被作为论据调用，来凸显艺术超过瞬时摄影或定时摄影的特质。❷ 然而，马莱在提出这一论据时，讨论的并非定时摄影图像的美学价值，他关心的是它们展现运动真相的能力。

他在论证的开头提及"可见的顷刻"，并强调这些时刻是显而易见的，因而值得艺术家注意；但这样做的目的却是随即说明它们并非完全显而易见。一个运动的极限时刻，诚然是最显著可见的：中止点便是如此，也即运动的酝酿阶段和终点。但是，若要精确地勾勒出这些中止点，便需

---

❶ 马莱：《运动》，巴黎 Masson 出版社 1894 年版，第 173 页。

❷ 维隆将认为对于运动的实际感知是再现，而瞬时摄影则会将运动凝固，因而二者是对立关系。（见前引，第 282～285 页）。（op. cit.，pp. 284～285）. 罗贝尔·德·拉塞兹兰在谈及定时摄影时，也将它同感官作了对比，后者领略的是多种姿态的"全体"，而前者则只给出全体的一个"部分"。艺术应当归于感官那边，提供的是"全体真实"。（参看"论摄影是否为艺术"（La photographie est–elle un art ?），见《当代美学问题》[Les questions esthétiques contemporaines]，巴黎 Hachette 出版社 1904 年版，第 199～200 页）。

要借助定时摄影了。马莱似乎认为在运动中捕捉这些变化点是艺术家的特权，但他依然认为只有定时摄影才能精细地"确定"❶ 运动反向进行的准确时刻。马莱一贯坚持，定时摄影比肉眼"看"得更清楚。

正如包孕性顷刻一样，可见的顷刻也给出将时间形式化的方法，并将绵延重新引入到顷刻之中。它指向的运动的停滞，可以类比于确立了莱辛的包孕性顷刻的行动的悬停。准确地说，马莱的可见的顷刻并不是时间的综合，它并不像包孕性顷刻的模型那样，希望通过动作或运动，指向之前和随后的顷刻。它既不概括动作，也并不浓缩行动。

可见的顷刻仅仅指涉自身，指涉自身的绵延。如同中止点一样，确定它的方式便是这个转瞬即逝的临界时刻。这一时刻既无法被感官捕捉，却又可以被定位。它只是绵延过的事物的指示符号。在摄影瞬时中纳入运动时间的重要论据，往往是按下快门的相机的抖动造成的模糊不清。❷ 然而，马莱的新意在于，他主张中止点的绵延能够从定时摄影瞬时的清晰度之中察知。

马莱使用定时摄影的摄影瞬时，并非为了捕获一个不可分割的无绵延的顷刻，而是为了得到这样一种顷刻：它能够显现绵延之物，因而其科学功用可以为艺术家服务。于是，单帧影像便是一个顷刻—绵延。对于那些批评摄影瞬时或定时摄影瞬时的论述，可见的顷刻给出了另一条完美的出路，并且彻底避免了柏格森将顷刻简化为不可分割的时刻的做法。然而，在这一点上，20 世纪跟随了柏格森，而非马莱的道路。

将顷刻这一概念的上述诸多变体融会贯通，方可理解 19 世纪末单帧影像的概念。

---

❶ "论摄影是否为艺术"（La photographie est – elle un art?），见《当代美学问题》（Les questions esthétiques contemporaines），巴黎 Hachette 出版社 1904 年版，第 173 页和第 174 页。

❷ 如罗贝尔·德·拉塞兹兰写道：摄影艺术在于模糊之中，这正是定时摄影无法捕捉到的。定时摄影因其清晰度和细节，无法呈现运动（见前引书，第 198~199 页）。

最终时刻的美学

■ [瑞士] 克里斯蒂安 L. 哈特 – 尼布里格[*]　文
　于海燕[**]　译

　　【内容提要】 死亡是生命的最终之事，这并不是一个终结，而是生命的界限。死亡是偶然的、独特的，不可被概括或被归于普遍性。我们不可能实现对生命最终时刻的直接描写，因为死亡就像是存在于生的状态和死的状态之间的虚无的空隙，在空隙当中，是纯粹的"现在"，是永恒。但我们可以运用语言的替补作用，通过比喻，描写死亡这种介于存在和非存在中的虚无，而不仅仅局限于对传统意义上死亡对于生命的终止意义的表现。

　　【关键词】 最终时刻　虚无　永恒

———

　　离开，终结。死亡和真正的死亡，从这里就是出口。句号，终结。

---

[*] 克里斯蒂安 L. 哈特 – 尼布里格，洛桑大学德语文学专业名誉教授。
作者感谢苏坎普出版社同意转载其著作 *Ästhetik der letzten Dinge*（美因河畔法兰克福，1989年版）中的这篇文章。参考译文是由克林克克出版社出资（巴黎 2012 年版），由弗朗索瓦 – 勒霍默尔·勒布勒（François – Lhomer Lebleu）翻译的版本。
[**] 于海燕，华东师范大学外语学院博士生。

除非最终句号处于终结之后，这时，没有最终句号的终结并不是一个终结，有最终句号的终结也同样不是一个终结。死亡，最终之事，并不是一个结束；死亡是对它自身描绘的建构和作用——这一展现却是失败的。将死亡描述成一段朝着终点前进的生命的历程是不可能的；将其描述成所谓的、本义上的终点也是不可能的。死亡并不是种内容：幕间熄灯。帷幕。即使人人或早或晚都会面对死亡，死亡也绝不是普遍化的，而是一种个人化的事件，每一次都是不同的，人们等待死亡，却不能预测死亡；它是随机的，不容辩驳，类似句法的错格，是一种断裂，足以毁掉人生命中所有一切。同样，它也粉碎了一切使用概括性的美学观点为死亡撰文的尝试。结束的虚构同样也是虚构的结束。当尝试描绘界限时，所遇到的问题就是如何表现这种行为自身的界限，为此人们绞尽脑汁；虽然仅仅为了勾勒界限，但在此之前却必须要跨越它。因此，这种试图自我超越的描绘成为对生命的模仿：本以为所有的事物都基于普遍性存在，然而最终却发现，每种事物其实都是特殊的。就象征的范畴而言，最终价值可能以一种关乎死亡的和安慰的方式展现；借助神话故事、宗教或是意识形态，最终价值可以偶尔凭运气被猜出，然而这价值的实质却丢失了。虽然我对最终价值感兴趣，然而对我而言，当这篇文章内部敲响丧钟之时，以一种轻浮和世俗的口吻来描述最终价值是一件非常简单的事情：描写包括在丧钟之内的结束是不可能的，这就像是对于美学理论的无视；这种吸引一直以来使我们不断通过艺术和技法尝试这种不可能实现的"使—死亡"的表达方式，并将继续下去。

二

在文学中，想要通过书写来呈现生命最后的时刻是一种自负。没有任何描写可以触碰这个决定性的最终时刻，除非先借助将来时在描写中留白。然而一直以来，我们不曾注意过它，我们拒绝阅读它。某个人过去仍然在那里，而现在已经离去了；在这个不在场当中，他在那里，完全在那里，好像他未曾在那里停留过一样。死亡是具有全体性的刻刀。

死亡是限制线所画出的期限，这条限制线弯曲地处于一个循环之中，消失——这并不是一条可以切断生命之线的横截线，而是一条与生命之线重合的线——生命的电影破碎，未来也已经消耗、用尽至最后一刻，就像是终结赋予了生命以完备性，再一次证明，阐释只关乎描写的问题。因此这里的困难就是找出最终的片段。但是最终片段之下隐藏的是什么，谁来为过世的人的账单付账？

在《尤利西斯》这部文学作品中，作者乔伊斯设计安排利奥波德·布卢姆念报纸上的讣告榜，利奥波德·布卢姆感觉到这些已故者的名字就像是"墨水人物"，他们就像是这些死的文字一样不能继续存活下去，也"将会在这些易破的松散的纸头上变模糊消失"。将一个生命变成文本，换句话讲就是将生命归于死亡和回忆之中。这就是为什么这是这部作品的主题，使用这个主题创作出一篇可读的文章并不能看到他的分身和死亡，而更确切的是看到其分身的死亡和其本身的存续。"当我们读我们自己的讣告时，"布卢姆说，"看起来就像是我们活的时间更长。我们重新呼吸，一个新的生命穿入到我们的肺部。"死亡作为最后的阻止动作的动机和一种可能存在的创造性的介质，可能它最终是小说中最为人性的部分，除了死亡我们对于生命一无所知。它在暗处窥伺着，在空白的深渊当中潜伏着，这空白将字母、单词和句子分割开，在阅读和写作中越过这些空白的深渊，不加以考虑，然而又处于永久消失于这些空白深渊的威胁之中。这些小说里的人物漂浮于存在和不存在之间的故事当中，他们在黑与白之间继续活着。如果他们没有死，那他们就还活着。❶

三

维特根斯坦在《逻辑哲学论》当中提出，"死亡并不是一个生命事件"。"人们并不经历死亡，如果人们永远听到的都是无时间性而不是无

---

❶ "Und wenn sie nicht gestorben sind, so leben sie noch"是许多德国民间故事的结束语。

止境的期限，那活在现时中的人们将拥有无止境的生命"。❶ 钟表的"嘀"和"嗒"之间有间隙，钟表显示出一种停顿的现在，这是现时的永恒，伴随着迟到而来的时间，当时间流逝了，钟表就会缺少时间，而又从我们出生时，时间一秒钟一秒钟流逝，钟表就通过"嘀嗒"的声音使时间变得更加有节奏韵律，慢慢地，当个人未来的沙漏中的沙子全然漏尽，一粒不剩，消散在已逝去的过去岁月中，我们在这时将停止生命。然而，这种缓慢存在的终止过程，断然地结束。诚然，这是以一种无法预见的方式，尽管人们对此已做好准备，当时机到来时，结束只不过是一个事件的完满，这是结束当中产生的完满，甚至就像是人们到达了港口，港口是人们制定的能够使生命获得终极结构的目标；而目标则是，其实从用词上已经可以预料出，从这个目标开始回顾往昔，可以一眼看尽生命的全部阶段。这只能在纸头上实现，即在叙述中实现。并且表面上也只能通过这样实现。只有当别人通过语言，就仿佛他们自身已经经历过一样，向他者的生命发出死亡的证书，一个完满的形式才能够结束，并且使其生命具有完整性。

四

所有绝对终结都排斥通过描写的方式表达终结的行为。因此所有的完结都要求有一个外界的观测点，而这个要达到终点、实现最终完整的观测点并不存在。尝试表现宿命式的结局，就是尝试从结局中豁免，尝试超越这个宿命，尝试将宿命合并到一个表现的领域当中，在这个领域里，将宿命从必然性中剔除，并且在初始时，赋予宿命最终的特性，在这个表现领域中，生命的终结不断地突破和摧毁。描写的最终价值，死亡——目标倾向于"0"——回避了无限。不论我们是赋予死亡以重大意义还是无意义，我们都永远不能将其攫住或者将其掌握于手心之中：这个门槛人们只跨越过一次。最小的脚步就是最大的脚步。即使这是在

---

❶ 吉勒－加斯顿·格朗杰译：《逻辑哲学论》，巴黎伽利玛出版社2002年版，第111页。

0 和 1 之间的无限的有理数，$1/n$ 如此的小，无限地接近于 0，越小的数字之间互相间越接近：$1/n+1$。而无限则是位于将这些无限接近于 0 的数字分隔开的最小的空间之中。"无－数字"❶，这是罗马人为计算板上的最后一栏取的名字，这个标识意味缺失。"无"❷ 诚然是来自"一无"：❸ 一个减少到无限的 1。当我们力求达到末点、极限点时，中间的空白空间则以无限的速度扩大，由此产生的抑制效果，正如一条路上挤满了心急想要达到目的地的人群。我们也可以看一个看图猜谜，图上展示出一个猎人，从这个猎人两条腿的缝隙看，我们并不能确切地看到躲在那里的兔子。同样的道理，当我们看不到划定事物形状的界限时，当我们撇开目光不谈，在转身的动作中，触及意料之外的新的形象，而这种新的形象本身也抵触中间的空白空间，将其填满并使其被全部遗忘。并不是结束摧毁一切，而是与之相关的致死的虚无。芝诺❹的乌龟比阿喀琉斯更快地接近目标，比所有的野兔和所有的猎人抛出的球都更快，那是因为它懂得享受慢慢来的乐趣。

五

界限的概念，根据康德所讲的，也是一个概念—界限。他对界限进行定义，但是并没有告诉我们界限的内容是什么。如果界限的概念存在，那也是在《纯粹理性批判》中，这是"为了给感受力的扩张设限，所以是单一的否定性用途。它跟感受力的界限相连，然而却不能够在除了针对感受力更加广阔方面的以外的部分，产生积极的作用"。如果界限存在，就像那些存在于世界中的事物一样，这个问题将界限和概念弄错了，然而这界限的概念我们在接下来几页的讨论中都将会用到，使用

---

❶ 原文为"Nulla Figura"。——译者注
❷ 原文为 nullus，拉丁文，译为"无"。——译者注
❸ 原文为 unnullus，拉丁文，译为"一无"。——译者注
❹ 古希腊哲学家、数学家埃利亚·芝诺（英文 Zeno of Elea，法文 Zénon d'Elée），提出的一系列关于运动的不可分性的哲学悖论，包括"飞矢不动悖论"等。——译者注

的方式也只是界限的实用意义的一方面：这跟界限的作用有关，跟整理一个已完结（有限长度）的链条的众多环节的方式有关。死亡，是这些环节中最脆弱的一环，链条在此处破碎，死亡是链条的一部分，然而却不存在于链条之上。这就像是相对于视野范围的地平线一样，地平线设定范围，然而在视野范围之内却看不到地平线。死亡并不属于这个世界，但是它却是事关生命的事件。因为死亡不需要任何代价，否则如果生命从其本身摆脱掉的部分和从死亡这最终无限的伟大中所剔除的部分是生命自身时，这将是完全无效的。

六

　　病人的最后一次呼吸，在听诊器还没有听到心脏跳动的停止前，医生就可以不借助其他器材断定病人的死亡。现在，因为所有的器官相互联结，当生命机制停止运行时，电子束脑血管造影技术观测得出大脑的死亡。甚至因为某种原因或者生命对于死亡所做的斗争，导致这种跨越界限的延迟，因为这种观测在某种不可察觉的症候的反应的作用下而推迟，那么这种对于界限的跨越的具体位置到底在哪里呢？一个断断续续的发亮的点，在荧幕上暗暗地发着光，看起来就像是一个彗星一样，光源消失而最终突然坠落？为了知道什么时候就足够了，还必须知道更加足够代表着什么。如果根据传统概念，身体和精神在那时分离，死亡的场景，在其痛苦的终结处发生，死亡场景只代表一种观点，而这观点既不属于这个人，也不属于别的人，而是处于将人跟人之间分隔开的空隙之中。因为，当死亡突然发生时，死亡打开这个空隙而同时又将其填满，悖论式地，死亡是不论活着的人是如何看待它的——完全的解体、过渡或转变——一个人们不能穿入的洞。这就是说，每个人所处的位置对于别人来说都是不可替代的、不可交换的。这些就像是在卡夫卡的小说《看门人的故事》中的入口一样，入口只是他一个人的："现在我就要去关上这扇门了。"在这个世界上，当有人死亡，每一次都伴随着一个开口的关闭。

七

死亡的来临是中断前进的点，它总是降临在时空的连续性的洞之中。我们担心像做梦一样跌入这个黑洞，尽管心脏还跳动着，在我们跌到这深渊的底部之前，自由地降落的过程中，我们就永远的枯竭了。这个过程可能持续很久，尤其是接近终点的时候持续很久。边界线，生命的链条的最后一个环节也是链条上最薄弱的一环，这个边界，以其必然死亡的剧烈度，仍然属于已经结束的生存的链条，同时逻辑上来说，它也是处于那里的黑色房间的开端，这个房间对于思想是阻挡、封闭的，不论想象力如何构想房间的隔板的样子都是无用的！为了使死亡发生，我们必须跨越界限并且尝试着进行描述这到底可不可行。然而，当我们对此进行回顾时，这个边界线就会扩大成一片"无人之地"，并且由于解释的过多而发出窸窣的响声，这些解释使自我和他者等个体的概念变得模糊，就像是落在这片黑色空间的白色的叶子一样，白色映衬着黑色，书写减少了一项体验的复杂性，而这种体验是人们停留在没有死亡的这侧河岸时体会不到的：保留精神，重新塑造身体。自然哲学家阿尔克迈翁❶说过，如果我们死亡，那是因为我们并没有使开端和结局相融会，亚里士多德也表示过类似的想法。没有他者，我们不能理解自我，自我和他者也只能通过描写的作用来被理解。因此通过我们写出的每一个新的句子，我们都重新通过"体裁"和"结构紧密"尝试重新让黑格尔所称的那种"消失的愤怒"消失不见或者规避这种"消失的愤怒"，使其比结束更早，比开始更晚，在不断延伸的不可被破坏的语言的层面上，总是重新放置到技能的层面，在句子与句子之间或者在句子本身上，通过驾驭以语言作为缰绳的马，当涉及一点点分析提取意义的时候，我们反方向进行写作和阅读，从后向前，同时脑袋中幻想着是在前进。那么，"意义"就只是那些原本我们应该制止的那些偏离的虚构，

---

❶ Alcméon de Croton，古希腊自然哲学家，根传是毕达哥拉斯的学生。——译者注

就像是文字由此变成了可持续的踪迹——凝结的时间性——停滞的水流，表面上看起来，为了使句子表现出的意义保留更长时间。

八

根据让-保罗·萨特所说，死亡是从我们出生之时就射出的箭，而到了结束之时将我们射中。但是在我们生命的过程当中，我们听到死亡吹口哨时，死亡又变成了什么呢？与死亡相关的问题麻烦，首先并且尤其是，仍然活着的人跟死亡之间产生的麻烦。死亡的刺激，不论对我们产生促进的作用还是阻碍的效果，它都存在于一种悖论中，悖论就是，这种刺激想要使我们不那么担忧死亡使生命终结这件事情——有可能我们会对于那些因为焦虑而拒绝考虑死亡的那种生命更加恐惧——但是我们害怕死亡，因为在死亡时，"我们恰恰离开了世界和死亡"。❶ 那么，有可能路德维希·费尔巴哈是正确的，他在他的1830年发表的《论死与不朽》中写道："死亡作为死亡，死亡是痛苦的，这只存在于死亡之前，而不是在死亡之中。死亡是一种非常虚幻的存在，只有当它不存在的时候它才存在，而当它存在的时候，它又不存在了。"这正是像黑格尔在《百科全书》中定义的纯粹的"现在"，并与纯粹的"现在"相联系的"自我，纯粹自我意识的自我"。所以我们很愉快地想，也许他们两位（费尔巴哈和黑格尔）在关于"死亡，此刻，自我"❷ 这三个看起来互相咬啮的单音节词组成的三角结构上的思考都是有道理的。

九

接下来我们将探讨的内容是我们不能超越的。关于这一点，现在已有很多思辨的方法。对我们来说，最好的观点是由叔本华提出的：由存

---

❶ 莫里斯·布朗肖：《火的局部》，伽利玛出版社1949年版，第324页。
❷ 德语原文的三个词为：*Tod*，*jetzt*，*Ich*。——译者注

在转变为非存在的这个过渡，我们已经实实在在地体验过了，即从相反的方向，从我们的出生的时刻开始。然而这一直是"没有僭越任何事的僭越"（布朗肖《不逾之步》）。没有文字上的内容，没有；文字上地，完全没有。没有人，在死亡之前生存。在生与死之间、在成为逝者的事实与活着的事实之间，嵌入了：死亡。这就是死亡具有的区别性和排他性的标志，将其他的部分都搁置一边，死亡或者生存，这是一种对单纯的状态的识别，而这种识别脱离所有与之有可能相区别的物体，识别过程被绝对地处理，同时它自身自我摧毁。在死亡之前，中风发生时，亨利·詹姆斯在他倒下的时候会说："最终它终于来到这里了，这个独特的东西"。遗言……

死亡是突然入侵的，并不预先通知，被一次又一次地讲述，而当涉及将死亡描写表现出来时，自然死亡的描写是最需要技巧的。作为例子出现在接下来的内容当中的事例，是为了阐明这个与死亡有关的美学之舞。每个事例以其特有的方式，吸引了所有人来关注由人手所描写表现出的死亡并不是完整的，不能重现全部内容。所有的这些情况，每个都用它们特有的方式，实现了或然性的开放，那就是到了最后，一切又都是别的模样，这种或然性可能要求我们必须要等到最终尽头，也就是到那里。

十

由尸体招致的恐慌，不论这尸体是人的还是动物的，这恐慌都以无声的方式嘲笑贝恩❶宣称的那些："快来，我们一起讲话吧。讲话的人不是死去的人。"这就像这恐慌嘲笑所有在葬礼时所念的墓志铭一般。我们做的关于死亡的演讲跟我们了解的死亡是不同的，看起来就像是我们知道的关于死亡东西比死亡这个虚无还要多。

---

❶ Alfred William Benn（阿尔弗雷德·威廉·本恩，1843~1915），英国哲学家，不可知论者。——译者注

证明我们无法掌控自然的最后一条线索，所谓的"自然的"死亡同样也是一件令人扫兴的事情，是一种体现社交凝聚力的机会，同时也是将死亡错误的加以利用的情况，这错误的利用包括将死亡变成一种社会控制的器材，变成专门融洽社会中不同之处的稳定装置：普通人综合征、富人综合征。❶死亡难道最终不是将我们归于平等吗？但是我们也可以自问一下这种置于死亡的寂静之上的慷慨激昂的评论演说难道没有能够通过一种尽量理想化的——并且比以往更加有力的方式，抑制死亡。然而死亡会再次回归，以一种野蛮的方式，就像菲力浦·阿利埃斯❷所说的那样，比以往都更加野蛮。再谈论一下康德的观点，死亡的概念是空的，并且不可能被感知。对死亡的感知是盲目的，而且这种感知不可能被概念化。谈论死亡，这是那些尝试书写死亡的人的至高和超越常人的表现！我们通过比喻对死亡进行阐释，在并不了解死亡的情况下，就好像是在对我们想象出的死亡的摸索。"人们不思考死亡、空隙、虚幻和虚无，然而却会思考与它们相关的数不清的比喻：这也是一个避免对它们不加以思考的方式"。❸死亡呈现出的比喻正在经受极端的检验。它们必须要经历一个检验的空间，而要进入这个空间当中必须通过想象，完全没有一种能够达到对于文本、读者和作者的皆可共享、可过渡和共有的现实情况的先决途径。这篇偏离了界限的闲言，只有当中的关于如何描写的方式的内容是重要的，当然前提是我们已经知道这些方式是否适合我们提议介绍的内容。

十一

　　最先瓦解的内容，是人称代词。这个人在回家的路上死去了——直

---

　　❶ 指胡戈·冯·霍夫曼斯塔尔（Hugo von Hofmannsthal）的剧本《富人的死亡或普通人》（*Jedermann, das Spiel vom Sterben desreichen Mannes*）1991 年。

　　❷ 菲力浦·阿利埃斯（Philippe Ariès，1914～1984）是法国关于家庭和童年的中世纪研究家和历史学家。他最重要的作品改变了西方社会对于死亡的态度和看法。——译者注

　　❸ 埃德蒙·雅贝斯（Edmond Jabès）：《意外颠覆的小书》，巴黎伽利玛出版社 1982 年版，第 77 页。

到这个时候，这样说还是可以的。现在"他"就在那，在家里，躺在灵床之上、花团中间——此时这样说就是不可以的。名字已经与肉体脱离：长眠于此——我们非常在意那些已故朋友已经变得没有意义这件事，拨打过去的毫无回应的电话号码，废弃的地址；因为要将他们的地址和电话自此划掉而产生的不安的情绪。失去了跟别人讲话的可能性，同时，我也失去了叫出别人名字的能力。确实是，叫别人的名字，就已经是给生命压上墓碑的第一步：

  当然我的语言并不会杀死任何人。然而，当我说"这个女人"的时候，真实的死亡就已经被宣告并在我的语言中在场了；我的语言意味着这个人——她此时此刻就在这里——可以与自身脱离，可以离开自己的物质存在和在场存在而突然没入没有物质存在也没有在场存在的虚无之中……但如果这个女人真的没有能力死去，如果她在她生命的每个时刻不受死亡的威胁，没有通过一种本质的联系与死亡绑定，注定要融入死亡的话，我也就没有能力进行这种理念的否定，这种延迟的暗杀，而这种否定和暗杀，正是我语言之所是……我说出自己的名字，就像在唱我自己的挽歌；我使自己与自己分离，我不再是我的在场也不再是我的现实，而是一种客观在场，不具人格的在场，我的名字的在场，它超越在我之外并且它石头般的牢固起到的作用（功能）对我来说就像是压在空无上的墓碑。

    （莫里斯·布朗肖《文学，与死亡的权利》❶）

  雅克·德里达在他的著作《论文字学》中向我们阐释了任何字形都具有的"遗嘱价值"的特性。而且，抛去所有翻译可能持有的顾虑，为审美体验，我们可以大胆尝试翻转贺拉斯的至理名言——"死亡是事物的最终的界限"，我们从生命的最终界限呈现出的死亡特征开始反向感受，通过文字和图形，通过借助唯一的"重新—呈现"的方式，努力接近生命之外的事情。文学作品中讲述死亡使生命停止，则意味着死亡之中没有生命，死亡切断了所有生命继续的可能性，而文学作品不应该满

---

❶ 莫里斯·布朗肖：《火的局部》，巴黎伽利玛出版社1949年版，第324页。

足于此，转而将死亡之外的事情这个极为虚拟的存在和逃跑式的死亡变成了描写的目标，这些难道是不可能成为文学作品的主题吗？

死亡学——一门没有研究对象的科学。它使用的方法呢？——以一种美学方法。因此，建立在虚无之上，这给了死亡学翅膀。同时死亡学也赋予了死亡式体验以翅膀。我们希望死亡学的发展能够有飞翔的力量和坚持的耐力。

即使死亡是不能被描写的，面对死亡时，我们表现出的恐惧产生了没有具体对象的幻觉，而这幻觉就像恐惧本身一样。这是一种说不出的恐惧，一种对于那些没有名字的事物的恐惧。依据弗洛伊德关于针对小汉斯的对马的恐惧症的精神分析报告（《对一个五岁大的孩子的恐惧症的分析［小汉斯的病例］》，1909），和拉康给出的孩子对于母亲的关系的解释，这种关系被理解为是客体关系，而这种说法只不过是在掩盖这种关系的真正原因：恐惧（拉康著作 *Séminaire*，1956～1957）——小男孩欲望对象缺失的恐惧——朱丽娅·克里斯蒂娃❶解释过关于恐惧表现的基因结构（《恐怖的权力，论卑鄙》，1980）。小汉斯对马的恐惧症是众多恐惧的隐喻性的聚合：咬伤、阉割、道路上的交通，跟人们一起时，在父母之间时，父亲和母亲。"马，通过对恐怖的对象的能指分析，代表着一种缺乏对象的冲动的积攒。"因此这种显现出的恐怖的对象并不以这种方式存在，而总是以实际上难以捉摸的冲动对象或者对虚无产生的幻觉的身份出现："这是一个比喻，指向虚无。"因此，这个比喻应该不仅描写介绍这种欲望对象缺失导致的后果，同时最终也要介绍这种缺失自身。因此，在一份报告中对人进行具体的描述，这已经是转变成了超出人本身之外的状态。

"存在的缺失"，我们不能描写它，文学作品又无法避免它，它是一连串无止休的替补的催生者，替补以一种短暂、过渡和转瞬即逝的方式出现在消失的过程之中。而这些替补都是跟死亡相关的。

---

❶ 朱丽娅·克里斯蒂娃（Julia Kristeva），巴黎第七大学语言学教授，心理分析学家、女性主义批评家。——译者注

而卢梭忏悔说:"直到他的生命结束,他也一直是一个老小孩。"这个老小孩深受自责的折磨,因为他不断将色情的手伸向自己——是为了,能够在假想的描写当中,同时获得那些在现实中只能分别实现的东西,尤其是在人们拒绝性冲动已经很长时间的情况下。德里达指出"替补"的逻辑,这是令人苦恼的威胁,这种威胁是由替代产生的在场的缺席,因此同时也是缺席的在场,而这种替补自身又是对抗这种威胁的第一个也是最好的壁垒。

替补不能通过它的图像产生一种缺席的在场,我们通过符号的产生来使缺席的在场产生,替补使缺席的在场不能接近,并且将它掌控。因为人们对这种在场既期待又畏惧。替补一方面违反禁忌,另一方面又尊重禁忌……没有标志和替补的享乐本身,允许我们达到一种纯粹的在场,如果以上这种假设可以实现的话,那只不过是死亡的另一个名字。❶

因此必须尽早使那些贷款的人(靠赊欠生活的人)学会墨比尔斯❷关于替补的表述的理论。那些拒绝学习此理论的人最终将在《小约翰》❸的歌曲中游戏生命,即在死亡之歌之中。

十二

12点的钟声敲响,每天两次,那些数着钟响次数的人,在时空的连续构成的螺旋的作用下,跌落在12和0之间。时针走一步,向前,向后,不断扩大着代表过去的时间的圆圈,将过去的时间清除,以此给新的时间腾出位置。在开始与结束之间,什么都没有(虚无),所有。这是尝试以毫无破坏的方式实施死亡的机会,至少每天两次,并且也是感受在直到生命之流停止于最终的"现在"之前,生命消逝过程的无限加速这种现实的机会?或许我可以在这个时刻思考,当死亡有一天敲我的门,没有给我留下说"请进"的时间,它问我,它和我,我们此刻在哪

---

❶ 雅克·德里达:《论文字学》,巴黎午夜出版社1967年版,第223页。
❷ Möbius(墨比尔斯),新兴市场投资教父。——译者注
❸ 指的是一首德国民谣《小约翰独自一人离开》(*Hanschen klein geht allein*)。

里。我们在时钟的"嘀"声和"嗒"声之间死亡，因此，最后的一小时，已经敲响了。在场—缺席，缺席—在场，这就像是木筒管，也就是弗洛伊德在案例当中所提到的小孩子所玩耍的木筒管，木筒管的在场教会小孩子用语言制造事实上并不在场的母亲的在场：位于描写过程尽头的死亡，当通过描写使他活着的玩具"完蛋"。没有可以标记对界限的跨越的符号。因为如此，死亡只是代表着所有描写的最终失败的符号，然而，跟其他的符号相比，因为这个符号完全不具备参考他物的可能性，所以这是一个不允许添加附注的符号。不关于死亡的参考根本不存在，（唯独）除了死亡的终点，一直以来，美学的描写围绕这个点作了形形色色万花筒似的阐释，这个终点是生命的中轴线，仍然是，并且一直都是。

…………

在所有的音乐当中，并不仅仅是在与死亡直接相关的音乐当中，我们可以真切地感觉到死亡是乐曲编写的联合作者，历来，死亡就是乐曲的催生因素，这表现在音乐的律动当中，在音乐从头到尾的发展过程当中，并不仅仅表现在乐曲的末尾，因为如果这样，就会使这个末尾像是来自乐曲之外的；乐曲的运作同样也是以一种与电路图不同的方式进行的，电路图的运作方式是，开始时人们按按钮启动，结束时可以看做是切断直流电路的电流，之所以说是不同的，是因为在音乐的流淌当中，没有图像，而且在这之中，时间的流逝暂停了，就好像是一个延长音的音符一样。音乐是对于这种中断活动的中断，是一个幕间插曲，而在这幕间插曲之中，生命在开始和结束之间、在一个音符和下一个音符之间脉冲流淌着。开放式差速和动态的系统是建立在间隔的空隙之上的，音乐也是建立在这之上，音乐从间隔的空隙之中汲取丰富的内容，音乐表达的内容和这些空隙之间一同启动音乐发展的发动机，促使音乐利用交替电流，朝着相反的方向发展；通过这些空隙，音乐充分利用过渡和转变，通过这些过渡和转变，空隙终于可以全部完成，以一种事关终结的准时性，为了给等待画上一个句号——这是现实和理想相会的普遍的情况——先前的音符老去死亡了，就像新生的音符从死去的那些当中喷涌而出，重新出发，继而死亡，音符并不是以一种挺直的新的弓形支架的方式更新，它自身也是虚无，通过以上的过程，中介空间由虚无产生了：有声音的空间，音乐发展过程的无延伸的点，这个点就是现在，在现在当中，有足够的空间提供给过去的音符和即将而来的音符，同样对于那些倾听的主体有足够的空间，以便当主体认为将要消散的时候可以通过这个点钻到虚无之中。音乐中音符之间的空隙是一个开口，通过这个开口，音乐可以像一个活着的人一样呼吸，转变自己，实现在特有的个性化变形中死去，变形方式有：消散、硬化、向前、向后、向上弯曲、向下弯曲、进入和离开。一个古老的故事《所有当中的一个》，一个赫拉克利特❶已经讲述过的故事："火实践大地的死亡，空气实践火的死亡，水实践空气的死亡，大地实践水的死亡。"这种想法既抽象又晦涩，与帕尔卡❷所代表的关于死亡的观点相左，格奥尔格·齐美尔❸在他关于伦勃朗的研究当中阐释过以下的思想："我们并不是处于死亡的控制之中。这种思想只能诞生于死亡的官能因素中，这种因素是内在的，被实体化成具体物质的东西、与众不同的事物或者突出的形象。相应地，我们的生命在其现象方面是与之相反的，除非它经受过了达到尽头的生命——也就是我们所称的无所不能的死亡的洗礼。"

每一次时钟敲响，看起来都像是传达给我们的信号。伴随着不可估量的延迟，已敲响的钟声只有在这个逝去的钟声中才能重新鸣响，通过这个逝去的钟声，新的钟声宣告自己的到来，又可以使下一个钟声鸣响，以这样的方式，可以计算到倒数第二个钟声，然而对于最后一个钟声，已经没有可以使我们鉴别它的东西了；水滴在重力的作用之下滴下，直到构成的线断掉的那一刻，水滴扩大，自由地下落，滴向大地，在短暂的生命历程当中依然也改变了自己的形状，而它们的生命在我们

---

❶ 赫拉克利特（Héraclite，约公元前530年—前470年）是一位富传奇色彩的哲学家，是爱菲斯学派的代表人物。——译者注
❷ les Parques，掌管人类生、死、命运的三女神。——译者注
❸ Georg Simmel 格奥尔格·齐美尔（1858~1918），德国社会学家、哲学家。——译者注

意识到之前就已经逝去了。

当 12 点的钟声敲响的时候,朝向终点的前行就已经开始了,总而言之,并不是最后的终结突然出现,而是——通过由于具备可被描述的特性而活着的事物——使朝终点前行的发端成为可能的条件突然出现。

让沉默言说什么：姿态、品格和作者形象*

■ ［瑞士］ 热若姆·梅佐兹** 文
　 许玉婷***译

> 想象物由数个面具（personae❶）承载，
> 这些面具沿着舞台纵深排列。
> （然而面具后面没有任何人）
> （巴特，1975：123）

【内容提要】 继《文学姿态》（2007）出版以后，本文通过对比"姿态""品格""作者形象"这三个相邻的概念，再次讨论"姿态"的方法论目标。本文旨在将这三个概念谱系化，纳入一个概念整体。文章最后简要分析维尔科的《海的沉默》（1942），将以上理论思考落实到具体分析中。

【关键词】 姿态　品格　作者形象　舞台布景

---

* 本文发表于《论证与话语分析》（Argumentation et Analyse du Discours）2009 年第 3 期。——译者注

** 热若姆·梅佐兹（Jérôme Meizoz, 1967~），于洛桑大学获得文学博士学位，后到法国社会科学高等研究院（EHESS）学习社会学，在那里遇到皮埃尔·布迪厄。现在洛桑大学教法国文学，主要研究创作与文体社会学。在《文学姿态：作者的现代演出》一书中，他以新颖的方式（"文学姿态"这一概念通过对话的方式提出来），运用社会学方法和文学分析方法，概括了他对小说家独特姿态的思考。

*** 许玉婷，南京师范大学在读博士生，扬州大学法语教师，讲师，研究方向为中法比较文学。

❶ personae 是拉丁语 persona 的复数，意为人格面具。——译者注

这篇文章既是拙著《文学姿态：作者的现代演出》（*Postures littéraires. Mises en scène modernes de l'auteur*）（2007）姗姗来迟的补编，也是对我和路特·阿莫西（Ruth Amossy）以及多米尼克·曼格诺（Dominique Maingueneau）就"姿态"这个概念的合理性及其外延所做的颇有成效的交流的延续，旨在讨论话语分析学家和文学社会学家都会遇到的几个相近的词语。它们之间的关联值得阐明、讨论。我这样做没有什么大的理论野心，不过是像热威尔（Revel）和帕斯隆（Passeron[1]）（2005）所宣扬的那样，习惯"通过个案思考"，即使在遇到新的话语事实（faits discursifs）时将这理论化粗胚推翻重来也在所不惜。希望读者将此思考过程视为发起讨论的邀请，而不是对自己观点的强硬坚持。

我认为，在方法论层面，要超越文本内部研究专家和文本外部研究专家之间旧有的任务分配，"姿态"这一概念尤为宝贵，由此，作者姿态在关系层面上就隐含着文学场域上的话语事实和生活样式。《文学姿态》的个案研究试图由此联结修辞学向度和社会学向度，即演员在文学场域里的话语和他们采取的姿势（position）。我们观察复杂的表述行为和机构行为，从而辨认出某个状态的文学场域里独特的声音和面孔。

我认为，在当今文学研究中，将修辞学和社会学联结起来意义重大，尤其是现在，鉴于多个学科取得的最新研究成果，"作者"这个颇有争议的概念被重新提出、重新估量，从各个方向卷土重来。

一、几个有待联结的概念

我把姿态定义为作家在话语操控（gestion du discours）和公开的文学行为中对自我的呈现（présentation de soi）。与这个概念最相对应的是意为舞台面具的拉丁词语 persona，从词源上来说，意为人们透过这个东西说话（per‑sonare[2]），同时创造一种可理解的声音及社会地位。在文

---

[1] 雅克·热威尔（Jacques Revel），1942 年生，法国历史学家。让-克洛德·帕斯隆（Jean‑Claude Passeron），1930 年出生，法国社会学家。——译者注
[2] 拉丁语动词原形，意为透过某物发出声音。——译者注

让沉默言说什么：姿态、品格和作者形象

学表述舞台上，作家出场、说话时都带着他的 persona 充当中介（médiation），我们可以称之为他的姿态或者"权威面具（masque d' autorité）"（卡拉姆，2005）。或者，更明白地讲，一个人只有透过姿态这面棱镜才能作为作家存在，这种姿态的构建是一个历史过程，并参照了文学场域的所有姿势。姿态属于整体的"作者舞台布景（scénographie auctoriale）"。曼格诺用这个词描述发言固有的戏剧性，并将注意力集中在话语表述者身上。谈论姿态，意味着在多个层面上同时描述（舞台布景）这个过程。

因此，姿态并不只是作者的构建，不纯粹是文本的生成物，也不单单是读者的推论。它包含于一个互动过程：它是由作家、将它呈现以被解读的不同中间人（记者、批评家以及传记作者等）和读者大众在文本中和文本外共同构建的。在话语第一次成形即出版前，姿态作为一种集体形象就在出版社开始出现。人们将在文本周遭继续追踪，从周边文本（péritexte，书籍介绍、作者简介以及照片）追踪到后文本（épitexte，作者访谈、与其他作家的通信、文学日记）。姿态由此在作者与中间人和读者的互动中锻造出来，同时对他们的判断作出预测或者反应。

我首先在自传等事实体裁中研究姿态，在事实体裁中，作者以及话语操控机制（instance de gestion du discours）被一个从此闻名的协议（勒热纳❶，1975）同化了。然而，只要我们一谈虚构体裁，新的问题便产生了。在小说中，将作者安置在哪里呢？作者、叙述者和人物之间可以建立什么联系呢？三者的品格（éthos❷）通常没有任何共同之处。从此以后，我们是否可以谈论小说中的"姿态"呢？

---

❶ 勒热纳（Philippe Lejeune）在《自传协议》（瑟依出版社，诗学丛书，1975 年版）（*Le Pacte autobiographique*, Seuil, coll. "Poétique", 1975.）中提出"自传协议"一词，即自传作者与读者签订协议，保证在自传中展现真实的自己，甚至不惜自我丑化或者自揭短处。只有记忆可能违背这个协议。反过来，自传作者要求读者对他作出公平、公正的评判。——译者注

❷ Éthos 是个希腊词，意为一个人的性格、处事方式、习惯等。Éthos 构成法语 éthique（伦理，道德）的词根。在修辞艺术上，éthos 指说话者通过自己的话语建立可信、可亲的形象，尤其是通过选择某种风格，吸引听众的注意力，赢取他们的信任。——译者注

部分问题存在于作者概念及其常用法固有的混乱上。在曼格诺（2004）看来，三个机制像在莫比乌斯圈❶上一样紧密排列在这个概念中，我认为这是迄今为止最好的描述：

——本人（la personne）（公民本人）
——作家（l'écrivain）（文学场域中的作家–功能体）
——记录者（l'inscripteur）（文本表述者）

在这种情况下，研究姿态，就是综合考察（考量这些资料，保持所需的谨慎）作家行为、记录者品格和本人的行动，例如，理解米歇尔（小说《平台》的叙述者［2001］）、米歇尔·维勒贝克（公众场合下的作家）和在文坛上自称维勒贝克的法国公民米歇尔·托马斯之间的复杂关系。费迪南（《缓期死亡》［1936］的叙述者）、路易–费迪南·塞利纳（公众场合下的作家）和公民路易·德图什之间的关系也如此。当让–雅克·卢梭在《对话录：卢梭评判让–雅克》中将他的表述分摊到让–雅克和卢梭两个声音时，他这一修辞手法的目的就在于分开作者的两张面孔：这一做法可以用公民本人的优点弥补作家（他遭受危险的攻击）的过失。因为在公众面前，作家卢梭的名气掩盖了让–雅克的单纯意图。作家身份总是被疑为一种伪装，在此，"让–雅克"的真诚抵消了系于作家身份的风险。实际上，作为对自我的再现，"作家"成为公众人物以后就已经身不由己，要通过公众反馈给他的形象认识自己。早在1910年，朗松就注意到："卢梭的生活和性格不再取决于它们曾经的真实状态，而只是由读者创造的或真或假的形象所决定，这些形象或多或少与书本印象相混淆"（朗松，1910；夏尔1993：496）。

1770年，当卢梭结束漫长的放逐返回巴黎，《文学通信》❷见证了象征性的一幕：

他多次光顾王宫广场上的摄政咖啡馆。他一出现在咖啡馆，一大群

---

❶ 把一根纸条扭转180°后，两头再粘接起来做成的纸带圈，具有魔术般的性质。由德国数学家莫比乌斯（1790~1868）发现。——译者注

❷ 18世纪面向法国贵族的期刊，全名《文学、哲学、批评通信》（La Correspondance littéraire, philosophique et critique）。——译者注

人就跟着他进去，贫民甚至聚集在广场上以便看他走过。我们问他们中的一半人在那里干什么，他们回答说为了看让－雅克。我们问让－雅克是什么样的；他们回答说，他们什么也不知道，但是让－雅克就要过来了。

在谈到司汤达这一个案时，热奈特将这一观点推向极端，甚至将公民本人看做使用笔名的作家的再建构："合理地讲，我们眼中的贝尔不过是司汤达笔下的一个人物。"（热奈特，1969）

只要我们可以在公民本人的行动和文学场域中作家的行为之间建立联系，公民本人的行动就不被排除在分析之外。它们之间之所以有联系，可能是因为习惯（*habitus*❶），即个体所有的社会秉性，个体的社会秉性可以根据他所介入的场域以有差别的方式不断更新。但是在此我只点到为止，不再深入讨论。

二、品格和姿态

在 2007 年 11 月法国社会科学高等研究院举办的话语分析国际研讨会上，应我们挪威同行的邀请，多米尼克·曼格诺就姿态一词是不是对品格一词的无谓重复作了思考。这个问题是合理的，根据奥卡姆剃刀原理❷，我们可以怀疑无限增加名词实体是否有助于我们的认识。对此进行一番考察以后，我认为这不是无谓的重复，因为在书面文学汇编中，品格是由话语内部推导而出，而不包括诸如以作家身份露面的那个人的衣着等社会行为：因为就像曼格诺自己写的那样，"品格是一个话语概念，它通过话语被建构出来，而不是外在于言语的说话者形象"（2004：205）。

为了说明为什么"姿态"这一概念指的是比品格范围更广的事物，

---

❶ 拉丁词语，指存在方式、精神气质，后被布迪厄发展成惯习理论，从而在法语中流行开来。——译者注

❷ 这个原理称为"如无必要，勿增实体"，即"简单有效原理"。由 14 世纪逻辑学家、圣方济各会修士奥卡姆的威廉（William of Occam，约 1285 ~ 1349 年）提出。——译者注

97

我在书中以 1932 年秋天《漫漫长夜行》出版时，路易-费迪南·塞利纳出席新闻发布会穿的那件著名的医生白大褂为例。这件白大褂虽然是个外在于小说话语的服装要素，对记者和读者而言，却构成他们所描绘的新作家"塞利纳"的肖像的一部分。此外，塞利纳小说的叙述系统（不无技巧地）引导读者将之视为传记读物，尤其是在《缓期死亡》以及随后的自我虚构叙事作品中，比如《从一个城堡另一个城堡》（1957）。我有一个设想，认为塞利纳在小说中构建的话语品格会对作家在公众场合的演出产生限制作用。同样地，我在《流浪汉哲学家》（2003）也思考，卢梭在他那两篇著名论文（1750，1755）使用的话语品格是否以其全部重量，对作家自认为应该在公众面前坚持到底的行为施加影响。换句话说，在话语中构建出来的作者话语形象通过文字的传播为人所接受，并在这些情况下逐渐左右了作家在公众场合的行为：格拉克有一个非常形象的说法，认为塞利纳最终追随他曾经吹过的"军号"。曼格诺（2004：206）认为这是一条将会产生丰硕成果的研究线索。

为了更好地明确品格和姿态这两个概念的外延，曼格诺援引他著作中的术语，给了我如下建议：品格指特定文本赋予的、且只限于该文本的记录者形象；《惩罚集》（1853）的品格不同于《做祖父的艺术》（1877）的品格。至于姿态，它指的是作家签名出版一系列作品的过程中所形成的作家形象。我认为这种提法非常合理，因为这提醒我们，品格源自话语层面，而姿态产生于行为社会学。实际上，"姿态"指的是一个作家面对文学场域，在创作过程中独特地安置自己的方式。这种对自我的如此呈现在一定的时间段内，可以说是以累积的方式完成。在 1762~1778 年，也就是在《致马勒舍尔伯的信札》《忏悔录》和《一个孤独散步者的遐想》之间，卢梭的文字表现了多种不同的品格，《遐想》树立了斯多葛主义品格（可以辨认出多个互文本），与《对话录》构建的局促不安、被攻击击倒、急于为自己辩护的作者形象大相径庭。卢梭被放逐、作品遭禁以后的后半生所写的所有文字都促成了一种姿态的形成，这种姿态在卢梭的话语（如上所提作品）和公共场合的文学行

让沉默言说什么：姿态、品格和作者形象

为（隐居起来冥想，身着亚美尼亚人的服装）中一以贯之。这种姿态很容易被同时代人辨认甚至戏仿："第欧根尼（Diogène❶）的猴子"，伏尔泰如此写道。这种姿态意义非凡，在卢梭最后的自传性作品中名声大噪，这种姿态之所以能够一以贯之，是因为它契合了这些作品共有的实用计划：通过不同策略挫败围绕着他的"黑暗"阴谋。再举一个例子：在我的书上的第六章（2007：101~109），我做了如此设想：在路易-费迪南·塞利纳的文学历程中，品格随着所采用的体裁和文学场域的不同时刻（二战前小说1932~1936；战斗檄文1937~1941；战后自我虚构1944~1961）而变动不居，但同一个"被诅咒的发现者"的姿态贯穿其中。

三、姿态和作者形象

在区别了品格和姿态以后，让我们来看看路特·阿莫西在她的著述中使用的作者形象这一概念。她的著述，比如在此前提到的研究日提交的对乔纳森·利特尔（Jonathan Littell❷）的《仁人善士》极为出色的分析，优点在于同时讨论事实文本和虚构文本。阿莫西提到，作者机制由于在表述，所以将自己的形象投射到文本中。读者借助记录者留下的不同痕迹构造出记录者的形象。作者形象不同于叙述者形象，叙述者毕竟是被包含在虚构世界里。总而言之，我认为，记录者的话语品格是作者形象的一个构成要素，因为作者形象由文本内外不同类型的信息编织而成。

作者形象的概念与韦恩·C.布斯1961年在《小说修辞学》（*The Rhetoric of Fiction*）中提出的"隐含作者"（implied author）概念不谋而

---

❶ 古希腊哲学家，犬儒学派代表人物。——译者注
❷ 1967年出生于纽约，美国犹太裔作家。2006年11月6日，利特尔凭用法语写作的小说《善良者》（又译《仁人善士》）（*Les Bienveillantes*）获得法国最大的文学奖龚古尔奖及法兰西学院小说大奖。——译者注

合。在对这个概念的细致讨论中,汤姆·坎特(Tom Kindt❶)(2007)明确指出隐含作者在当今的使用,向我们展现在研究——比如我们的研究——中运用这一概念的好处。布斯的观点是,作者隐含面孔出现在文本中,有别于经验作者❷和虚构叙述者。曼格诺的三分法(本人、作家、记录者)也具有相同的启发意义。布斯的隐含作者与其说是一个有意创造出来的面孔,不如说是由读者推论得来。巴特用他那个时代的用语说,我们应该要求或者渴望作者,以便继续我们的阅读:"作为机构(institution),作者死了[…],但是在文本中,我以某种方式渴望着作者:我需要他的面孔(这面孔既不是他的再现也不是他的投射),就像他渴望我的面孔一样(除非"喋喋不休地说话")"(1973:45~46)。

布斯没有走到这个地步,但是他认为每个读者阅读文本后都会构造某种作者形象,不管是通过话语事实还是借助于阅读前对作者生平的了解(从修辞学的角度讲,就是通过对先在的品格的把握)。因为每个读者不管是否拥有关于作家甚至公民本人的信息,在描绘隐含作者的肖像时都会自由地将之与文本资料混合起来。同样地,阿兰·维亚拉(Alain Viala❸)表明,"形象"在同一个作者—功能体(fonction-auteur)的一系列文本中构建。这个形象有助于将作者置于文学场域,根据某个版式形成或者强化他的接受视野:

他[作者]完成作品的同时就创造了自己的形象,随着他不断发表作品,这个形象得到确认或者发生变化:人们期待纪德"写出纪德的作品",期待他在他的一系列作品中既不完全变样,又不完全相同(对所有人都一样)(维亚拉,莫利聂 & 维亚拉,1993:197~198)。

很多研究也讨论了读者推论时拥有的信息(尤其是有关作者生平的信息)储备。坎特(2007)主要列举两例:

比如[大卫]达尔比在前面提到的有关叙述理论史的论文中指出:"隐含作者本身是文本内部王国和外部王国之间谈判的产物"。桑德拉·

---

❶ 哥廷根大学德国文学教授。——译者注
❷ 即真实存在的作者。——译者注
❸ 生于1947,法国文学史家、文学社会学家。——译者注

让沉默言说什么：姿态、品格和作者形象

海能（Sandra Heinen）更是摒弃了只将隐含作者定义为基于给定文本的推论的观点。在一篇 2002 年发表在杂志《语言艺术》（*Sprachkunst*）的文章中，她提出将隐含作者的概念理解为接受者阅读作者一种或几种文本，并综合考虑所掌握的作者信息，构建出来的作者形象。

比如，当米歇尔·维勒贝克的小说在媒体上掀起轩然大波，那么我们在阅读他的小说，沉浸于《平台》（2001）中与作家同名的叙述者米歇尔的言论时，显然不可能无视所有这些信息。这倒不是说我们会放弃单纯、简单地辨别作者和叙述者身份的小说规范（Meizoz, 2004）。但是我们的阅读推论还是会被这些文本外的信息所改变。此外，我认为这正是维勒贝克和克里斯蒂娜·安戈（Christine Angot）❶极力引发的，鼓励人们针对他们不断展开热烈的讨论。就像我在别的地方（Meizoz, 2004）表明的那样，这些作者根据当代艺术的主张，从此将作家在公共场合的表现（访谈、阅读等）纳入作品空间。因此，读者被邀请将记录者和作家做比较，而他们之间的关系被这些作者"弄得含糊不清"。对于将作者和叙述者的区分视为颠扑不破的启发式信条的文学研究者来说，维勒贝克的这一举止，也就是以作家身份，在电视节目中重申他笔下叙述者反伊斯兰教的言论，是一个必须解释清楚的令人震惊的事情。

作者形象由此从相反的方向向姿态这一概念靠近，并与之产生联系。我认为这几个概念各有各的任务，我将它们之间的任务分配概括如下：

——话语品格的概念出自文本内部分析，涉及记录者的话语。

——作者形象的概念出自文本内部分析，涉及与读者掌握的作家信息相关的记录者话语。

——姿态这一概念拒绝区分文本内部和外部，涉及与记录者话语和本人行动相关的作家行为。

于是，我们将得到一系列相互包含的概念，从范围最大（因此也备受争议，这点我承认）到最小：

---

❶ 生于 1959 年，法国小说家、剧作家，经常在舞台上朗读自己的作品。——译者注

姿态

作者形象

话语品格

在演绎文学话语之诞生的三个舞台中（曼格诺，2004），"舞台布景"（或曰表述舞台）本身包含了这三个层次：

全容性舞台（Scène englobante）

一般性舞台（Scène générique）

舞台布景（Scénographie）

四、沉默有何意味？

为了讨论得更加清楚明白，文章最后我将对著名的中篇小说《海的沉默》（Le silence de la mer）做个简短的评论。为此，阅读时我将综合运用品格（阿莫西，1999；曼格诺，2004）、我所能掌握的历史知识以及罗杰·夏蒂埃（Roger Chartier❶）建议的方法："文本的第一历史性是来自于掌控其写作、体裁、身份的话语秩序与其出版时的物质条件之间所签订的协议"（2008：51）。这本小书于1942年2月20日以维尔科的名义秘密出版，构成了子夜出版社（巴黎）的创始文件。它标志着一个作家（维尔科 Vercors）的诞生，出版时的形势和作家的功能将它与让·布鲁勒（Jean Bruller）（1902~1991）这个人区分开来，后者是一个插图画家，之前从未发表过文学作品。作为子夜出版社的共同创办者和秘密组织者，布鲁勒除了执行笔名作者功能以外，还执行笔名出版者（名为德维涅）功能：应该考虑作者姿态背后的出版者姿态，后者是一个宏大的表述面孔，他选择具有隐秘政治意味的文本，出版了一整套书目。但是我要讲到对我们而言最重要的东西，通常一场笔战便使之浮出水面：《海的沉默》面世时引发了一个令人难忘的争论，参加抵抗运动的共产党员和戴高乐主义者对小说的解读截然相反，这个插曲后来也得

---

❶ 当代法国年鉴学派第四代的重要人物。——译者注

让沉默言说什么：姿态、品格和作者形象

到详尽的描绘（西蒙兰，1994）。要理解这种冲突，有必要地简单说说这个故事。

情节发生的时间与出版的时间基本吻合，因为其中有提到德国人的入侵。维尔科后来也证实，这个故事是将他的真实生活经历改编成小说：1940年6月法国战败后，他自己和妻子不得不在家里留宿几个德国士兵。让我简单介绍这个故事：叙述者是一个与孙女一起生活的老人，根据军方命令，他必须在家里留宿德国军官凡尔奈·封·艾勃雷纳克（Walter von Ebrennac），一个热爱法国文化的男人。主人和客人之间终日沉默以对，而爱意在侄女和军官之间悄悄萌生。在被振振有词的演讲愚弄过后，在意识到纳粹摧毁法国的意图后，军官非常失望，请求调往前线。他的离开无异于某种形式的自杀。

叙述者的话语品格赋予了他沉静谨慎，多疑却并不咄咄逼人的形象：就说他一直保持"矜持"吧。无论何时他都不评判这个德国军官，也不表达他的愤怒。1942年2月该书面世时，这个中篇主要在文学界，在参加抵抗运动的共产党员或戴高乐主义者中间传播，读者从这个品格中推导出完全相反、富有争议的作者形象。原因在于，子夜出版社是个地下出版社，大部分读者完全不知道布鲁勒的公民身份。布鲁勒战前是一个插图画家，1940年6月以后，他由温和左派立场逐渐向戴高乐主义靠近。对作者身份的无知一直持续到1944年8月（萨比诺，1999：503），允许进行双盲测验，❶ 因为读者推论作者形象时对作家没有事先了解。在这本书中，读者眼中的维科尔时而是和平抵抗的颂扬者（这是戴高乐主义者的解读），时而是一个叛徒，面对敌人时宣扬消极无为，维护法国敌人的利益（这是共产党人的解读，比如伊利亚·爱伦堡 Ilya Ehrenbourg❷）。经历了媒体轮番激烈轰炸以及诋毁该小说的种种企图以后，第一种作者形象在《解放报》大获全胜，获得伦敦戴高乐组织的支

---

❶ 在双盲测验中，受测验的对象及研究人员并不知道哪些对象属于对照组，哪些属于实验组。只有在所有资料都收集及分析过之后，研究人员才会知道实验对象所属组别。这个方法可以避免手测验对象或研究人员的主观偏向影响实验的结果。——译者注

❷ 生于1891年，卒于1967年，苏联作家兼记者。——译者注

103

持,他们甚至决定派人往法国领土上空空投这篇小说。

但是这种模棱两可的接受给维科尔留下了些许痛苦,他感觉有必要修改他的文本,加一句更加明显谴责德国军官的话。在 1951 年该小说的"最终"(根据他的意愿)版本中,人们可以读到:"于是,他屈服了。这就是他们懂得做的一切。他们都屈服了,甚至包括这个男人。"(维科尔,西蒙兰,1994:98)

首先是品格,然后是作者形象——阐释斗争的产物,最后是姿态(作者的姿态,再者是出版者的姿态),这姿态先在作家的笔名中显现,后来在这个添加进去的句子中或曰迟到的遗憾中显明,在机构要将它塑造成人们所知的和平文学历史上的丰碑时,小说被加上了这最后一笔。

【参考文献】

[1] Amossy, Ruth (dir.). 1999. *Images de soi dans le discours. La construction de l'ethos* (Lausanne – Paris: Delachaux & Niestlé).

[2] Baroni, Raphaël (à paraître en 2009). "Ce que l'auteur fait au lecteur (que son texte ne fait pas tout seul)", *L'Œuvre du temps* (Paris: Seuil).

[3] Baroni, Raphaël. 2007. 《Revenances de l'auteur…》, Kaenel Philippe, Jérôme Meizoz, François Rosset, Nelly Valsangiacomo (dir.) La "vie et l'œuvre"? Recherches sur le biographique, colloque tenu à l'Université de Lausanne en novembre 2007, [en ligne surhttp://doc. rero. ch/record/8828? ln = fr (consulté le 18 septembre 2008)]

[4] Barthes, Roland. 1973. *Le plaisir du texte* (Paris: Seuil, rééd. coll. 《Points》).

[5] Barthes, Roland. 1975. *Roland Barthes par Roland Barthes* (Paris: Seuil)

[6] Bonnet, Jean – Claude. 1998. *Naissance du Panthéon* (Paris: Fayard).

[7] Booth, Wayne C., 1983 [1961]. *The Rhetoric of Fiction* (Chicago & New York: University of Chicago Press).

[8] Calame, Claude. 2005. *Masques d'autorité. Fiction et pragmatique dans la poétique grecque antique* (Paris: Les Belles Lettres).

[9] Célis, Raphaël. 2007. "De quelques enjeux éthiques et anthropologiques de l'oeuvre romanesque de Michel Houellebecq", Quinche, Florence & Antonio Rodriguez (dir.). *Quelle éthique pour la littérature? Pratiques et déontologies* (Genève: Labor & Fides), pp. 95-124.

[10] Charles, Michel. 1993. "*Amateurs, savants et professeurs*", *Poétique* 96, pp. 493-498.

[11] Chartier, Roger. 2008. *Ecouter les morts avec les yeux* (Paris: Fayard).

[12] Delormas, Pascale. 2008. "L'image de soi dans les autographies de Rousseau", *Argumentation et analyse du discours*, n°1, [disponible sur http://aad.revues.org/index311.html].

[13] Darby, David. 2001. "Form and Context: An Essay in the History of Narratology", *Poetics Today* 22, 2001, pp. 829-852.

[14] Diaz, José-Luis. 2007. *L'Ecrivain imaginaire. Scénographies auctoriales à l'époque romantique* (Paris: Champion).

[15] Genette, Gérard. 1969. "Stendhal", *Figures II* (Paris: Seuil).

[16] Gill, Brian. 1996. "Structures d'auteur, métaphores de lecteur", Sirvent Angeles, Josefina Bueno, Silvia Caporale (dir.). *Autor y texto: fragmentos de una presencia* (Barcelona: PPU), pp. 259-266.

[17] Heinen, Sandra. 2002. "Das Bild des Autors. Überlegungen zum Begriff des 'impliziten Autors' und seines Potentials zur kulturwissenschaftlichen Beschreibung von inszenierter Autorschaft", *Sprachkunst* 33, pp. 329-345.

[18] Heinich, Nathalie. 2005. *L'élite artiste* (Paris: Gallimard).

[19] Kindt, Tom. 2007. "L''auteur implicite'. Remarques à propos de

l'évolution de la critique d'une notion entre narratologie et théorie de l'interprétation", Pier, John (éd.), *Théorie du récit. L'apport de la recherche allemande* (Lille: Presses universitaires du Septentrion) édition en ligne http://www.vox-poetica.com/t/kindt.html, consultée le 17 septembre 2008.

[20] Lanson, Gustave, 1965. "La méthode en histoire littéraire", *Revue du mois*, octobre 1910, repris, *Essais de méthode* (Paris: Hachette)

[21] Meizoz, Jérôme. 2004. *L'œil sociologue et la littérature* (Genève – Paris: Slatkine Erudition).

[22] Meizoz, Jérôme, 2007. *Postures littéraires. Mises en scène modernes de l'auteur* (Genève – Paris: Slatkine Erudition)

[23] Revel, Jacques, Passeron, Jean – Claude (dir.). 2005. *Penser par cas* (Paris: Editions de la MSH, 《Enquête》).

[24] Sapiro, Gisèle. 1999. *La guerre des écrivains 1940 – 1953* (Paris: Fayard).

[25] Simonin, Anne. 1994. *Le 《Devoir d'insoumission》. Les éditions de Minuit 1942 – 1955* (Paris: IMEC).

[26] Viala, Alain. 1993. "Sociopoétique", Viala, Alain & Georges Molinié. *Approches de la réception*, (Paris: PUF).

[27] *L'éthique protestante et l'esprit du capitalisme*, trad. J. – P. Grossein (Paris: Gallimard), pp. 255 – 317.

[28] Saint – Amand, Denis & David Vrydaghs. 2008. 《La biographie dans l'étude des groupes littéraires. Les conduites de vie zutique et surréaliste》, *COnTEXTES* 3, Université de Liège, [en ligne: http://contextes.revues.org/document2302.html, consulté le 17 septembre 2008].

身体的音乐性
——音乐美学

■ [瑞士] 弗朗索瓦·菲利克斯* 文
吉晶**译

【内容提要】 在身体与音乐的关系上，数个世纪以来各种音乐理论层出不穷，身体的角色构成讨论的难点。

古希腊罗马的哲学家认为音乐能直接影响人们性格的形成；它能触动心灵思想，从而支配身体的变化。中世纪深奥的宗教音乐亦认同身体的从属地位，进一步强化了音乐的精神本性。鲍姆加登在18世纪提出"美学"术语，却认为身体只是感知信息的媒介，遗憾未能对身体的角色展开阐述。随着19世纪心理学的诞生，身体作为心理现象的生理基础，比以往任何时期都更有利的拥有自己的一席之地。神经心理学通过构建实验模型来研究音乐这种心理现象，其局限性在于把身体简化为大脑的中转站，也就是脱离思想的存在物，我们所能了解的只是大脑的运作模式，而不是音乐本身。

20世纪后半叶的研究关注身体接收音乐所产生的纯粹生理反应，从"节奏"的角度出发讨论音乐效果。有观点认为，音乐的节奏与我们生命有机体内部的自有节律存在相互应和的关系，并试图通过动植物感受音乐的实验来证明这种关联所产生的影响。但这种实证科学并不适用于

---

* 弗朗索瓦·菲利克斯（François Félix），洛桑大学前哲学副教授，法国国家科学研究中心客座研究员。

** 吉晶，北京外国语大学法语系讲师、北京外国语大学和巴黎三大联合培养文学博士。

人类，且削弱了音乐的内涵。人类所体现的节奏，具备独特的不规则性、差异性、创造性，与天然的有机体节奏相悖。人类闻乐起舞，是自发自主的存在状态，与目的性无关：身体在音乐形成的空间结构中接收到其节奏，并在该特定空间中产生现时的生理运动。这种节奏属于形态的逐步形成过程，而不是一种已定型的、固化的结构；是一个事物形态以本质的、所能被观察到的如实样态产生的运动。因此，节奏并不属于有机体概念，而是美学概念：感知被作为有生命的物体对所感之事产生的首当其冲又带有神秘意味的感受性，与一种单纯的、存在性的、先于实用性的生理运动机能紧密相连，从而解释身体对音乐的接受反馈。

【关键词】 身体　音乐　美学

在身体与音乐的关系上，人们一直存在严重的误解。当然，没有人不知道音乐，尤其是它的节奏对身体产生的影响：在每天的日常生活中，大家都曾有过这样的经历，听着一首歌、一段旋律或一曲前奏，随之用脚打着节拍、摇头晃脑或是上身左右摇摆。这些动作都是舞蹈的前奏，最终能够形成舞蹈。随着听到的音乐起舞摆动，这无疑是我们一种最本能的姿态；因此，强迫古典音乐的听众们在音乐厅内正襟危坐、不动丝毫似乎成了一项严酷的约束：阿多诺（Adorno）和霍克海默（Horkheimer）把这种情形比作是尤利西斯一边被绑在桅杆上，一边听着美人鱼的曼妙歌声❶……保持这样的静止状态，以凝思的美学态度来欣赏艺术，是最不直接、不坦率的，且与陈旧的形而上学心灵/身体二元论紧密相关，因为它要求压抑身体一切的外在展示，将其视作是自然性的残留、没有教养的表现；而实际上恰恰相反，没有什么比随着音乐起兴摇摆更为本真自然的了。而且，我们只需观察那些音乐家们，他们在演奏时身体闻乐摆动，早已超出了演奏乐器本身所需的动作范围。

听到音乐，产生原动的接收反馈，每个人自身都有过类似的体验；

---

❶ Max Horkheimer, Theodor W. Adorno, *La dialectique de la raison* (trad. E. Kaufholz), Paris, Gallimard, 1974/1989, p. 50.

身体的音乐性

但是，在这二者的关系上，各种音乐理论却层出不穷，并且"身体"总是其中最大的难题。有时候它被认为是次要的或是被忽视——当它没有被简单的回避时；有时候它重新成为研究的对象，却被简化为是一种机械的物理反应以及后来的生理原子主义——对它层出不穷的各种解释定义，简直浓缩了哲学史和科学史，——在听觉与运动的彼此关系中，身体根本无法找到自己真正的位置；但二者的这种关联又想明确的弄清楚这一点，且似乎只有在这过程中才能理解。这一悖论只能解释为人们难以了解——这很久之前就不存在了——充满生命力的身体的真正想法。

也许可以追溯到人类起源时期，看看能否从文字上找到这种音乐驱动效应的证明。最初有文字记载的证据很早就出现了：在西方从荷马时代就有了。众所周知，在《伊利亚特》的第九章中，阿喀琉斯由于在阿伽门农那儿惹了怒气，从战场撤回，在自己的帐篷里一边弹奏西塔拉琴一边吟唱英雄们的伟绩，借以平息心中的怒火，为接下来的战争做准备❶。后来，柏拉图和亚里士多德在自己的政治学著作中均认真关注了这一点，研究音乐和谐悦耳的音调和节奏对人们性格形成的影响。如此一来，为了推行典范教育，他们舍弃了哀怨、悲戚的和声调式——吕底亚调式，或是松懈、颓放的——爱奥尼亚调式；只保留了令人振奋的多利亚调式和弗里吉亚调式，模仿出勇气和阳刚的热情，非常适用于军事操练和公民活动，并且也只有它们能够促进城邦中不可或缺的兵士和智者们的教化。❷

然而，如果说身体能够立即被谐乐和节奏的特质所调动和支配——亚里士多德比柏拉图更认为这是必要的，对亚氏而言，"似乎心灵所有的深切情感都是与身体相应而生的"❸——那终究是音乐影响了心灵，

---

❶ 菲利普·格罗索（Philippe Grosos）在《音乐的存在——论现象人类学》（*L'existence musicale. Essai d'anthropologie phénoménologique*, Lausanne, L'Age d'Homme, 2008）开篇对这一幕的分析。

❷ 柏拉图：《理想国》第三卷，398d - 399c；亚里士多德：《政治学》，第八卷，5，1339a - 1342b。

❸ 亚里士多德：《论灵魂》第一卷，1，403a 16 - 17。

音乐能涉及"风俗德行的模仿",正如《法律》❶中对音乐和歌唱的定义。亚里士多德和柏拉图这两位哲学家,都认同他们的传统,醉心于毕达哥拉斯学说以及达蒙(Damon)的论著,他们均明确表态:"我认为,柏拉图在《理想国》第三卷中写道,我们只有先承认节制、勇气、慷慨、宽恕这些美德都是音乐的姊妹,才能从音乐中获得教益。"❷ 随后,他又在《法律》中进一步指出:"教育是双重的:它通过体操来塑造身体,通过音乐来塑造灵魂";之后亚里士多德的表达也是惊人的一致,他在《政治学》中写道:"音乐尽其所能地使我们培养起美德,正如体操能够强健身体一样,音乐也能赋予我们的性格某些优点,并且使得它的听众们能够从中获得率真的乐趣。"❸ 但是,心灵和身体之间这种紧密的联系,或者说前者对后者的瞬时回应,并没有能够使人忘记它们彼此间的界限,即二者之间等级的差异,会带来不同的练习方式和结果。如果承认感官所接收到的音乐,无法触及心灵却不带来身体的摆动,那立场是非常清楚的:即被触动的心灵会支配身体的行为。音乐首先从根本上讲,是一项心理问题并致力于道德培养。由此确立了音乐在教育领域的重要地位。

8 个世纪后,暮年的罗马帝国已是基督教的天下,圣奥古斯丁进一步强调这一观点:他的《论音乐》一书主要讨论格律学和韵律学,写到如果音乐的影响无法脱离身体而产生,那音乐本身作为"一门音调抑扬变化的科学",只与精神心灵相关,而身体"唯有听从思想":"科学只能来源于思想,其他不具备理性的生物是无法创造科学的,我们无法把科学归因于感觉力和记忆力(这两种能力都需要身体的参与,并且动物

---

❶ 柏拉图:《法律》第二卷,655d。
❷ 柏拉图:《理想国》第三卷,402b – c(G. Leroux 译,巴黎 Flammarion GF 出版社 2004 年版,第 191 页)。
❸ 柏拉图:《法律》第七卷,795e(A. Diès 译,巴黎 Les Belles Lettres 出版社 1956/1976 年版);亚里士多德:《政治学》第八卷,5,1339a 22 – 26(Pellegrin 译,巴黎 Flammarion GF 出版社 1990 年版,第 528 ~ 529 页)。

也都具备），只能归因于智力"。❶ 更何况，音乐体验本身属于心理范畴，既然"听觉是体现在身体上的灵魂的印记"——心灵能"感受到身体的伤痛"——这心灵也会主宰身体听到音乐后的反应，亦即"把我们脉搏中所感受到的节奏付诸行动"❷ ……在音乐体验中，身体只占据从属地位，以间接的方式参与其中；音乐可以独立于它而存在，精彩之处亦不着痕迹，期待"在身体的归属里能避免一切形体性"。❸ 一段音乐的发源与终结，耳朵是听不着的，只有心灵在宗教意义上对数学无宇宙的沉思中才能感知；中世纪奥古斯丁的继承者即从中获得启迪，建立其理想的模式，他把深奥音乐视做宇宙和音的外在表现形式，且希望其多声部的复调音乐能证实这一模式。

中世纪的人们并非不了解节奏的愉悦：恰恰相反，我们统计到一整套歌曲和舞蹈的记载。但它们只处于从属地位，适用于世俗或者说大众音乐，与高雅、深奥的宗教音乐形成鲜明对比，然而舞蹈和它的配乐也不会总被排除在教堂之外。直到20世纪中叶，各种音乐理论都按照各自的标准对音乐进行价值分级，从中可以映射出对音乐精神本性的界定，它只属于心灵或思想。

在近代，有两个重要的时期有力地证明了这一点。首先，文艺复兴时期是反对中世纪的多声部复调音乐的，它继承古希腊时代的观点，认为旋律的构思和它所激发的情感是彼此对应的。追随格拉雷努斯（Glareanus）和扎利诺（Gioseffo Zarlino）的脚步，音乐家们从1573年起集聚在佛罗伦萨，参加巴尔迪会社（Camerata Bardi），其中最杰出的无疑是樊尚·伽利略（Vincenzo Galilei，他是天文学家伽利莱·伽利略的父亲，并于1581年写著了影响深远的作品《古代与现代音乐的对话》），他们共同提出"情感"理论（affects），即认为音乐应该回归希腊时代的简

---

❶ 圣奥古斯丁：《论音乐》第一卷，第四章，8&9（J. L. Dumas译，作品全集，第一部，巴黎伽利马出版社，"七星文库"1998年版，第562~564页）。

❷ 圣奥古斯丁：《论音乐》第六卷，第三章，4；第六卷，第四章，5&7（第684~685页）。

❸ 同上，第五卷，第八章，28。

约，表达心灵的悸动，从而引起听众的共鸣；唯有附伴奏的抒情独唱方能重现音乐的质朴。这样音乐就成了"直抒内心的咏叹"（musica pathetica），❶ 承载着心灵种种炽烈的情感，与此相对性的一系列音型词汇也由此诞生。从此以后，表达这些情感的一门真正的修辞学与咏唱的歌词紧密联系在一起，因为归根到底，是字句构成表达的含义，且要将其演绎出来。蒙特威尔第（Monteverdi）在1608年的 *Ballo delle Ingrate*（经查作品原题为 *Il Ballo delle Ingrate*——译者注）中创作了著名的"宣叙风格"（style représentatif），他认为音乐是具备叙述功能的，是渲染咏唱的歌词以及后来出现的歌剧脚本所表达的情感的工具❷——歌剧就是在巴尔迪会社中诞生的。然而充满悖论的是：当我们回顾歌唱艺术的发展历程，音乐在16世纪末丧失了自己的独立性，并且服从于歌词的表意需求、接受相关理念，这样才重新获得它富于表现力的"真实本质"。如果音乐的听众能体会到强烈的情感，能全身心投入的与坦瑟瑞德（Tancrède）一起悲伤不已、或是与俄尔普斯（Orphée）一同苦苦哀求，这都是因为这些情绪与咏唱的歌词是相对应的，外在的歌词从一开始就提供了音乐的情感导向。从中世纪复调完美的数字和声学说，到文艺复兴和巴洛克时期充满表现力的形象学说，简而言之，音乐的灵魂从一种合理性走向另一种。

　　第二个重要时期则是鲍姆加登（Alexander Gottlieb Baumgarten）正式将美学确立为一门学科，从而能持久地引入不同的主题对艺术作品进行研究。鲍姆加登在1735年提出"美学"这个术语，在1750年的代表作《美学》（*Aesthetica*）中，首当其冲的对美学进行定义——美学的名

---

❶ Enrico Fubini 引用 Athanasius Kircher：《音乐美学》（*Estetica della musica*），Bologna, Il Mulino, 1995, p. 83.
❷ Enrico Fubini 的表述方式，同上书，第84页。

称源自"对感官的感受"❶——即"一门关于感知认识的科学"。❷ 美学由此成为一门独立的科学,和逻辑学一样进入大学预科教育。逻辑学研究理性知识并分析"明显而清晰"的各种现象,而美学则关注"明显却模糊"的现象——人们接受莱布尼茨-沃尔弗使用的词汇(leibnizio-wolffien)——也就是说,这些现象既不可否认却又难以加以概念性的分析。因此,它就属于"*gnosologia inferior*",即在上述著作的前言中提到的归于下级认知能力之列的感知能力。对美学的这种定位,正如它被列入预科教育那样,确认了这门新兴科学的发展方向;它致力于对感知探根究底——其终极状态就是"美"——并打算用明晰的知识来研究、超越它;难道美学不应该"选取恰当的素材,用于主要以理智作为认知方式的科学研究吗"?❸ 如果说感性认识由此无可争议的取得了自己的独立地位——它与心理学保持着一定的距离,尽管它曾经臣服于莱布尼茨、沃尔弗的学说——;如果说它毫无疑问的扩展哲学领域,那鲍姆加登的美学则处于理论哲学的境域,并由此开启一个新的起点。菲利普·格罗索(Philippe Grosos)说的没错,他写道:鲍姆加登将感性纳入认知的理性活动中,构建表述感知的理论,而不是只将感性本身呈现出来:❹ 感性知觉(l'aisthesis),即感觉力和它所感受的事物,在这门以它为研究对象的科学对其进行表述时,都不再是它们本身了。

因此,《美学》认为身体只是感知信息的媒介,它只在一定的相关范围内参与其中。鲍姆加登未能有时间进一步阐释清楚他作品的这部分实用理论,仅在第一卷的概要中简要提及。想必他是要谈及音乐及其他艺术的。毫无疑问的是,至此,关于身体的论述依然是缺席的。

---

❶ 鲍姆加登:《形而上学》,§ 536,由 Philippe Grosos 引述,见前文,第 10 页。
❷ 鲍姆加登:《美学》,导序(Prolégomènes),§ 1,在《美学——知识,艺术,经验》(D. Cohn 和 G. di Liberti)中被引述,巴黎:Vrin 出版社 2012 年版,第 51 页。我们还在以下网页找到鲍姆加登原著的电子版本:http://books.google.ch/books/pdf/Aesthetica_ scripsit_ Alexand_ Gottlieb_ Bav. pdf.
❸ 鲍姆加登:《美学》,导序(Prolégomènes),§ 1,在《美学——知识,艺术,经验》(D. Cohn 和 G. di Liberti)中被引述,巴黎:Vrin 出版社 2012 年版,第 51~52 页。与美学真实性相关的创新词"逻辑美学(esthétique logique)"亦为此提供佐证(同上,§ 427)。
❹ 见前文,第 11 页。

对感性知觉和感知力彼此关联的这种认识论,在19世纪盛行的形而上学学说中能发现不少回响——除了叔本华[1]——在很多方面,《美学》都已呈现出相关思想的萌芽;这亦不妨碍我们在黑格尔的名言中读出鲍姆加登思想的火花,他曾宣称感知的可靠性是"最为抽象、最为贫瘠的真相"。[2]黑格尔将自己的哲学构建成"绝对知识"的体系,他的思想从主体上讲缺乏对感性知觉的认识和重视,亨利·马勒迪奈(Henri Maldiney)因而撰写了一篇重要文章,针对此点进行了猛烈批评。[3]

然而,19世纪挥别了"心灵",因为"心灵"是把人文科学凌驾于自然科学之上。"心灵"的退位,最具代表性的事件应该是威廉·詹姆士1876年在美国设立心理物理学实验室以及1879年冯特(Wundt)、莱布尼茨相继设立实验心理学的实验室;这从制度上标志着心理学决心采用自然科学的实验模式,成为一门完全独立的科学。

为此,身体比以往任何时期都更有利的拥有自己的一席之地:心理学这门新学科有些自相矛盾的继承前人的成果,首先是把音乐现象当做一个绝对的心理问题看待,重点关注声音的感知与精神感应反馈之间的关系。身体因而被视作是产生心理现象的生理基础,有时认同赫尔巴特(Herbart)的观点,认为二者间存在确定的因果关系(物理现象的刺激带来心理反应);有时则赞同冯特的看法,根据心理物理学的平行模式,认为物理和心理两个层面同时彼此对应。此外,这一生理基础很快就被简化为是"大脑",以至于由最初的交际体验(比如将听到的一种声音形容为——"柔和""尖锐""令人不适"……——然后描述主体意识中与此相关的印象)所激发的内心感受,仅仅被视做一种神经—大脑反

---

[1] François Félix, *Schopenhauer ou les passions du sujet*, Lausanne, l'Age d'Homme, 2007; "La musique, ou le sujet à son commencement. Vers une phénoménologie de l'invisible", *Les Études philosophiques*, 2012/3,《Schopenhauer: nouvelles lectures》, pp. 319 – 344.

[2] Hegel, *La Phénoménologie de l'esprit* (trad. J. Hyppolite), Paris, Aubier, 1939, t. I, p. 81.

[3] Henri Maldiney, "La méconnaissance du sentir et de la première parole ou le faux départ de la phénoménologie de Hegel", *Regard Parole Espace* (1974), in *Œuvres philosophiques*, Paris, Les éditions du Cerf, 2012, pp. 323 – 399.

应。从此以后，相关研究更加五花八门，主要划分为两大块：一是认知的神经心理学，目的是揭示音乐作为精神活动所激发的一系列反应的各个过程以及与听力相关的大脑皮层活动；二是在心理学的框架内对情绪进行研究——感动（émotions）替代了心灵的激情（passions）——正如在哲学范畴内研究精神对音乐感染力的影响。但这两大领域的总体方向是一致的：事实上，"音乐"在实验安排中通常只是一组零落的声响，是事先预定的、人为的按照实验要求的设置，在其面前用神经心理学的专业术语来回答相关的问题；而所谓的"节奏"（rythme）多数情况下只是"节拍"（cadence），也就是在既定时间内有规律的间隔形成的一系列冲量；换言之，一段简单的声音素材被视作是一连串刺激因子来研究，看它们如何影响一个无躯体存在、脱离外部环境的主体的大脑-神经组织。必须要注意的一点是，这类研究方法把身体简化为大脑的中转站，也就是脱离思想的存在物[1]——那么被触动、感动的主体似乎就等同于一个没有躯体的、悬浮飞翔着的脑袋了——而且，它们似乎没有意识自身在采取形而上学的态度，来裁定"物理"和"心理"之间的本质关系。显然，这些研究使得我们更充分的了解大脑的运作模式，而不是音乐本身。

到20世纪后半叶，一条新的研究途径得以开辟，也就是关注身体接收音乐所产生的纯粹生理反应——拒绝预先设定只有大脑具备实体性。相关的思考在这个时期产生并非偶然，当时关于音乐自身表现力的讨论正如火如荼，甚至讨论它相对于事物的任何状态、世上的任何事件以及任何心理表现来讲，都具备绝对的独立性，无象征、无语义内涵。我们挑选了其中两个例子，二者均从"节奏"的角度出发讨论音乐效果，因为节奏被认为既是原始而基本的肢体表达，又是时间性的根源所在。

---

[1] 因而，桑德琳娜·达赛（Sandrine Darsel）严谨而令人愉悦的作品《从音乐到情绪——哲学的探索》（*De la musique aux émotions. Une exploration philosophique*, Presses universitaires de Rennes, 2009），是颇具含义的。它采用了分析的手法，几乎没有涉及真正意义上的躯体，尽管它宣称以真正的音乐作品为基础。

首先，斯特拉文斯基（Stravinsky）断言有节奏的运动都是由韵律所决定的，而瑞士的乐队指挥家欧内斯特·安塞美（Ernest Ansermet）在1961年的杰作《人类意识中的音乐基础》（*Les fondements de la musique dans la conscience humaine*）中则对他进行反驳；他认为斯特拉文斯基对节奏的这种理解是外围而肤浅的，认为事实上这种运动是由"从内部被韵律时间化"的节拍（cadence）决定的，并补充道"所有的运动都是如此，从心脏跳动到我们的一呼一吸，它们的节拍都遵循在活动中为二拍子、休息或睡眠中为三拍子的律动"。❶ 他说，标注明确格律的时间轴只是对"世界时的一种假想"，安塞美提出了与此相对立的内部时间性，或者称作"存在的时间性"，在这种情况即指我们心理活动的时间性；它以我们体内的脉搏跳动为基础、在我们的体内形成："我们的脉搏是敲打时间的一座钟，我们内部的生命由它来计时"，他这样写道，以脉搏计算的时间是"上层建筑，是心脏彼此啮合的两个节拍（心房的和心室的）在动脉中的回响"——安塞美从技术的角度区分了心室的二拍，身体声响的三拍，心房的四拍和心脏的五拍。❷ 因此，一切的音乐时值都是蕴藏在身体里的心理时间，它或者属于上层建筑，或者是"和呼吸节拍意义相同的节拍"的链接，也就是说我们的一呼一吸在音乐中所代表的涵义模式。一种节拍，当它具备呼吸的特点时，就成了歌曲；当它更直接的与心脏跳动，即"身体运动机能的基础"❸ 相关联，就成了舞蹈或者至少说是动作。换言之，音乐只有在调动起身体这个有机体的时间性时，才成为心理精神活动；如果真如安塞美的著作题目所言，音乐在人类意识中存在着基础，那么所指的就是这种意识了。

这也正是三年后克洛德·列维-斯特劳斯（Claude Lévi-Strauss）所表达的观点。他对音乐和神话传说进行精彩的比较分析，在著作《神话

---

❶ 欧内斯特·安塞美：《人类意识中的音乐基础》第二册，注释部分，纳沙泰尔：La Baconnière 出版社 1961 年版，第 132 页。（les soulignements sont d'Ansermet）值得注意的是，安塞美把"节拍"与"格律"对立起来，"节拍"对于他来讲，并不意味着一系列带周期性的冲量，而是它作为时间化的运动，非常悦耳的既有旋律又有和声的运动。

❷ 同上，第 133~135 页。

❸ 同上，第 137 页。

学》开篇之初，他的这一创举旨在使音乐能构成一个真正的认识论模型，从而有助于神话学研究；关于音乐，这位人类学家写道：音乐如同神话，隶属于心理时间的维度，并且也像神话一样通过叙述的时间长度、反复出现的主题以及"其他形式的重复和类比"，调动记忆力和注意力，从而要求听众神经-心理各方面的参与；而且，音乐比神话更有求于"心理时间，甚至说内心时间"，也就是"音乐的对位法把无声的部分与心脏、呼吸的节奏都进行了仔细安排"❶。结论毫无神秘可言：对音乐产生影响的"第一序列"毋庸置疑的是心理范畴，因而是天生自然的，因为音乐"挖掘的是有机体的节奏"。

当然列维-斯特劳斯肯定不是把音乐仅仅简化为这种器官功能现象、心理节律学说；他给这天然的"第一序列"赋予了第二层范畴，即文化含义，由一系列音阶构成；音阶的数目和彼此差异在不同的文化中是迥然各异的。"人类科学最深奥的秘密"，❷ 音乐把自然与文化连接起来。此外，尽管说音乐"挖掘"身体的节奏，但这并不意味音乐对其只是简单地模仿。因而，我们可以认为音乐激发了身体的节奏，并据其而演绎。对列维·斯特劳斯和安塞美来说，音乐能够牵动身体，是依靠对身体的最根本的有机体节奏进行实践或重复。从这个意义上讲，音乐再现身体本身，身体是依据本身内部的构造，才以同形的方式做出合拍的动作。随着音乐的节奏摇摆，是对实体性表现的模仿。

这恰恰成为一个值得争议的论断。这不是因为该论点否认声音的传送和音步划分对人，或者更宽泛的说，对有生命的物体，产生的心理影

---

❶ 《神话学》第一卷《生食和熟食》，序言，巴黎 Plon 出版社 1964 年版，第 24 页。
❷ 同上，第 26 页。

响。大量的科学研究揭示它们诱发癫痫、❶ 改变心脏跳动和大脑血流速度❷以及影响女性周期中大脑不对称❸的能力。我们同样也知道，低频的电子乐（techno）节奏会对母鸡精神系统产生危害，❹ 母牛则喜欢莫扎特的音乐，能促进乳汁分泌❺。数日前，我还听说一项实验，测试被置于不同音频环境内的牡蛎在生长过程中的差异。1992 年，曾经师从路易·德布罗意（Louis de Broglie）的物理学家乔尔·史登海默（JoëlSternheimer），注册了一项影响蛋白质合成的后生调节方法的专利；❻ 他对此进行实验，并获得与植物生长相关的令人信服的结论。该观点从量子的层面，认为构成蛋白质的每个氨基酸都有对应的"阶段波"（史登海默的语言），它可以被外化为音乐的音符。蛋白质复杂多样，有的包含上百种氨基酸的排列叠加，因而就可以形成一段真正的旋律：称之"protéodies"，即蛋白质之曲。因此，将蛋白质置于与其自身旋律相符的特定音乐环境中，便可促其生长："让一株番茄秧苗经常聆听与植物内部促进开花的蛋白质相符的音乐，可以刺激植物体内这种蛋

---

❶ 我们这里指的是"音乐基因癫痫"。参见奥利弗·萨克斯（Oliver Sacks）的《音乐爱好者－音乐、大脑和我们》(*Musicophilia. La musique le cerveau et nous*)（Ch. Cler 译），巴黎 Seuil 出版社 2009 年版，第 43~50 页（整部作品讲述了其它表现以及音乐与综合病症的对应关系）。

❷ Hans–Joachim Prappe, "The effects of music on the cardiovascular system and cardiovascular health", Heart, 2010, 96; 23, 1868~1871. 同时请参考 Bernard Lechevalier：《波德莱尔癖好音乐的大脑－音乐与神经心理学》(*Le cerveau mélomane de Baudelaire. Musique et neuropsychologie*)，巴黎 Odile Jacob 出版社 2010 年版，第 49 页。

❸ 《神经心理学》(*Neuropsychologia*)，第 7 期，1998 年，由 Philippe Grosos 引述，见前文，第 58 页。

❹ 同上，第 59 页。

❺ "一般情况下，奶牛们似乎偏爱莫扎特的音乐，但结果却因地区而异。Düsseldorf 地区的奶牛喜欢莫扎特（…）。位于乡村的 Munster 奶牛不喜欢朋克音乐，但是很欣赏 Wolfgang Amadeus。Essen 的奶牛，除了莫扎特，对其他音乐一概不感兴趣"，Claudia Krings–Sausan，引自《每日电讯报》(The Daily Telegraph)，1998 年 8 月 20 号。

❻ 乔尔·史登海默：《通过阶段共振后生调节蛋白质生物合成的方法》，法国专利号 n° 92–06765，1992 年，由 la chambre de recours de l'Office Européen des brevets 2004 年 3 月 8 日再次验证。临床治疗应用尚在研究中，尤其在日本。

白质的合成，使得这株番茄比通常情况下开出更为繁茂的花朵"。❶ 既然对于一切生物来讲，蛋白质是对细胞各种功能的根本保障，这个结论和专利，便是对前人的研究进行总结和认可。所以，以这种或那种方式存在于环境中的事物，或者换种说法，是一切能够产生行为动作的事物（这里指心理学家让·皮正赫特（Jean Piaget）的定义，向阳花开的植物在随着太阳转动时，就已经构成一种行为动作），它们都有可能对声音、脉搏节奏——最终对音乐做出反应。这种有机体或生物感受是后天的，且发生在神经和大脑系统介入之前。

那么，关于我们一直探究的听到音乐和人体摆动之间的关系，是否就此获得一个合理的解释呢？似乎没有什么是令人质疑的，因为对这些实验的论述都显得那么精密。其中，史登海默的观点涵盖面最广、同时也最激进：事实上，它将世界视作一个振荡、协和的整体，生活在其间的万千生物，靠他们共同的生物基础彼此关联，产生共鸣。在这种情况下，音乐不仅是作用于各种生物包括人类，更是本身早已蕴含其中。作曲家只需从大自然中提取出那些隐含其间的谐音，而艺术创作只是对大自然活动的无意识的还原、模仿。从而，音乐能够充分的揭示大自然。因此，各种生物只是对自身结构的一种回应：细胞们之所以能接收到声音的信号，是因为它们本身就能够释放这种信号。声响和音乐导致的效果只是自然的自我感发，因此列维·斯特劳斯和安塞美所认为的音乐能调动起的有机体节奏以及上述实验所观察到的各种生物现象，只能算是一些特殊情况。

然而，持有这样的立场带来的后果又是沉重的。首先，这种观点再次把声响、音乐排斥在听觉领域之外，而将其纳入生命体运动的整体范围；听觉失去了自己的特性，而只作为一种不作区分的、普通的感知能力，基础细胞（infra-cellulaire）在很大程度上属于前意识。此外，声响

---

❶ 艾瑞克·邦尼（Eric Bonny）：《音乐与植物》（La musique et les plantes），http: //www.bekkoame.ne.jp/%7Edr.fuk/MusiquePlantesNC.html，参见 http: //plantemusique.webnode.fr/explications-theoriques/les-proteodies/（与史登海默的小访谈），或 http: //spirit-science.fr/doc_humain/ADN4musique.html。

119

和音乐之间的差异——更不要说噪音或者简单的声频——节奏和单一节拍的差异，都被抹去了；但至少对于人类来讲，这些差异是无可辩驳的。与神经科学的实验设置恰恰相反，有谁不知道人们听到单一或单调重复的声音，还是听到音乐作品，哪怕是所谓"重复性"的音乐，会出现不同的反应？海浪起起伏伏充满乐感节奏地拍打着沙滩，这种重复与拉威尔（Ravel）《波莱罗舞曲》（Boléro）中的重复能是一样的吗？尽管都是消遣，小鸟的啾啾啼鸣和一段乐曲旋律又一样吗？我们按照本能的喜好，将一段令我们感觉不愉快的音乐称之为"噪音"，也就是说我们认为它杂乱无章，相对于我们对音乐的期待，这是否很出人意料？这点蛛丝马迹就是证据：对于耳朵或者对于人类而言，音乐中总有一些东西是无法简化为分散的音符、自然或人为的简单声响。似乎应该将这所谓的"自然的音乐"与列维·斯特劳斯的话语对立起来，后者认为自然并不懂得乐音。❶ 也许我们可以提出反对意见，说这些"蛋白质之曲"保留了乐曲旋律连续性的特点；但是乐曲展开演绎的时间性是由停滞、张力、期待所构成，这与一串平铺罗列、彼此缺乏关联的声响或音符的时间性是不同的。更不要说音乐还具备和谐、垂直的维度，这一特质很难在那些罕见的"蛋白质之曲"中找到，我们也难以接触到，它们更像是一系列声音的信号，而不是严格意义上的音乐；我们很清楚，确切意义上的音乐不只是呈现出有节拍的周期性，还有其他的内涵。如果要忠于实验的方法，那必须要承认一点，即严格意义上的音乐，既无法等同于这种"自然驯化"，也不能简化为一些单一的声响。

音乐还有其他的东西。我们引证的各项科学实验表明——正如它们最初的假设那样——声音的生物影响力和它所作用的体系之间是协调一致的，该体系在其正常运转的过程中或许是被激发、或许是被抑制。植物和牡蛎根据它们所置身的声频环境，会加速或减缓生长；比起听"性手枪"乐队的歌曲，奶牛听到《狄多的仁慈》会产出更多的奶量——也

---

❶ "只是一些噪音"，并补充说尽管存在小鸟悦耳的啼叫，但这更多的是属于一种交流的语言，"乐音是从文化的角度讲的"。（见前文，第27页）

身体的音乐性

许比平常还多；狂野派对的音乐听完，换上一曲柔和放松的音乐，母鸡也可能产出更多的蛋。从这个意义上讲，确实可以称其是"有机体的反应"，并且说音乐——从广义覆盖的角度，包括各类声响频率——会对最基础的生物功能产生影响。如果说植物和动物似乎在多数情况下都有这样的机能反应，那我们是否可以断定人类也是这样单一的反应呢，与标准的生理行为相比，音乐作用于人类时似乎更能凸显差异性？从听到音乐带来神经系统的变化，甚至有时出现病理改变（神经学的研究者们，比如奥利弗·萨克斯就列出了一份令人震撼的清单），[1] 到每个人在自身或他人那里观察到的身体的姿势摆动，各种行为反应如同色彩丰富的调色板，似乎很难归因于人体器官的规律运行，也不能说是顺应器官的特点达到促进或阻碍的效果；以至于人们在谈及音乐对身体行为的影响时，得用"异化"一词来描述。身体原初的反应也刚好证明了这一点：听众欣赏音乐时，用脚打着节拍或是摇头晃脑附和，能揭示自身什么样的功能提高呢？摇摆身体或是手在空中划出旋律的弧线能对应怎样的有机体改善？翩翩起舞不像步行一样能够不断前进，不起什么实际效用，它又能包含什么运动益处？与通常的生理行为、情绪相比，音乐给人体带来的这些身体反应似乎有种不连续性：音乐和它的节奏与人体的自然本性形成了一种对照，而不是与其完全对应从而激发或抑制它。这些回答体现出身体反应的"无动机"特点，刚好与探根究源的想法相反，比如探寻音乐与身体的生物节奏的关系；听众耳闻乐声或是演奏乐器时随兴而动，他并非是对自身的有机体节奏作出回应。按照进化论来说，人类的这种情况可计作特例了。

更何况这种有机体周期性的异化现象并不止局限于听觉方面，节奏的产生亦是如此，这也正是史前学家、古人种学家安德烈·勒鲁瓦-古尔杭（André Leroi-Gourhan）所提出的观点。即便他将美学的情感代码建立在所有有生命物体的共同生物特性上，也就是说，从无脊椎动物起——我们对基因组的研究还不够充分——对节奏的反射和对多样性价

---

[1]《音乐爱好者》，见前文。

值的反应；❶ 即便他将节奏和五脏六腑的感知力联系起来，❷ 但勒鲁瓦-古尔杭拒绝将这些节奏完全的"自然驯化"，相反他写道，节奏的产生"标志着进入了南方古猿时代"。❸ 大自然并不会创作出节奏，只有真正的人类才会；因此，重复性的敲击构成节奏的基础，但创作节奏并不仅限于此，它还表现为循环节拍的变换，正如"在各种文化中"都有打破节奏平衡（即最初表现形态）的创作实践，从而追求异于寻常的状态；节奏的创作同样还体现在杂技、平衡练习、跳舞等活动中，从很大程度上讲，它们具体展现了对普通行为动作的删减提炼，确实充满了创造性。❹ 无论如何，人类身上所体现出的节奏，并不是纯粹自然自发的，也不是只有唯一的运作周期性，它是人类所独有的。换而言之，节拍在人类身上最终体现为一种节奏，可以是有距离的、不规则的、有差异的、新创造的。这恰恰是与人体有机体良好有序的运作背道而驰。比如我们举音乐切分法的例子：音符强弱的改变或是音位略有延迟，没有什么律动冲击比这更容易引发身体的动作；无规则的敲击拍打对心脏来说则应该是最为禁忌的……若把音乐的切分法视作是对心脏跳动节律的回应，在日常生活中是不大可能出现的，但在音乐中却很常见。如果把音乐重新置于呼吸或心跳、这类规律的生理周期性的层面——它们只能算作节拍而不是真正的节奏——这使得音乐仍然显得难以理解，与音乐同步相生的运动亦令人费解。这甚至意味着认同列维·斯特劳斯的观点，即由于节奏的缘故，"生理范畴内的各类节拍，理论上应该是稳定的，却出现跳拍或叠加、超前或滞后"，❺ 因为实际上，在音乐节奏的试验中涉及的并非这类"生理范畴"。

---

❶ 安德烈·勒鲁瓦-古尔杭：《动作与语言 2：记忆和节奏》（*Le geste et la parole II：La mémoire et les rythmes*），巴黎 Albin Michel 出版社 1965 年版，第 82 页。

❷ "睡着和醒来，消化和食欲，这种互相交替的生理节奏构成一切活动的基础轨迹"，同上，第 99 页。

❸ 同上，第 135 页。他提到，长时间重复、有节奏的叩击，与最早的生产工具的发明密切相关，制造出锋利的鹅卵石。

❹ 安德烈·勒鲁瓦-古尔杭：《动作与语言 2：记忆和节奏》（*Le geste et la parole II：La mémoire et les rythmes*），巴黎 Albin Michel 出版社 1965 年版，第 99 页和第 103 页。

❺ 见前文，第 25 页。

关于这一点，德国的神经精神病医生欧文·施特劳斯（Erwin Straus）进行了完善的评估。在他很有名的一篇文章中，该文预示着他的代表作《论众感之众》（Du sens des sens）的诞生，他已经指出人在听到声音节奏后产生的运动和日常习惯性的走、跑、跳运动之间的本质差异。他写道，后一类运动都有空间上的完整路线，往往是为了某个目的从一个地点前往另一个地点，所以我们可以将其定义为具备导向性、有目标的运动；而第一类运动——在舞蹈中表现最为突出——并不构成严格意义上的"位移"（位置移动）：它们并不"丈量"空间的远近，不是方向和目的明确的前进，而是在空间"范围内"的运动。❶ 它们不带有地点的目的性，与方向和距离无关，它们"填写"空间而不是"穿过"空间。施特劳斯将其称作无方向、无界限的运动：这类运动并不设定某种行为目的，只为自己而发生，只趋向自己的事件本身，因此成为"自我展示"。我们从中没有感到裹挟某个特定目的的行为，而只有充满生命力的实践本身；我们在"自我体验"❷。它们因而成为"现时的运动"，彰显人类在这世界上的存在，抛却一切的目的性，因为目的性总是与方向明确的空间相关，并采取认知的态度。与行为的实用性空间相比，这些现时运动所呈现的空间恰恰相反，不具备通常的各种各样的导向性，因此我们无法对其作出相应的反馈行为，而只能"参与性的置身其间"。❸ 对空间结构的认识有所调整，与现实形成"先于实用性"的关系，这些表明我们最原始的生活经验并非与思想、展示、领会有关——即施特劳斯所称的"神秘学说"，因为它们与不同形式的知识相关——，而是属于他所说的"感知"（sentir）范畴。也就是说，对纯粹感觉的坦率的感受性，与接触到的现实信息进行现时的、直觉而敏感的、原始的交流，它具备"先概念性"、先于各种清楚的认识，因为清

---

❶ Erwin Straus (1930),《Les formes du spatial. Leur signification pour la motricité et la perception》(trad. M. Gennart), *Figures de la subjectivité. Approches phénoménologiques et psychiatriques* (J. - F. Courtine éd.), Paris, CNRS, 1992, pp. 15 - 49.

❷ "它们让我们感觉到我们的生命力本身"，同上，第32页、第36页。

❸ 同上，第40页。

楚的认识意味着已经是经过一定思考而组织有序、与知识相关。❶ 换言之，这种存在感，是先于一切客观认识的——对一切客观事物的认识也必须以最初始的感知为基础——也先于一切目标明确的意图。"感知"是有生命的事物最原始的样态，施特劳斯亦称之为"与这个世界的情感同化"，这种重要的初始关系先于任何形式的知识和行为以及心理学范畴，主体能够从中体验到生命的存在。

在施特劳斯看来，闻乐而起特有的这种运动是一种基本的、在这世界的存在样态，是人类以最原始又饱含情感的方式参与到他所生存的环境中；它不像通常有预设目标、方向明确的运动那般，不存在虚假、变性、脱节的问题，是一种自发自主的运动，只与生命的生机活力有关，只展示存在的体验。对于这种自发自主性，研究节奏的神经生理学是难以测定和理解的，因为这门科学只是研究听觉领域与大脑驱动领域的彼此关系，对目标明确的运动和无目的性的运动并未做任何区分，而这二者与普通的位移运动相比均有各自内在的特点，也值得对其进行存在性分析。

我们已经看到，以音乐——即"一系列有节奏的音响"为出发点，施特劳斯这样写道——他对上述的两类运动进行了区分。因而音乐和现时运动之间存在确定的关联。我们可以想象得到，只要没有真正听到音乐，哪怕是自己模仿或是脑海盘旋的音乐，我们就不会投入的做出这一切表情动作——哪怕是最随意的手势——这与我们日常进行的有目的导向的运动恰恰是相反的。这显然并不是偶然的。在细致入微的现象学分析中，欧文·施特劳斯指出（大脑）不同的感觉区域对应着不同的空间模式，分析出视觉空间和听觉空间的各自特点，并展示了后者与"现时运动机能"之间的关联。因此，他谈及音乐的音调，说"它不是朝着某个方向伸延，而是直接冲我们扑面而来；它渗入、填充着空间并使得其

---

❶ 安德烈·勒鲁瓦 - 古尔杭：《动作与语言 2：记忆和节奏》（*Le geste et la parole II*？：*La mémoire et les rythmes*），巴黎 Albin Michel 出版社 1965 年版，第 23 页。

间均匀一致"❶——这正如他所归纳的无目的、无边界的运动。这音调本身也可以是一种纯粹的存在——当它从源头脱离开——这种可能性只有在"音乐的乐音"中才能充分实现,乐音能够摆脱透露信息或添加注脚的特点,不像噪音、也不像视觉的指示空间恰恰无法克服这点。❷ 音乐抛却了信息指示的功能,因而才能在听觉现时化、充满控制力的本质基础上挖掘出各种可能性,听觉与我们的存在是密不可分的。"这种现时性,施特劳斯写道,既是听觉空间的特点,也是与其相关的实际存在的特点"。❸ 因此,音乐、音乐形成的空间结构、与音乐对应的运动,三者间有着"本质的关联";这种关联也是必然的,"不可能抽象的被废除",甚至不能严格地将其分割开来、逐一展示:运动的表现形式、实际存在的方式以及由此带来的空间形态。❹

音乐和运动是通过一种内在的、结合特定的同一空间性的关系彼此关联,而不是依据反射弧原理认为感官刺激引发运动反应的那种外部关系,科学研究往往立足于后者来研究有生命的物体,也导致它的预先假定都是错误歪曲的。按照科学实验的设置建立起的人为的关系,把刺激和反应都从时间和空间上分解成一系列局部的、外在的过程,身体这个有机体脱离了所处的环境,被动的、仅仅去执行刺激兴奋点和与此相关的神经环路所发出的指示,这也正是1942年戈尔德斯坦(Goldstein)和梅洛·庞蒂(Merleau-Ponty)❺ 所批判的。这种预设的关系属于物理简化论,在现实中并不存在,难以从根本上反映出实际的有生命物体的运动——更不要说作为对听到的音乐自由回应的、无目的性的运动。这种松散的关系,在其预设条件下,各种现象以不同方式纷纷呈现,却难

---

❶ 安德烈·勒鲁瓦-古尔杭:《动作与语言2:记忆和节奏》(*Le geste et la parole II*: *La mémoire et les rythmes*),巴黎 Albin Michel 出版社1965年版,第19页。

❷ 同上,第20页。

❸ 同上,第45页。

❹ 安德烈·勒鲁瓦-古尔杭:《动作与语言2:记忆和节奏》(*Le geste et la parole II*: *La mémoire et les rythmes*),巴黎 Albin Michel 出版社1965年版,第15页和第35页。

❺ Maurice Merleau-Ponty, *La structure du comportement*, Paris, Puf, 1942/2006, pp. 6-7; Kurt Goldstein (1934), *La structure de l'organisme. Introduction à la biologie à partir de la pathologie humaine* (trad. E. Burkhardt et J. Kuntz), Paris, Gallimard, 1951.

以实现它的研究对象的真正形态：毕竟，一部像贝多芬第五交响曲这样的音乐作品，我们最终能将其简化成何种刺激模式呢？

尽管身体在听到音乐时确实会对基音节奏做出反应，但是这并不是指有机体的节奏，而是"乐曲节奏"。也就是说，由音乐本身形成的空间结构中接收到的节奏，在这个特定空间里与之对应的生理运动机能，会随之发生，它完全不同于实用性的运动。毫无疑问，安塞美、列维-斯特劳斯以及其他学者的直观出发点是好的，即从节奏的角度来谈音乐的接受。但其实这个过程是反向的：当人类用肢体对充满节奏的音乐冲力做出回应时——比如当他本能地投入舞蹈中时——并不是因为音乐节奏组时值的划分刚好与身体有机体的时间吻合，对自身的生物构造作出回应；恰恰相反，这是因为人的肢体全身心投入在由时值构成的、独特而有文化内涵的节奏组中，从感知的层面，产生了情感同化。

总之，这意味着节奏并不是一个有机体的概念，而是一个美学概念。施特劳斯并未做出如此的结论，这是哲学家亨利·马勒迪奈的总结，如今刚好是他百年诞辰，他对美学教育有不少思考。马勒迪奈首先指出施特劳斯的感知现象学如何"将艺术还原为艺术本身"，[1] 之后在1967年的一篇重要文章《节奏的美学》中，对施特劳斯关于节奏的观点进行进一步深化。我们可以重温埃米尔·本维尼斯特（Emile Benveniste）的观点，他从希腊语 ruthmos（指节律，节奏——译者注）中揭示出"运动着的每一刻的形态"[2] 的意义，也就说从"形式"转向"形成"；他比施特劳斯更明确地指出，节拍的韵律并不是一种以规律的、数学计算为基础的节奏划分（我们称之为节奏单位）所带来的"源自外部的"时间性，而是伴随着生命体的节奏铺陈开的内部时间性。这种节奏属于形态的逐步形成过程，而不是一种已定型、固化的结构，节奏

---

[1] Henri Maldiney：《*Le dévoilement de la dimension esthétique dans la phénoménologie d'Erwin Straus*》（1966），repris dans *Regard Parole Espace*（1974），in *Œuvres philosophiques*，op. cit.，p. 200.

[2] Emile Benvéniste，*Problèmes de linguistique générale*，t. 1：*La Notion de rythme dans son expression linguistique*，Paris，Gallimard，1966，p. 333，cité ibid.，p. 212.

身体的音乐性

是时间与时间的链接胶合（马勒迪奈借用了赫尼西斯瓦尔德的说法），其间的"生命体自身和生命的实际体验是合二为一的"。❶ 节奏就是一个事物形态以本质的、所能被观察到的如实样态产生的运动：形态的本质成分，马勒迪奈写道，与它的外在表现是不可分割的，它的含义和外表是一个整体。

我们可以看到，这种对节奏的解释用来理解音乐是非常合适的，音乐正如不断形成中的形态，只影响着自身；在这过程中，被体验的事物和体验活动本身难以区分，被感知的事物刚好与感知的时间互相重合，并与其一起消失在记忆中。从这个意义上讲，音乐就是美学的标志，因为音乐比其他任何艺术作品都更能即时的彰显节奏，同时还因为音乐能使人敏锐的观察到：一种形态如何呈现，能决定我们接受它的方式，"一种形态的构成方式也就是它所赋予我们知晓的方式"。换言之，音乐详细的阐释马勒迪奈的观点，在他看来"艺术是感知力的真实所在，因为节奏是 aisthesis（指感性）的真相"❷——这就意味着节奏，作为感觉感受性的关键，成了美学的核心词。

马勒迪奈就这样从艺术现象学的角度揭示、并深化欧文·施特劳斯的观点。感知（sentir）被作为有生命物体对所感之事产生的首当其冲、又带有神秘意味的感受性，与一种单纯的、存在性和先于实用性的生理运动机能紧密相连，从而得以解释身体对音乐的接受反馈；它还表明感知的美学品质从何种程度上决定了这一点。基于此，他才有可能对音乐所激发的各种情感进行解释和阐述。

---

❶ Emile Benvéniste, *Problèmes de linguistique générale*, t. 1：*La Notion de rythme dans son expression linguistique*, Paris, Gallimard, 1966, p. 333, cité ibid., p. 215。

❷ Emile Benvéniste, *Problèmes de linguistique générale*, t. 1：*La Notion de rythme dans son expression linguistique*, Paris：Gallimard, 1966, p. 333, cité ibid., p. 280.

中世纪现象的得失
——西方世界是古希腊式的还是中世纪拉丁式的？

■ [瑞士] 阿兰·科尔波拉利[*]文
　张鸿[**]　译

【内容提要】　本文旨在总结欧洲近现代社会对中世纪文化的认识和研究。亚瑟主题文学的流行、文学的道德化、二战和百年战争的政治类比，以及人们将20世纪的乌托邦幻想投向12世纪等现象表明中世纪文学或文化遍及欧洲各国的现代复兴。本文由此入手描述欧洲人对中世纪印象的变化过程，指出中世纪为何时而是黑色，时而是玫瑰色，或者说后代人迷恋或厌恶中世纪的某些原因。古希腊和中世纪拉丁两种模式的争论直接目的在于评价两种模式的优劣，实质目的在于对西方文明的特质进行认定。主张西方文明属于古希腊模式的人实际上认为西方文明的发展过程中由于中世纪的黑暗而出现断裂，而主张西方文明是中世纪拉丁模式的人认为中世纪是对古代文明的直接继承。本文主张折中，即认为以上两种模式并非不可调和；与古希腊文化相比，中世纪拉丁文化不是某种倒退，也不是可以忽略的过渡阶段；我们应当重视中世纪文化的

---

[*] 阿兰·科尔波拉利（Alain Corbellari），1967年生，洛桑大学以及纳沙泰尔大学中世纪语言文学教授，夏尔—阿尔伯特·辛格利亚（Charles-Albert Cingria）研究专家。1996年完成博士论文《约瑟夫·贝迪耶：作家以及文献学家》（*Joseph Bédier écrivain et philologue*），1997年出版。科尔波拉利也是儿童剧作家，定期为某些杂志写连环画。他同时也是交响诗作曲家（1995年科尔波拉利发行了唱片，其中有乐曲《冰雪王后》《七宗罪》等），还著有小说《幻海》（*La mer illusoire*，2006）。

[**] 张鸿，西安外国语大学法学院教师。

创造性和"现代性",重新评价中世纪时代对西方文明发展的重要作用,比如为僧侣阶层的文化作用正名或重视 12 世纪在西方文明发展史上的转折性意义;我们认识中世纪的态度应客观而辩证。本文同时批评文化相对主义对文化经典的破坏作用。

【关键词】 中世纪印象 文化论战 中世纪文学的现代复兴 文化相对主义 西方文化史

现代欧洲对中世纪文化充满迷恋,人们通常将这种迷恋追溯至浪漫主义。然而实际上,只有当浪漫主义表现出对中世纪普遍的兴趣达到巅峰时上述追溯才能成立。其实在很多方面浪漫主义者并不了解中世纪,他们认为中世纪文学与当时那些雄伟的教堂比起来只能算是趣闻轶事。事实上我们完全可以将中世纪复兴的关键时期放在 18 世纪,因为在那时关于中世纪的专门研究已经开始:意大利的穆拉托里(Muratori)、日耳曼国家的博德莫尔(Bodmer)、法国的拉库尔那·德·圣帕莱依(Lacurne de Sainte – Palaye)、朗吉莱·杜·弗莱斯诺瓦(Lenglet du Fresnoy)以及巴尔巴藏(Barbazan)等实际上已经为现代人认识中世纪文学提供了某些书籍和语汇[1]。但 19 世纪末也并非不重要,18 世纪时人们对中世纪的研究处于初步形成的阶段,而 19 世纪在德国新兴高等学府学术研究的影响下,对中世纪的深入研究以及研究方法已臻于成熟:利特尔(Littré)、瑞南(Renan),尤其是加斯东·帕里斯(Gaston Paris, 1839~1903)和保罗·梅耶(Paul Meyer, 1840~1917),他们二人是《罗曼尼亚》(*Romania*)杂志的共同创立者。这些学者的研究是现代欧洲对于中世纪文学形成真正科学认识的基础。由此天主教大作家雷奥·布洛瓦(Léon Bloy)才能于 1902 年写出作品《对老生常谈的阐释》(*Exégèse des lieux communs*):

就在 50 年以前,人们非常严密地研究了中世纪的黑夜,或者如果

---

[1] 这证明对中世纪的认识从未被完全遮蔽。我们甚至可以写一部关于 17 世纪所认识的中世纪的著作:N. Edelamn, *Attitudes of Seventeenth – Century France toward Middle Ages*, New York: King's Crown Press, 1946.

我们愿意说成是中世纪的黑暗。如果一个年轻的有产者怀疑中世纪黑暗的隐晦,他甚至都没有结婚的机会。如今由于小酒馆歌者所宣扬的产业艺术,本已非常吸引人的资产阶级社会又具有了中世纪风味。……

的确,无与伦比的煤气灯嘴亮起来了,而举世闻名的黑夜仍在继续。让我们来协调一下这种产业艺术,当然人们非常看重这种艺术,它促进了商业的发展。但除此之外,在这个人们都信仰上帝的时代怎样杜绝黑暗?❶

1900年约瑟夫·贝迪耶(Joseph Bédier,1864~1938)的《特里斯坦和伊索尔德的传奇故事》出版。我认为从另一个角度看,这本书的出现标志一个重要的时刻:作为法兰西学院的学生、加斯东·帕里斯的继承者,贝迪耶在这本著名的改编版小说中将对传奇故事的热情和现代文献学家的严谨结合在一起❷。如果现在人们重新迷恋中世纪文学,很大一部分原因归功于这本完美的象征主义小说的示范作用。这本书获得巨大成功,是因为它神奇地符合一个时代的期望。

在这一点上,两战之间的时期至关重要。我想在此说明,这期间的20年为我们对中世纪的印象抹上了特殊的色彩,赋予了特殊的含义,如今我们已无法摆脱这些色彩与含义,它们的决定性作用空前强烈❸。

两次世界大战结束后法国社会与中世纪的关系在一篇小文中得到了很好的体现。这篇文章写于德军占领时期的初次文学论战背景中。居·德·布尔塔莱斯(Guy de Pourtalès)是一位法国—瑞士作家,写作了《神奇的桃子》一书(获得1937年法兰西科学院文学大奖),还为某些作曲家写作了著名的传记。他于1940年1月28日在《日内瓦日报》上发表了一篇题为《灾难之后》的文章,并由此发起了这次文学论战。这篇文章其实并不是他所写的最热情洋溢的文章,作者在该文中非常直率

---

❶ Léon Bloy, *Exégèse des lieux communs* [1902], in *Œuvres complètes*, t. VIII, Paris: Mercure de France, 1968, p. 138.

❷ 关于贝迪耶,参见本人著作 *Joseph Bédier philologue et écrivain*, Genève: Droz, 1997.

❸ 此处我们重点展示的是法国文化,但我们所展现的状况也能很好反映整个西方对中世纪文化普遍的疑问。

地批评了当时的知名作家，当时第一流的作家是纪德。布尔塔莱斯批评他们并没有尽到作家的责任，也就是说没有给年轻人树立他们所需要的典范。被批评的人对此的反驳出乎意料，由此开始论战，人们立即称之为"不称职大师的争吵"。论战的细节与我们的文章并不相关，但是它尤其激起了安德烈·卢梭（André Rousseaux）的回应。安德烈·卢梭是著名文学评论家阿尔伯特·贝甘（Albert Béguin）的战斗伙伴，著有《罗纳河草稿》，也是未来的抵抗运动人员。❶ 安德烈·卢梭这样的人物绝不会放过敌人，对此我们毫不怀疑。他的文章题为《这是伏尔泰的过错或不称职大师的争吵》，文章结尾是一则含义鲜明的小寓言：

在我们所关注的这一点上，我认为争执就像我们的世界一样存在已久。我完全可以想象在克雷西（Crécy）战役之后，像我们两个这样善良的法国人也以同样方式争吵。一个人说："这一切将不会发生，如果我们继续朗诵《罗兰之歌》，而不是耽于《特里斯坦和伊索尔德》那种令人萎靡不振的病态影响。"另一个人回答说："当英国人想给自己的士兵配备弓和箭这样的兵器时，我们尤其应当想到长矛、头盔和稻草裙都是过时的武器装备"。❷

1940年时，这则玩笑话很自然地被纳入到有文化的读者的期望范围中。如果我们应当提及大众对中世纪文学重新迷恋的仅仅一则标志性文化事件，那么我们应当谈及"爱上帝教"（Théophiliens）团体的胜利：其实从1934年起，索邦大学教授居斯塔夫·科恩（Gustave Cohen）每年都会成功地使一部中世纪戏剧再次流行起来，其成功不断持续。此外这些戏剧的成功典型地说明博学多识之人对法国旧时代文学在现代社会

---

❶ 因为安德烈·卢梭（1896~1960）在战前已经向法国抵抗运动靠近，所以他的经历更加惹人注目！

❷ André Rousseaux, *C'est la faute à Voltaire ou la Querelle des mauvais Maîtres*, 居·德·布尔塔莱斯在文章注释里引用了安德烈·卢梭："Guy de Pourtalès", *Journal 1919~1941*, Paris: Gallimard, 1991, p.425.

普及过程中的新作用。❶

虽然这种势头也很重要，但是可能不那么壮观。之前的二十年法国人追随贝迪耶的足迹，致力于亚瑟式虚构人物的复活。然而直到20世纪初，在中世纪文学方面，尤其在武功歌中第三共和国基本上得到承认，并为英国留下了亚瑟式的小说——就像给中世纪留下作品一样，假如我们相信在1200年左右行吟诗人让·博代尔（Jean Bodel）造成了诗歌题材方面的分离："法兰西题材""罗马题材"和"布列塔尼题材"。❷ 然而在法兰西与大不列颠的政治联合（1904的"英法协约"）以及浪漫主义者的创作双重影响下，第一次世界大战结束之后，亚瑟主题在法国文化领域取得了引人注目的突破：大学问家❸在这方面贡献出几部关键性作品：安德烈·马利（André Mary）和雅克·布朗日（Jacques Boulenger）这些电影戏剧的改编者成功地向大众推出了几部古代文本的现代版本；还有一流的作家，比如阿波利奈尔（Apollinaire）、考克托（Cocteau）和桑德拉尔斯（Cendrars），尤其是大名鼎鼎的作家布列东（Breton）带领下的超现实主义者，他们的作品中都有亚瑟类型虚构人物的一席之地，对于法国人来说，亚瑟与武功歌齐名，都属于法国的文化遗产。❹

---

❶ 关于"爱上帝教"团体（Théophiliens），参见 Helen Solterer："Jouer les morts: Gustave Cohen et l'effet théophilien", in *Equinoxe*, 16, automne 1996,《*Lire Le Moyen Âge*？》éd. par Christopher Lucken et Alain Corbellari p. 81 – 96. 我们要注意几位思想差别很大但是很重要的知识分子昂托南·阿尔托（Antonin Artaud）、罗兰·巴特（Roland Barthes）、亨利·柏格森（Henri Bergson）、保罗·卒姆托（Paul Zumthor）以及雅克·沙利（Jacques Chailley），他们或深或浅都卷入了这场冒险。

❷ Jean Bodel, *La Chanson des Saisnes*, éd. par Annette Brasseur, Genève: Droz, *Textes littéraires français*（2 vol.），1989，v. 6 ~ 7.

❸ 我们要特别提及费尔迪南·罗（Ferdinand Lot）、埃德蒙·法拉勒（Edmond Fara）、阿尔伯特·博菲莱（Albert Pauphilet）、居斯塔夫·科恩（Gustave Cohen）以及让·弗拉皮耶（Jean Frappier）。

❹ 参见笔者："Le Roman arthurien dans l'entre – deux – guerres: de l'édition à l'adaptation, les chemins d'une réévaluation", in Mémoires des chevaliers. Édition, *diffusion et réception des romans de chevalerie du XVIIe au XXe siècle*, 由伊莎贝尔·蒂尤（Isabelle Diu）、伊丽莎白·帕里奈（Elisabeth Parinet）以及弗朗索瓦兹·维耶亚尔（Françoise Vielliard）所辑录，Paris: Ecole des Chartes, *Etudes et rencontres*, 25, 2007, p. 173 – 185.

我们可以从三个角度理解安德烈·卢梭的寓言,将其看成一则历史故事、一场社会学意义上的争论,或者认为它影射了对潜在的文学工作者范围的扩大。

让我们从历史的平行开始:关于1940年溃退最透彻的评论,即马克·布劳什(Marc Bloch)❶ 所写的《奇怪的失败》,如果将其归功于法国最伟大的中世纪历史学家,这也许并不是巧合。布劳什在书中对百年战争确实未作任何影射,他只是叙述了自己在"奇怪的战争"和法国的溃败中的个人经历。但是布劳什现场分析,他的论据与阿兰·沙尔梯耶(Alain Chartier)的论据明显相似,沙尔梯耶所著《四人斥骂问答》(*Quadrilogue invectif*)❷ 评论的是1420年前后法国在阿金库尔(Azincourt)战役中对英国的失败:精英阶层的腐败、内战中的国内紧张局势、对新秩序的渴望,令人不安的相同状况也存在于五个世纪以前的法国。

另外还存在的状况是(卢梭寓言的第二个层面)法国文学的第一次大争论发生在英法百年战争期间,就在阿金库尔战役之前不久:"关于《玫瑰传奇》的争论"❸ 实际上在发生于1400年前后,争论的一方是克里斯蒂娜·德·比藏(Christine de Pizan)和让·吉尔松(Jean Gerson),他们两人攻击让·德·牟那(Jean de Meun)鄙视女人的态度。另一方是让·德·蒙透依(Jean de Montreuil)以及龚梯耶(Gontier)兄弟和皮埃尔·科勒(Pierre Col),这些人认为大作家可以书写那些使他们觉得赏心悦目的事物,这是他们永不失效的权利。如今这场争论的现代性只

---

❶ Marc Bloch, *L'Etrange défaite*, Paris: Société des Francs–Tireurs, 1946; rééd. chez Albin Michel en 1957 et chez Gallimard en 1990.

❷ Alain Chartier, *Le Quadrilogue invectif*, éd. par Eugénie Droz, Paris: Champion, 《Classiques français du Moyen Âge》, 1950.

❸ Le Débat sur le Roman de la Rose (《关于〈玫瑰传奇〉的争论》), éd. par Eric Hicks, Paris: Champion, 《Bibliothèque du XVe siècle》, 1977 (1996年再版)。在这本评论性著作以及艾瑞克·亨克斯(Eric Hicks)的著作里我们将看到以下文章:《De l'histoire littéraire comme cosmogonie: la querelle du Roman de la Rose》, Critique, 348, mai 1976, p. 510–519,这篇文章再次被收录于 *La troublante proximité des choses lointaines*, Genève: Slatkine, 2004, pp. 29–38,其中有人们所期望的关于这场争论的现代性特征的整个发展过程。

能让我们感到惊讶：克里斯蒂娜·德·比藏抨击《玫瑰创奇》体现出的关于作者本人的观点。在从文学角度理解之前，我们先以克里斯蒂娜"政治意义上的正确"观点来看，支持让·德·牟那的人回应说，一个摆出权威架势的作者不应该回答自己作品中人物的话。他们好像读了普鲁斯特的《驳圣伯夫》似的。即使没有提及这场争论发生时的政治背景，人们也不会忘记克里斯蒂娜·德·比藏同时还参与了停止分裂法兰西王国的内部斗争的运动。❶ 很奇怪的是，在这两场同时由克里斯蒂娜领导的战斗之间没有任何联系，即使是看起来并不直接的联系也没有。实际上我们是否真的很难设想同一文学"介入"观念？❷ 这种观念要求文学表达具有道德主义特征，也要求政治上有效的话语具有美德。

安德烈·卢梭在写作他的寓言时不太可能想到克里斯蒂娜·德·比藏。平行主义更令人惊讶：同样的政治危机在作家群体中引起了一种相应的区分。内战的威胁以及由英国人干预所引发的威胁促使克里斯蒂娜·德·比藏将文学道德化。同样 1940 年春的灾难也促使居·德·布尔塔莱斯思考战前文学是否应该更道德一些才更好。

但是为了将"不称职大师的争吵"搬到 14 世纪去，甚至是安德烈·卢梭选择的题目也并不那么单纯。因为亚瑟式小说面对的是武功歌的传统素材。准确地说这类小说的复兴是一种从法国文学经典中产生出的明显的变体之一，居·德·布尔塔莱斯批评这种变体产生的时代对后世的影响是有害的。在政治和社会——文学的平行之上还可以加上第三种理解方式，特别涉及作家们采用的平行式文体，而平行式正是安德烈·卢梭所倡导的。另外还存在这样的状况，称颂贝迪耶的《特里斯坦和伊索尔德的传奇故事》的和谐乐章中有少数不和谐声音，其中之一就是哲学家阿兰·沙尔梯耶（阿兰的真名是埃米尔·沙尔梯耶（Emile

---

❶ 特别参见 Christine de Pizan, *Epitre à la Reine Isabeau*, éd. par Angus J. Kennedy, *Revue des Langues Romanes*, 92 (1988), pp. 253 – 264.

❷ 现代"介入"观念被用于 15 世纪作家，关于此参见 Jean‐Claude Mühlethaler,《*Une génération d'écrivains" embarqués"*：*le règne de Charles VI et la naissance de l'engagement littéraire en France*》, in Formes de l'engagement littéraire (XVe – XVIe siècle), éd. par Jean Kaempfer, Sonya Florey et Jérôme Meizoz, Lausanne：Antipodes, 2006, pp. 15 – 32.

中世纪现象的得失

Chartier），他为自己取的笔名直接参照了中世纪的一个同名人）。阿兰在1922年的文章中评论说，特里斯坦的催情药是一种文学手法，但这种手法与现代小说不相称，他还批评近期的中世纪文本改编者缺乏"真心或趣味——这两点在此处是同等的"。❶

从那时起在两个截然区分的时期的文学趣味的变化之间出现了一种默认的对等关系：巴莱斯（Barrès）是1914～1918年"复仇"的鼓动者，在年轻知识分子心目中，他的民族主义被纪德以及布列东的非道德主义和享乐主义所取代。中世纪法国起初对典范和"政治意义上正确"的武功歌（11～12世纪）非常感兴趣，后来又喜欢"滑稽"而"徒劳"（让·博代尔的说法❷）的艳情小说（13～14世纪）。上述取代现象与这种假定的中世纪文学趣味的变化过程平行。另外我们甚至还可以觉察，在这种平行背后存在更加隐蔽的讽喻，影射另外一些"不称职的大师"的恶劣影响。这些"大师"就是中世纪文化研究者以及他们的狂热拥护者，这些信徒又一次开始推崇布列塔尼题材的精神实质。

我们发现，在法国历史上最黑暗的时期，那场被遗忘的文学论战的交锋向我们揭示的情况远远没有简化成某种玩笑，而是直截了当地质疑了我们对中世纪的迷恋以及我们对中世纪文化所能形成的习惯性认识。同时安德烈·卢梭确信，如果我们发现中世纪并不缺乏有见识的人，并意识到应该"与时代共沉浮"，我们就不应该认为中世纪与其他任何时代相比只是不那么"现代"而已。

然而关于中世纪的"现代性"观念与两次世界大战时期对中世纪的印象的更新紧密相关。18世纪再次显露出对中世纪的印象，这种印象在"黑色"和"玫瑰色"之间交替变化，甚至在某些时期呈现混合的状态：启蒙运动时期反动派的中世纪是"玫瑰色"而又肤浅的，这些人

---

❶ Alain（又称埃米尔·沙尔梯耶），《Le Philtre et l'amour》, article du 22 janvier 1922，再次收录于 Préliminaires à l'esthétique, Paris：Gallimard, 1939, pp. 117 - 119, ici p. 119.

❷ 《Les contes de Bretaigne sont vains et plaisants》（Jean Bodel, 同前书, v. 8）.

喜爱中世纪的韵文故事和行吟诗人的文风。❶ 浪漫主义时期的中世纪是"黑色的",浪漫主义者将他们自己"哥特式"的小说置于中世纪背景下,并认为中世纪漫长一千年的标志就是路易十一和女巫的晚期形象。❷ 但是这种根据时代所作的区分本身太过简化:"玫瑰色"的中世纪在19世纪并未消失,它在德国浪漫主义思潮中继续存在,诺瓦利斯(Novalis)和霍夫曼(Hoffmann),甚至瓦格纳(Wagner)的作品中依然有"玫瑰色"的中世纪。在英国"玫瑰色"的中世纪传达出拉斐尔前派思想。在法国"玫瑰色"的中世纪于19世纪末得到复兴,因为受到了天主教徒(比如于斯芒斯[Huysmans]❸ 和雷奥·布洛瓦❹)和大学问家的双重影响,他们重新发现了一种高雅的文学。但是关于"玫瑰色"的中世纪,我们还应该等到1918年才能发现这种对于中世纪的积极看法在法国广大民众的思想中扎下根来。显然关于过去时代的任何观点都不是单色的。在今天这个时代到底是"玫瑰色"中世纪还是"黑色"中世纪主导着我们的想象,这样的问题没有太大意义,因为我们对于中世纪的感情从来没有像现在这样混杂、这样具有双重性。今天人们对中世纪的迷恋非常广泛,以至于中世纪给人们产生了无数幻觉:像《玫瑰的名字》这样的电影,❺ 其中难道不是既有贫穷饥饿的人还有高级学者? 既有宗教裁判的火刑仪式还有闻所未闻的图书馆? 我们关于中世纪的矛

---

❶ 关于行吟诗人的风格,参见 Henri Jacoubet, *Le Comte de Tressan et les origines du genre troubadour*, Paris: PUF, 1923.

❷ 关于浪漫主义者的中世纪,这方面的参考书日益丰富,特别参见 Michael Glencross, *Reconstructing Camelot. French Romantic Medievalism and the Arthurian Tradition*, Cambridge, Brewer, 1995 et Christian Amalvi, *Le Goût du Moyen Âge*, Paris: Plon, 1996.

❸ 于斯芒斯的情况比较特殊,因为他是主张重现发现中世纪拉丁文化的先驱之一。参见 Jacques Dupont, "Huysmans: un imaginaire médiéval", *La Licorne*, 1982/6, t. II, p. 337 – 49 et Jean-Yves Tilliette, "Les décadents, les symbolistes et le Moyen Âge latin", in Laura Kendrick, Francine Mora et Martine Reid (éds), *Le Moyen Âge au miroir du XIXe siècle* (1850 ~ 1900), Paris: L'Harmattan, 2003, pp. 269 – 287.

❹ 关于布洛瓦(Bloy),参见 Simone Fraisse, "Le mythe du Moyen Âge chez Bloy, Péguy et Bernanos", *La Licorne*, 1982/6, t. I, pp. 177 – 193.

❺ Jean-Jacques Annaud, *Le Nom de la Rose*, 1986, 根据安伯托·艾科(Umberto Eco)同名小说(1980)改编,这部小说也很受欢迎。

中世纪现象的得失

盾愿望既是"黑"色又是"玫瑰色",也就是说既让人忧虑又令人向往,实际上这种心理的变化依据的是我们自身对中世纪的希望。

从严格意义上讲,对于中世纪真正博学广识的人,他们的观点并不引人入胜。在科学领域内,两次世界大战之间主要是一个综合及拓展的时期。凭借法国人埃德蒙德·法拉勒(Edmond Faral)[1]以及厄内斯特·罗贝尔·库尔图斯(Ernst Robert Curtius)[2]的研究,中世纪拉丁文学最终从长期的痛苦中走出来。学院派哲学受到吉尔松(Gilson)和新托马斯派的再次推崇。[3]凭借埃米尔·马勒(Emile Mâle)以及亨利·佛西翁(Henri Focillon)[4]的研究,哥特和罗曼艺术得到了重新评价,并使其摆脱了常规。按照常规,这些种类的艺术遵循的是维尔莱-勒-杜克的大胆"重建"模式。

如果要指出是哪本书恰当地总结了该时期的精神,也许应当提及夏

---

[1] 特别参见 Edmond Faral, *Les Arts poétiques du XIIe et XIIIe siècle*, Paris: Champion, 1925 以及 *Recherches sur les sources latines des contes et romans courtois du Moyen Âge*, Paris: Champion, 1925. 目前尚无人对法拉勒(Faral)的研究工作进行总结。

[2] 参见 Ernst Robert Curtius, *La Littérature européenne et le Moyen Âge latin*, trad. par Jean Bréjoux, Paris: PUF, 1956, coll. 《Agora》(orig.: *Europäische Literatur und lateinisches Mittelalter*, Bern: Francke, 1947). 关于库尔图斯的参考书目很丰富,我们特别要提到 Earl Jeffrey Richards, *Modernism, Medievalism and Humanism: A Research Bibliography on the Reception of the Works of E. R. Curtius*, Tübingen, Niemeyer, 1983, Carl Landauer, "Ernst Robert Curtius and the Topos of the Literary Critic", 刊于 *The Medievalism and the Modernist Temper*, éd. par Ralph Howad Bloch et Stephen G. Nichols, Baltimore and London: Johns Hopkins University Press, 1996. pp. 334 – 354, William Calin, "Makers of the Middle Ages: Ernst Robert Curtius", 见 *Miscellanea Mediaevalie. Mélanges offerts à Philippe Ménard*, Paris, Champion, 1998, pp. 299 – 309, 以及丛书 *Ernst Robert Curtius et l'idée d'Europe*, actes du colloque de Mulhouse et Thane, 29 – 31 janvier 1992, Paris: Champion, 1995.

[3] 参见 Etienne Gilson, *La Philosophie au Moyen Âge*, 2e éd., Paris: Payot, 1944. 关于吉尔松(Gilson),参见 André Doz, "Etienne Gilson, historien de la philosophie médiévale", 见 *Dire le Moyen Âge hier et aujourd'hui*, Amiens: Université de Picardie, PUF, 1990, pp. 211 – 220.

[4] 特别参见 Emile Mâle, *L'Art religieux du XIIe siècle en France*, Paris: Armand Colin, 1923, 以及 Henri Focillon, *Art d'Occident. Le Moyen Âge roman et gothique*, Paris: Colin, 1938. 我们当然还要提到马勒的第一部重要著作《13世纪法国的宗教艺术》(*L'Art religieux en France au XIIIe siècle*),出版时间是 1898 年。马勒和贝迪耶是研究伙伴,是两战之间法国中世纪研究真正的守护者,关于他们二人的关系参见笔者文章:"Émile Mâle et Joseph Bédier: de la gloire de la France à l'apologie des clercs", *Gazette des Beaux – Arts*, 140 (novembre 1998), pp. 235 – 244.

137

尔·休谟·哈斯肯斯（Charles H. Haskins）1927 年的著作《12 世纪的文艺复兴》。❶ 虽然这本书始终没被翻译成法语，❷ 但是作者非常精辟地提出一个观点，这个观点自 19 世纪中叶以来在法国人思想中已初步形成，比如在哈斯肯斯之前厄内斯特·勒南（Ernest Renan）业已提出该观点。勒南主张"希腊奇迹"（因此这两个观念并非必然不可调和❸）。约瑟夫·贝迪耶及其后继者的研究使"希腊奇迹"观念完全建立起来：此外 1938 年贝迪耶在临死前原计划写一本关于"法国文学的第一个世纪"的巨著。❹ 也就是说哈斯肯斯并没有完全提出关于"12 世纪的文艺复兴"的观点，而只是通过某种令人惊奇的方式提出一种范式，这种范式长期以来倍受争论。20 世纪 20 年代偶然结出了一个成果：第一次世界大战后爆发了某种思想，它突然使人们确信中世纪并不是文明的倒退，而完全是文明的创造，中世纪是一个征服的时代，而且如果我们敢于这样说的话，中世纪是一种"现代"。这种思想的出现的确是一个历史的重大时刻。促成这种思潮产生的因素是突然出现在艺术和人们精神中的自由之风。当然这其中必然有大战前数年的前卫运动的推动作用。前卫运动具有激进特点，对于某些门类的艺术（抽象派艺术和十二音体系），前卫运动猛进的势头仅在 1945 年之后才再次出现。确切地说人们长期以来在讨论下列现实问题：在某些方面 1918 年是否并没有表现出前卫思想的后退。然而在 21 世纪之初，我们从前卫思潮的猛进中退回来，对前卫思潮的质疑难道没有令人惊奇地使我们更加接近一战后的时代？我们不能否认社会学家、思想家，尤其是对时代状况进行观察的普

---

❶ Charles Homer Haskins, *The Renaissance of the twelfth Century*, Cambridge: Harvard University Press, 1927.

❷ 埃德瓦·朱诺（Edouard Jauneau）和莫瑞斯·德·甘迪拉克（Maurice de Gandillac）共同编写了：*Entretiens sur la Renaissance du 12ᵉ siècle*, Paris / La Haye: Mouton, 我们要考察法国人对该著作接受情况的重要性。

❸ 参见笔者文章："Renan médiéviste", in Alain Corbellari (éd.), *Ernest Renan aujourd'hui*, *Études de Lettres*, 3 / 2005, p. 111 – 125.

❹ 参见笔者著作 *Joseph Bédier*…, 同前书, pp. 465 – 472.

通人群全都感觉到❶一点：过去时代的道德秩序突然发生断裂，在这种断裂中，心理分析即将大量涌现，并很快使1918年之后的十年取得"疯狂年代"的称号。《爱情的镜子》是保罗·卒姆托（Paul Zumthor）最不为人所知的著作之一。卒姆托是中世纪文化研究者，也是推崇口头文化的著名学者。他在第二次世界大战结束伊始就倡导思想解放，但他的解放其实是一种混乱，第一次世界大战之后就有人提倡过这种思想：卒姆托在 D. H. 劳伦斯的《查泰来夫人的情人》一书中就发现了这种思想的某种表现。并推崇哈缪兹（Ramuz）这样的小说家以及克洛岱尔（Claudel）这样的诗人。这些文学家在卒姆托看来就是回归人类本性的先知。这种回归胜过了短暂易逝的具有侵略性的意志，并且可能一直都代表我们时代真正的现代性。❷

然而我们不能将几个时代混淆，如果20年代存在某种"原始主义"倾向，这种倾向也是少数：从总体上说这个时期的文艺自称不像"介入文学"那样让人忧虑，也并不像欧洲中心主义理性的颠覆性那样具有极其激进的势头——该思潮发生于"光荣的三十年"（1945～1975）时期。中世纪范式的变化在每个时代都很独特：在1920～1940年居于主导地位的中世纪印象既不是现在"中世纪节日"的那种淫荡污浊，以及其他多少有些游戏性质的重建所表现的特征，也没有显示出托尔金（Tolkien）式奇幻小说的准科学——虚幻气氛。❸ 这个时期的中世纪印象是文明开化、温和明理，甚至还有些令人赞叹的色彩，但首先最典型的特征是"艳情"。尽管追随安德烈·布列东（André Breton）的人对中世纪具有不太尊重的倾向，但他们也有非常"多愁善感"的一面，这表明

---

❶ 在此我们只提及一个典型例子：Stefan Zweig, *Le Monde d'hier*（1944），trad. de l'allemand par Jean - Paul Zimmermann, Paris：Albin Michel, 1948.

❷ Paul Zumthor, *Miroirs de l'amour. Tragédie et préciosité*, Paris：Plon, 1952.

❸ 关于托尔金（Tolkien），在众多文献中特别参见 Jane Chance, *Tolkien's Art. A Mythology for England*（revised edition），Lexington：University Press of Kentucky, 2001 以及同一作者, *Lord of the Rings. The Mythology of Power*（revised edition），Lexington：University Press of Kentucky, 2001；在法语著作中参见 Charles Ridoux, *Tolkien le chant du monde*, Amiens：Encrage / Paris：Les Belles - Lettres, 2004.

了萦绕他们作品中的那种追求爱情的观念和充斥其中的美妙人物。[1]

但这些还不是我们的第一重点。如果说两次世界大战期间对于中世纪的现代重建起了关键作用,这并不是因为此时对中世纪的印象是"玫瑰色",并具有约定俗成的狂热,而是因为此时人们确信中世纪"完全"具有"现代性"特征,并能够具有现代性。

"12世纪的文艺复兴"观点经过了很长时间才被人们接受,这是因为大学问家首先应当抛弃关于中世纪艺术的一种本质上非常普遍的观点。18世纪时人们发掘出中世纪的韵文故事,并颂扬我们祖先所具有的高卢人的性格。[2]那时人们便树立这样的观念:中世纪的主要特征就是表现现代文明的童蒙时期。然而没有人会认为中世纪的文学创作可以具有能够与古典时期作品相媲美的艺术品质:我们认为在韵文故事和拉封丹的寓言之间存在绝大的差别,这种差别将孩童与成人分离开来。浪漫主义也并不反对——尽管表面上反对——这种价值判断。也许德国浪漫主义者——尤其是格林(Grimm)兄弟[3]——比法国人更乐于欣赏中世纪作品,但是从根本上说他们也像其他人一样承认中世纪的文学创作只是像新生儿那样代表了文学最初的啼哭声。如果德国浪漫主义者发现中世纪文学具有某种品质,那也是为了与法国人的作品相抗衡,因为法国人的文学太过于文明开化,太有教养,太严肃,所以成为某种文学典范。但德国人的对抗其实只是一种"反作用"。他们十分尊重文艺复兴前的艺术,不怀疑那个时期艺术的原始性,但却没有很好地概括其特

---

[1] 参见笔者文章"Le Merveilleux Breton (Littérature médiévale et Surréalisme)",见 Francis Gingras(发行人),*Une étrange constance. Les motifs merveilleux dans les littératures d'expression française du Moyen Âge à nos jours*, Québec: Presses de l'Université Laval, "Collection de la République des Lettres", 2006, pp. 219 – 228.

[2] 关于18世纪的中世纪研究,我们要提到两本已经相当久远的重要著作:Lionel Gossman, *Medievalism and The Ideologie of the Enlightenment, The World and Work of La Curne de Sainte-Palaye*, Baltimore: Johns Hopkins University Press, 1968 以及 Geoffrey Wilson, *A Medievalist in the Eighteenth Century: Le Grand d'Aussy and the 《Fabliaux ou Contes》*, La Haye: Nijhoff, 1975.

[3] 关于格林兄弟,参见 Walter Boehlich, "Aus dem Zeughaus der Germanistik: die Brüder Grimm und der Nationalismus", *Der Monat*, 18, 217, 1966, pp. 56 – 68 以及 Ulrich Wyss, *Die wilde Philologie: Jakob Grimm und der Historismus*, München: Beck, 1979.

征。法国19世纪上半叶最受称赞的中世纪文化研究者是一位名为保罗·帕里斯（Paulin Paris）的学者或者另一位名为佛朗索瓦·热南（François Génin）的学者。❶他们对于一种完全具有精神分裂性质的模式非常狂热：他们不会去反对正统观念，即认为现代文学史是一个发展变化的过程，但是他们又宣称17~18世纪的作品是不可超越的。尽管如此他们还是觉得应该额外地给予中世纪作品一定的地位。他们清楚地意识到如果动摇经典，他们就打开文化相对主义的潘多拉盒子，这就瓦解他们自身所依据的基础，因为动摇经典他们就破坏自己所捍卫的制度。其实从传统意义上说，只有古代的杰作才具有摆脱进化律的特权。将中世纪的杰作放在与古代杰作同样的地位上，那么中世纪的杰作确实表示人类暂时停止死亡，显然无论如何这些学者也不愿意得出这样的结论。

保罗·梅耶和加斯东·帕里斯－保林（Paulin）的儿子——19世纪下半叶渊博之士的领导者，这些饱学之士依据严密的科学方法，消除人们对中世纪不合时宜的热情。他们寻找所谓的事实"真相"，❷不去评判作品。现代学术研究的标准来自德国，并于19世纪中期以后逐渐为法国人所接受。这些标准完全可以概括为厄内斯特·勒南的那句格言，勒南于1849年在《科学的未来》中讲了这句名言：

不应该说：这是荒谬的，这是绝妙的；应该说：这出自于人类的思想，所以这具有自身的价值。❸

我们将发现恰在同一时期一位尚不知名的年青诺曼底作家给一位朋友写信时说："为了让一件事引人注目，只需要长期关注它就可以。"我们应当承认福楼拜的一句名言。《耶稣的一生》的作者和《包法利夫人》的作者相遇只是某种偶然事件的结果吗？那可不一定。福楼拜想写"一本关

---

❶ 我们一直在等待有人对19世纪上半叶的中世纪研究者作出总结，实际上我们发现夏尔·瑞都（Charles Ridoux）已经在这方面提供了一些珍贵的资料：Charles Ridoux, *Évolution des études médiévales, en France de 1860 à 1914*, Paris：Champion, 2001.

❷ 参见 Ursula Bähler, *Gaston Paris et la philologie romane*, Genève：Droz, 2004.

❸ Ernest Renan, *L'Avenir de la Science*, in *Œuvres complètes*, t. III, Paris：Calmann – Lévy, 1949, p. 877. 我们要注意勒南在学术生涯末期才发表这篇文章，即1890年，然而他很早就成为年青一代学者中毋庸置疑的领袖人物之一。

于小事的书",其实福楼拜的用词——如果在它的语境下理解❶——说明的并不是作者所遵循的文体风格方面的信条,而是说明作者通过更普遍的方式描写了他和现实之间的关系:勒南和福楼拜在浪漫主义时期之后体会到对于现实的相同感情。他们认为现实并非被评判的对象,也不是被试验的"对象",而是被理解的对象。那种有些脱离社会现实的道德在150年间发生变化了吗?听听当今的研究者如何谈论这个问题:具有"引人注目"特点的事物范畴难道不像某种"芝麻开门"一般的魔咒?它使我们可以讨论任何事而从不至于显得可笑,并且由于这类事物具有极其可贵(!)的脱离社会现实的特性,我们也不会感到有失身份。

勒南死后,费迪南·布吕乃基耶(Ferdinand Brunetière)发表评论,猛烈抨击勒南。布吕乃基耶批评勒南的理由与居·德·布尔塔莱斯的观点相近。在布吕乃基耶之后50年布尔塔莱斯批评了纪德和与纪德相似的作家,认为法国在军事上败给德国,纪德等人对此负有责任;在布吕乃基耶看来,勒南那种不合时宜的相对主义误导了一代年轻人。❷ 今天我们不能认可这种评判。无论如何正因为勒南的作用,文化相对主义畅通无阻地进入象牙塔。从那以后文化相对主义日益极端和激进,而且确实没有减弱的趋势,因为文化相对主义通过种种方式表现出所有希望创"新"的人文科学研究者的思想本质。怎样吸引人们关注某个不知名的作者——人们对待这个作者的看法很没有风度,因为人们已经承认了他的论题?如果不宣称我们之前没人理解这个作者,怎样写文学史?怎样使人信服值得发掘某种罕见的抨击角度,如果不确信这种角度值得我们关注?

勒南所推动的象牙塔中的伦理学虽然似乎不担心价值上的评判,却

---

❶ 参见古斯塔夫·福楼拜(Gustave Flaubert)1845年7月16日写给阿尔弗莱德·勒·布瓦特凡(Alfred Le Poitevin)的信件,见于 Correspondance, éd. par Jean Bruneau, Paris: Gallimard,《Bibliothèque de la Pléiade》, t. I, 1973, p. 252:"因为我不断地想要了解一切,所以一切都令我遐想。然而对于我似乎那种极度惊异并非出于无聊。比如有产者对于我来说是某种含义无限的事物。你不能想象孟威尔[注:一种龙卷风]'可怕的'灾难给我的感觉"。为了让一件事引人注目,只需要长期关注它就可以。"

❷ 参见 Ferdinand Brunetière, Cinq lettres sur Ernest Renan, Paris: Perrin, 1904.

将虫子藏在了果子里，因为对一部被长期接受的作品和一部权威认定的二流作品进行同等程度的关注，这种做法其实就是肯定了这部二流作品的价值。显然在这场对西方文化的重新评判中，中世纪毋庸置疑是大赢家之一。

然而纯粹象牙塔式的评判标准不足以复兴中世纪文化，如果这些标准在我们与中世纪的关系的核心上找到的仅是某种基础性情感，只要我们稍微仔细地观察便会发现这种爆发的情感是向禁欲主义的真正回归。在此处掺杂进了"12世纪的文艺复兴"观念。承认这个观念其实就是承认在令人安心的辩证法中存在一种温和的因素，这种辩证法认为我们的文明就是对古代文明的某种简单的追随。

因此我们可以说总体上存在两种看待西方文明源头的角度：或者按照古典方法，我们承认我们的文明中一切善的、原初的、有价值的事物已经存在于古希腊时期，古罗马人只是抄袭了古希腊文明，文艺复兴（"真正的"文艺复兴，即15~16世纪的文艺复兴）重建了古希腊文明。或者我们不承认这种断裂的文明发展路线，而选择一种从中世纪开始的直接继承关系。中世纪显然继承了古代，但是由于主张净化的研究者的重新规划，15~16世纪人们对古希腊文明的重新发现只是一种次要现象。按照第一种方法我们会说我们的文明是"古希腊式的"，按照第二种方法我们的文明则是"中世纪拉丁式的"。

中世纪拉丁文化构成了西方文明的培养基，在这个环境下诞生的文明截然区分了西方模式和世界上的其他文明模式。但是在两次世界大战之间以前的时代这个观点没能得到完善，因为18世纪和19世纪都完全没有认识到中世纪僧侣阶层推动文明创新和进步的力量。19世纪末加斯东·帕里斯依然认为——他清楚地表明自己遵循大众诗歌的浪漫模式——僧侣本质上是否定性的人物，他们维护一种死亡的文化，僧侣被一种全面兴盛的世俗文化所超越。约瑟夫·贝迪耶是帕里斯的弟子，却并不遵从自己的老师。贝迪耶颠覆了帕里斯的文化发展范式。❶ 贝迪耶与老师相反，他认为无论如何僧侣都代表了中世纪的进步，僧侣会书写、懂科学，而且并不否定世俗文化，他们从本质上是世俗文化和世俗文化后继者之间的中介。贝迪耶说："老石头不会有历史，如果'僧侣'不在老石头上花费力气"。❷ 由于德莱斐斯事件的促进作用，"僧侣"一词取得了新意义。❸ 此时贝迪耶对中世纪重新作出的鲜明评价，给迷恋中世纪的人们提供了曾经缺失的文明链环，这一环使得人们看到中世纪并不是一个死气沉沉的时代，也不是西方文化的一个附带阶段，而是像一个熔炉，其中存在的事物成就了今天的我们。如果我们不把中世纪拉丁造成一个蒙昧主义的博物馆，而是将其变成文明进步的载体，只有这样"12世纪的文艺复兴"观念才有意义。

这的确是12世纪的文本向我们显示的情况。让我们再读一遍玛丽·德·佛朗士（Marie de France）的作品《抒情小诗》中著名的序诗：

就像普林希安所证明的那样，
古人习惯于，
在作品中表达自己
其中充满隐晦
按照后人的想法
那些学习前人作品的人：

---

❶ 这并不是说贝迪耶怀疑古希腊和文艺复兴相对于中世纪的那种传统的优势。贝迪耶意味深长地将中世纪描述成现代性的熔炉，关于此，贝迪耶论"韵文故事"的文章的最后几句说得很清楚："如果文艺复兴姗姗来迟，如果我们还得再等两个世纪才能获得古希腊和意大利天才人物的灵感，这应该归因于时代的不幸，归因于14和15世纪两个时代的贫乏，尤其是要归咎于弗拉芒和勃艮第宫廷趣味的恶劣影响。但是在14世纪初艺术观念已经产生了，这多亏了那些行吟诗人，那些吟唱武功歌的拙劣诗人以及卑微的传奇故事的讲述者，多亏了他们缓慢的努力才促成了艺术观念的产生。"（J. Bédier, *Les Fabliaux*, Paris: Bouillon, 1895, p. 435）.

❷ Joseph Bédier, *Les Légendes épiques*, Paris: Champion, t. IV, 1921, p. 91.

❸ 参见笔者文章《Le Repos des clercs et la Trahison du guerrier》，见于 Laurent Adert et Eric Eigenmann（发行人），*L'Histoire dans la littérature*, Genève: Droz, 2000, pp. 19-27.

中世纪现象的得失

> 古人想给后人留下评论自己文本的可能性
> 并能在其中加上自己所拥有的科学。
> 古代诗人知道
> 他们自己也明白随着时间的流逝,
> 人们的思想将更加敏锐
> 人们更能够
> 阐释前人的作品。❶

所有中世纪文化研究者都知道这首诗。它充实了我们所说的那场著名的论战,因为它的内容很容易动摇那些主张"古希腊模式"的西方文化的人的信念。对于研究古希腊文、拉丁文、古典文学的人,参照古人是不可动摇的法则,但其实它丝毫不表示某种绝对不可逾越的模式,相反它激励后人超越古人,它的意义在于充满活力。我们按照传统在玛丽·德·佛朗士的序诗和贝尔纳·德·沙特尔(Bernard de Chartres)那则著名的寓言之间建立了联系——贝尔纳·德·沙特尔是玛丽·德·佛朗士的同时代人,他的寓言认为当时的作家就像"站在巨人肩膀上的侏儒"(巨人当然是指古代的作者),这种联系有一部分是虚假的。因为没有任何证据表明玛丽·德·佛朗士认为古人就是巨人。她似乎从贝尔纳·德·沙特尔的引语中只保留了这样的事实,即"我们能够看到更多的事物,而且我们比他们看得更远"。❷

科瑞蒂安·德·特鲁瓦(Chrétien de Troyes)在他的第二部小说《科里吉斯》的序诗中态度表现得更直接:

> 因为关于古希腊人还有古罗马人

---

❶ 玛丽·德·佛朗士(Marie de France)的作品《抒情小诗》(*Lais*)的序诗,第10~22卷,劳伦斯·哈弗-朗科奈尔(Laurence Harf-Lancner)翻译,Paris:Le Livre de Poche,"Lettres gothiques",1990,p. 23.

❷ 贝尔纳·德·沙特尔(约1126年逝世)这句非常著名的话是通过他的后继者让·德·萨里斯布瑞(Jean de Salisbury,又称 Ioannis Sarasberiensis)的转述而为后世人得知的,参见 Metalogicon, III, 4, éd. par J. B. Hall, Turnhout: Brepols(《*Corpus Christianorum Continuatio Mediaeualis*》, XCVIII), 1991, p. 116: "Dicebat Bernardus Carnotensis nos esse quasi nanos gigantum umeris insidentes, ut possimus plura eis et remotiora uidere, non utique proprii uisus acumine, aut eminentia corporis, sed quia in altum subuehimur et extollimur magnitudine gigantea".

145

不再有任何新闻：

他们的话语已经停止

因为他们明亮的火炭已经熄灭。❶

厄内斯特·罗贝尔·库尔图斯（Ernst Robert Curtius）从中看出"人文主义信仰的誓愿的反面"，❷ 尽管让·弗拉皮耶（Jean Frappier）从科瑞蒂安的态度中看出了一种"具有活力的人文主义"❸ —— 罗贝尔也许并非完全错误：如果认为古代作品从今往后没什么可对我们说的，如果不谈人文主义，我们至少还能谈论"人性"吗？——按照"人性"这个词语的学院派意义来谈论它。无论第一场"古代与现代的论争"情况如何，它甚至并不是一场争论，因为似乎这场争论完全以对现代有利的方式结束了。这场争论与那种趣味低级的论战有什么区别！一副说教的口气，而且最终也没有作出结论，就是这样的争论在五百年后使布瓦罗（Boileau）和贝罗（Perrault）互相对抗。❹

然而为了写《欧洲文学和拉丁中世纪》这样一部古典作品——我们认为这本书写于两战之间，因为作者基本是在纳粹统治时期研究该主题（作者因为希特勒在台上所以不发表这部作品）——库尔图斯的态度有所保留，他很矛盾地表明自己并不主张西方文明的起源是纯粹的"中世纪拉丁"模式，因为他的"拉丁中世纪"更是古代文化实践的保存者，

---

❶ Chrétien de Troyes, *Cligès*, Ph. Walter 编译, 见于 D. Poirion（主编）, *Chrétien de Troyes, Œuvres complètes*, Paris：Gallimard,《*Bibliothèque de la Pléiade*》, 1994, p. 174. 艾瑞克·亨克斯（Eric Hicks）在文章《思考中世纪：或者被滥用术语的正确用法》（"Penser le Moyen Âge：ou du bon usage d'une terminologie abusive", *Etudes de Lettres*, 1984/1, p. 3 – 19, repris dans *La troublante proximité des choses lointaines*, Genève：Slatkine, 2004, p. 3 – 18, ici, p. 5 – 6）中致力于重写这一段文字，其笔法才华横溢，而且意义更清晰，这样做是为了以法国人代替希腊和罗马人，以美国人代替英国人和中世纪人，以科技代替神职人员的特权：重新写出的文本极其流畅。

❷ Ernst Robert Curtius, 同前书, t. II, p. 133.

❸ 参见 Jean Frappier, "E. R. Curtius et la littérature européenne", 刊于 *Revue de Paris*, septembre 1957, pp. 148 – 152, 再刊于 *Histoire, Mythes et symboles*, Genève：Droz, 1976, pp. 111 – 15.

❹ 参见 *La Querelle des Anciens et des Modernes：XVIIe – XVIIIe siècles*, 前一篇文章是"蜜蜂和蜘蛛"（"Les Abeilles et les Araignées"）, 这是马克·福马罗利（Marc Fumaroli）的论文, éd. établie par Anne – Marie Lecoq, Paris：Gallimard, Folio, 2001.

而不是新思想模式的推动者。在这一点上，让·弗拉皮耶的评论寸步不让，表现出德国学者鲜明的古希腊和古代立场：

希腊——拉丁传统如此具有压倒一切的优势，这种传统却不足以解释西方文化的起源，也不能完全解释中世纪文学的诸多方面。读了库尔图斯的书，我们认为中世纪有所创造，但其实中世纪比我们想象的有更多创新。中世纪不仅是古希腊文化和欧洲现代文学之间的连接时期。如果仅举一例以说明这一点，我们要说香艳爱情在本质上不能被纳入奥维德的训示中，尤其不能纳入其作品《爱的艺术》的训示中，虽然这本书有拉丁文本的特点。其实，文学领域的中世纪从未像在"俗语"，即在民族语言写成的作品中表现得那样具有原创性。普罗旺斯抒情诗、武功歌和法语小说对欧洲文学的形成起到强大的作用，库尔图斯完全忘记了这一点。这是他的立场吗？他在维护自己论点时表现得过激吗？强硬吗？库尔图斯暗自得意，他代表着一位后继的人文主义者，但是在数百年里这种思想自从形成之日起就一直没有发展过。❶

弗拉皮耶的说明最后总结出一句格言，这个格言的所有方面都令人惊异、惹人注目。顺便指出，我们必须承认这个"公式"不乏胆识，甚至还有点鲁莽，因为弗拉皮耶这样的人是1968年5月前索邦大学的教授：

不存在无传统的文化，但有时候文明会由于那些学术权威而完结。❷

我们看到弗拉皮耶希望在科瑞蒂安·德·特鲁瓦的激进主义和库尔图斯的保守主义之间找到一种折中的解决方法。但是我们要注意其中不合情理之处，从这一误解中我们看出弗拉皮耶具有传统观念，他认为对于中世纪文学僧侣没有任何功劳。这是自发主义者和反理智主义者的主张，即确信俗语文学比中世纪拉丁文学更具有原创性，这种观念的基础在于承认僧侣对本地文学起到了决定性作用。至于这方面的典型例证，比如香艳爱情，这一题材来源于两次世界大战其间另一本著名的作品

---

❶ Jean Frappier, "E. R. Curtius et la littérature européenne", 同前书，p. 114.
❷ 同上，p. 115.

《爱情和西方》，作者德尼斯·德·胡日蒙（Denis de Rougemont），发表于1939年。❶ 这部作品从科学意义上说毫不严谨，但是也许它比其他任何书更具说服力，它使民众认为"爱情是12世纪的发明"❷，这句话被认为是夏尔·瑟诺博斯（Charles Seignobos）的格言。这个例证依然有些含混：其实胡日蒙写这本书只是为了说明从12世纪起西方文化走上歧途，它激起人们对爱情本身的激情而蔑视婚姻。有人反驳我们说这个论题当然陈述得清晰而明确，但它只是这部成功作品的一小部分，我们在这本书中看到的实际上是行吟诗人时代的荣耀。但是毕竟这不是作者的本意。让·保罗·萨特对基督教的道德主义感到恼火，他将《爱情与西方》变成了一篇毁灭性的评论。❸ 萨特使胡日蒙和个人人格至上论在知识阶层民众之中失去人望——胡日蒙是个人人格至上论最受瞩目的人物。萨特扫清了一块知识领域，他进一步加强战后存在主义在法国的胜利。萨特使胡日蒙的观念成为一个梦幻，不过他并不怀疑这个梦幻的美妙。爱情——激情是中世纪西方的创造，而基督教却具有普世价值，萨特抨击这两个观点之间的矛盾。萨特半讽刺地总结道，人们更应该倾听纯洁派教徒的说法，因为（这是萨特该项说明的最后几句话）"他们是诚实的人"。❹ 最终萨特并不否认下列观点，即认为12世纪可以代表西方文明的重大转折之一，但是萨特以隐含的方式对此观点所给出的理由却与胡日蒙的有关理由相反：纯洁派教徒推崇的其实是某种自由思想，萨特很乐于在他们的思想中发现西方文化的独特之处，这种自由思想很可能产生于12世纪。考察存在主义和纯洁主义之间的关系，我将这个问题留给别人来研究。无论如何萨特的含混态度包含一个观点，即认为

---

❶ Denis de Rougemont, *L'Amour et L'Occident*, Paris：Plon，1939；éd. définitive：1972.

❷ 其实瑟诺博斯从没写过这句话。他在一篇小文中作了解释，该文刊于 *Quotidien*，n° 749，27 février 1925（再次收于其著作 *Etudes de politique et d'histoire*，Paris：PUF，1934，p. 286 – 89）："你们认为是我说过的那句话是古斯塔夫·特里（Gustave Téry）流传开的，又经过了一位女士的转述。在这期间这句话走了样——就像所有'历史性'的话语一样。其实我当初说的是：'爱情是从12世纪开始的。'"（在上述引文中，p. 286）.

❸ Jean – Paul Sartre,"Denis de Rougemont,'L'Amour et l'Occident'"，这篇纪要再次刊于 *Situations I*，Paris：Gallimard，1947，coll.《*Idées*》，pp. 75 – 84.

❹ 同上，p. 84.

中世纪现象的得失

从行吟诗人时代起西方人产生了全新的思想。另外我们要说萨特的含混态度似乎说明他并不是真正在思考关于中世纪时代的问题。

然而除了这些大思想家的观点之外，还有更明确的证据，在二战之间这些证据表明中世纪是一个绝对的起始。我们要略停脚步，讨论一下《当教堂是白色时》这本书，它的题目虽然涉及的是中世纪，但内容其实更是关于轶闻趣事，作者勒·科尔布耶（Le Corbusier），出版于1937年。科尔布耶具有颠覆性的观点，他认为12世纪是"绝对现代的"，❶就像之前兰波所说的。《当教堂是白色时》是这种观点最完美的代表。科尔布耶在书中说明了相关事实和理由，从第一页起就定下了这本书的基调：

当教堂是白色时，在欧洲兴起了各种职业。欧洲人急切地追求一种神奇的、全新的技术。这种技术极其大胆，对这种技术的使用导致了某些体制，其形式出人意料——其实这些形式的精神实质就是厌弃千年遗留的传统，毫不犹豫地将文明导向未知的冒险。一种国际性语言在白种人所在之处普遍流传，促进了思想交流和文化传播。一种国际风格从西到东、从北到南四处蔓延——这种风格引出了一股精神愉悦的炽热泉流：对艺术的热爱、无私、生活在创造中的快乐。

教堂是白色的，因为教堂是崭新的。城市是崭新的。人们用所能找到的全部石块建起城市，制定出建筑规划，建起的城市有序、规则、充满几何形状。……

新世界开始了。白色、透明、欢乐、洁净、鲜明、没有后退。这个新世界就像在废墟上盛开的一朵鲜花。人们抛弃了一切曾经被接受的惯例，转过身。在一百年里，奇迹完成了，欧洲改变了。❷

毫无疑问这篇文章大部分属于幻觉。这是一首真正的散文诗，将人

---

❶ "应该绝对现代。（《Il faut être absolument moderne》）"（Arthur Rimbaud, *Une Saison en Enfer*, 《Adieu》, 见于 *Œuvres complètes*, Paris: Gallimard, 《Bibliothèque de la Pléiade》, 1972, p. 116）.

❷ Le Corbusier（又称 Charles – Edouard Jeanneret – Gris）, *Quand les cathédrales étaient blanches*, Paris: Plon, 1937, pp. 3 – 4.

们对 20 世纪的乌托邦幻想投向了 12 世纪。令人感到意味深长的是勒·科尔布耶谈论的是技术而不是宗教，是对艺术的欲望而不是对上帝的欲望。但是否科尔布耶所谈的并不是科瑞蒂安·德·特鲁瓦在《科里吉斯》序诗中的观点？如果人文主义维护文化传统，尊重过去时代，那么以上观点就是反人文主义的。这种观点确实在所有方面都过于绝对。但作为 20 世纪最伟大的乌托邦主义思想之一，这种观念就像一种精神的解放，四处回响。

中世纪艺术与之前和之后古典时代的艺术相反，它的首要特点在于自由，这种观念逐渐被人们接受。与科尔布耶同－时期的作家夏尔－阿尔伯特·辛格利亚（Charles－Albert Cingria）是一位非常自由的作家，自由得无法被归入任何类别。❶ 辛格利亚非常推崇萨迪（Satie）和斯特拉文斯基（Stravinsky）的思想，❷ 也很喜爱爵士乐。他建立了一种关于单旋律圣歌和行吟诗人艺术的观念，其中的重点是关于创意曲的看法，主张以严密为基础的尊重和自由：辛格利亚认为作于蒙特威尔地（Monteverdi）时代和斯特拉文斯基（Stravinsky）时代之间的所有音乐都是最初形成的传统的误入歧途，他称为"一种无礼而且不休止的对于多

---

❶ 辛格利亚的中世纪激起了一定数量的研究。参见 Philippe Mottet,"Les Troubadours de Charles－Albert Cingria",刊于 *Six Essais sur la littérature romande de C.－F. Ramuz à S. C. Bille*，主编 J. Roudaut, Fribourg: Éditions Universitaires, 1989, p. 157 - 192 ; Pierre Marie Joris,"Dante avec Joyce: Charles－Albert Cingria ou le Moyen Âge d'un poète",刊于 *La Trace médiévale et les écrivains d'aujourd'hui*, éd. par Michèle Gally, Paris: PUF,《*Perspectives littéraires*》, 2000, p. 55 - 70 和《Le Gai savoir de Charles－Albert Cingria － une poétique de la joie》，刊于 *Charles Albert Cingria. Érudition et liberté, L'Univers de Cingria*, 洛桑研讨会论文汇编（组织者: Maryjke de Courten, Doris Jakubec）, Paris: Gallimard,"Les Cahiers de la NRF", 2000, pp. 95 - 124 和 Alain Corbellari,"Cingria philologue: poésie et érudition dans les écrits sur la lyrique médiévale",所在刊物同上, pp. 144 - 159.

❷ 参见 Maureen A. Carr,"Igor Stravinsky et Charles－Albert Cingria",刊于 *Charles Albert Cingria. Érudition et liberté, op. cit.*, pp. 259 - 280 以及 Alain Corbellari,"Charles－Albert Cingria et Igor Stravinsky: à la recherche de l'essence de la musique",刊于 *Le Paris de Richard Wagner*, suivi *de Correspondances entre musiciens et entre écrivains et musiciens*, 2004 年 12 月 8 ~ 10 日所举行的国际研讨会论文汇编，由 Danielle Buschinger 出版，Amiens: Presses du《Centre d'Études médiévales》, 2005, pp. 101 - 108.

样性的急切追求",歪曲了最初的传统,这种追求构成了"文艺复兴以来"❶西方艺术和文化的特点。这种艺术表现力强,但不合时宜,而且暴露出贫乏性,辛格利亚主张与之相反的艺术类型,他称为"正常的音乐",其定义为:

一种令人愉悦的乐音的组合,其目的不在于满足理性,而是促成一种非常独特的冥想能力,摆脱了对字眼的理解,我们可以不完全准确地称之为:对于高级乐趣的意识。这种音乐在我们心中成熟起来,它就像一种措辞而不是一种方式。这种音乐并没有激起我们的能量,我们吸收了这种音乐,我们就像一面镜子,却并未反射影像,为了镜子本身的愉悦而吸收了影像。面对这种音乐的魅力我们变得被动,我们欣赏魅力的效果,其效果仿佛某种强大咒语的魔力。❷

很不幸我们不可能在此回顾辛格利亚丰富思想的所有细节。我们只能指出相对于辛格利亚生活的时代,他的思想显得比较反动,但是辛格利亚具有某种包含着现代性的风格,他成为今天法国最杰出的几位作家所要求的最高参照之一。❸辛格利亚热爱爵士乐,这使他比当代人更早地进行了关于抛弃传统的对世界音乐进行谱系划分的思考。辛格利亚对于中世纪艺术的关键思想表明了他像一位"反现代"者(我们采用了安托万·孔帕农[Antoine Compagnon]的说法❹),在我们看来"反现代"特别相似于21世纪初艺术和思想所具有的爆发性。

两次世界大战之间一些差别很大的作者因其对中世纪的兴趣以及可

---

❶ Charles-Albert Cingria, "Ieu oc tan", *Mesures*, 3/2, avril 1937, 再刊于 *Œuvres complètes*, Lausanne: L'Age d'homme, 1969ss, t. IV, pp. 215–235, ici p. 224.

❷ *Œuvres complètes*, t. I, pp. 195–196.

❸ 参见 *Charles Albert Cingria*, Lausanne: L'Âge d'Homme, 《Les Dossiers H》, 2004, 由笔者(A. Corbellari)整理,其中有下列人提供的证据: Jacques Réda, Guy Goffette, Pierre Bergounioux, Pierre Michon, Gérard Macé, Jacques Chessex, Nicolas Bouvier, Philippe Jaccottet, Jean Starobinski.

❹ Antoine Compagnon, *Les Antimodernes*, Paris: Gallimard, Bibliothèque des idées 丛书, 2005. 这本书提及的作者差别很大,有德·马斯特(De Maistre)、夏多布里昂(Chateaubriand)、勒南(Renan)、布罗瓦(Bloy)、贝玑(Péguy)、本达(Benda)、蒂博代(Thibaudet)、克拉克(Gracq)和罗兰·巴特(Roland Barthes)等,我们只能感到遗憾的是其中没有关于辛格利亚的任何章节,而这样的章节最能阐明该论题。

能具有的现代性而联系起来，比如伦理主义者德尼斯·德·胡日蒙、刻板的人文主义者厄内斯特·罗贝尔·库尔图斯、反现代的辛格利亚和超现代的勒·科尔布耶。实际上中世纪使所有这些人敬服，虽然每个人对中世纪的敬服程度不同，但他们都认为中世纪时代与他们的精神直接相通。他们认为在从前苏格拉底时代到启蒙时代出现的辉煌道路上，中世纪不再是一个不幸的附带阶段，而是今日西方特性形成的建设和基础阶段。而且这四位作者都是世界主义者，他们不主张建立民族壁垒。今天我们希望建立统一的欧洲，他们每个人对此都有所论述，虽然说法不同。按照这个观点，我们可以说两次世界大战之间的 20 年没有遭遇意外障碍，一直延续到今天吗？没人支持这种说法。相反"二战"结束后的几年在很多方面代表了对之前的 20 年的极端反动：抽象派画家和无调性作曲家的范式是两战之间的少数范式，却在 1945 年激烈地卷土重来，并将 1914 年前就形成的思想路线重新连接起来。然而这种狂热的前卫艺术从 20 世纪 70 年代起就表现出发展艰难的迹象。现在看来，在很多方面 1945～1975 年的阶段比 1918～1939 年的阶段更具有划时代的意义。因此"荣耀三十年"时期对中世纪的热情经历了一次剧烈的消减，但是 20 世纪 70 年代时对中世纪的热情重新高涨，并且比以前更加强烈，更加坚决，这绝不是偶然的。两次世界大战之间某些知识分子精英对中世纪的迷恋还有所保留，而现在这种热情已为全民所具有：关于中世纪的节日和重现持续快速增长。"英雄传奇"的成功逐渐遮蔽了古典科幻小说经典的光芒。"英雄传奇"不是别的，其实就是一种"魔幻"，这种题材的奇特之处不是建立在科学思考之上，而是以向秘传信仰回归为基础：1977 年的《星球大战》激起了这场转变，其中的大部分传奇故事表面上建立于科幻小说元素的基础上。

与此同时出现了某些追求奇特而多样参照物的倾向，这些参照物为当代原生态文化作者所用。在这场以生态主义为核心的浪潮之外，需要指出，在表面上看起来属于局部的层面上，巴洛克音乐的令人震撼的复兴在某个确切的时刻崭露头角，这个时期前卫作曲家的教条主义发展缓慢，同时出现了向异族和……中世纪音乐样式的重新开放。也许辛格利亚会非常高兴地看到今天所有思想开放的人都有机会听到"叙利亚"歌曲。

可以这样说：现在我们对于中世纪的兴趣是一种"后现代"趣味——按照"后现代"一词最激烈的意义来说。如果说对于此两次世界大战之间的 20 年为我们提供了丰富的理论证明，这是因为那个时期人们注意到西方意识形态和道德伦理的崩溃——第一次世界大战之后人们感受到这种崩溃，确切地说，两次世界大战之间建立起对我们的文明进行叩问的意识基础，这种叩问是带有焦虑情绪的（让我们想想保罗·瓦莱利在 1919 年所写的一句话："在我们的文明之外还有其他文明，现在我们知道我们要死去了。"❶）。"二战"之后的 30 年绝对具有现代性，这期间人们徒劳地想升华这种叩问，今天它又回来了，而且比以往任何时候都更尖锐，它的形式是一种相对主义，有些人认为这是一种虚无主义，这种评判是危险的。

我们提到四位作者（库尔图斯、勒·科尔布耶、胡日蒙和辛格利亚），其中科尔布耶狂热信仰文化进步，所以似乎离我们最远。同时在四人中科尔布耶最为坚决地抛弃尊重传统的理念。然而我们的后现代相对主义确实非常深刻地毁坏了神圣不可侵犯的文化经典。人们大都认为这些经典是欧洲文明赖以建立的基础。如上文所问，西方文化到底是"古希腊模式"还是"中世纪拉丁模式"？关于这个问题，相对主义者总是倾向于选择后者，因为古希腊人是为了全人类而思考，这一观念今天已经变得非常值得怀疑，而欧洲中世纪却从未如此自命不凡。显然我们的相对主义是很矛盾的，因为除了自身它怀疑一切。相对主义意欲反驳所有文化，它以非常有害的方式使文化遭受自我封闭的危险。❷

中世纪在这场争论中应该获胜吗？这是个徒劳的问题。中世纪从不

---

❶ Paul Valéry, "La Crise de l'Esprit", 该文章于 1919 年发表在伦敦地方期刊 *Athenaeum* 中, 再刊于 *Variétés*, 见于 *Œuvres*, I, Paris, Gallimard, "Bibliothèque de la Pléiade", 1957, pp. 988 – 1014（这句著名的格言是该文章的第一句话。）。

❷ 这是克洛德·德·列维—斯托斯（Claude Lévi - Strauss）的意图，我们可以将列维—斯托斯列入现代文化相对主义倡导者的行列，这对他是不利的。

是人们所建构的那样。今天我们这些西方人总是在截然相反的假设之间左右为难：我们或者继续相信西方文化的古希腊本质，而且我们的文明具有普遍使命感，[1]并应该承认中世纪和它所创造的文化在古希腊这轮辉煌的太阳面前的确黯然失色，而且启蒙时代直接继承了古希腊文化。或者我们宣称中世纪的作品和思想与其他时代相比具有同样重要的价值，甚至这些作品和思想具有绝对价值，但是当面临为全人类制定可行的文化标准的问题时，我们就要放弃以上思想了。那些四处宣称西方帝国主义危害的人说这样更好。然而也许不能通过对于能力和支配权的简单思考而解决全部问题。

上文简要陈述了夏尔-阿尔伯特·辛格利亚所提倡的评判方式。他认为文艺复兴和20世纪初之间西方人所创造的一切文化都是糟糕的，是应该被忘记的文化发展阶段，辛格利亚自身受到主张西方文化没落论的思想家的吸引——这个观点由斯宾格勒（Spengler）所创立。[2] "二战"后有好些附和辛格利亚观点的人；人们从辛格利亚的思想中发现了马歇尔·麦克卢汉（Marshall McLuhan）的主要论题。麦克卢汉预言了一个时代，他是"后古腾堡主义者"，他重建了印刷术发明之前的世界。[3] 有一位名叫保罗·卒姆托（Paul Zumthor）的中世纪文化研究者激烈批判麦克卢汉，他接过了中世纪重要性观念的火炬。[4] 如今托尔金的作品获得成功——不能说是哈利·波特（Harry Potter）的成功，这种情况足以向我们说明前理性思维多么令现代人着迷，这种前理性思维以多少还有些价值的"中世纪风范"为底色。

---

[1] 关于对"古希腊"论点的强力辩护，参见 d'Etienne Barilier, *Nous autres civilisations… Amérique, Islam, Europe*, Genève: Zoé, 2004, 以及 *La Chute dans le bien*, Genève: Zoé, 2007, 虽然第二本书开篇的那则轶事（在1917年，一个法国人和一个德国人说着拉丁语，一见如故）似乎是在为"中世纪拉丁"论点辩护……

[2] 参见 Oswald Spengler, *Der Untergang des Abendlandes*, München: Beck, 1920.

[3] 参见 Marshall McLuhan, *La Galaxie Gutenberg. La genèse de l'homme typographique*, 由 Jean Paré 从英文原著翻译而来（原著：*The Gutenberg Galaxy*, Toronto: University of Toronto Press, 1962), Paris: H. M. H. Ltée, 1967, 收入丛书：《Idées Gallimard》, 1977 (vol. 2)

[4] 因此卒姆托在《谈中世纪》（*Parler du Moyen Âge*, Paris: Minuit, 1980, p.58) 中毫不犹豫地痛斥 "16~18世纪在很多方面只是西方历史上短暂的倒退阶段"。

中世纪现象的得失

　　在此处我们不愿意表明立场，虽然我禁不住承认自己赞同让·弗拉皮耶的折中式解决方案。弗拉皮耶反对库尔图斯，热情地为一种"具有活力的人文主义"辩护。但是我们真的可以站在这种立场上吗？这种超速发展的人文主义最后竟然到了自我否定的地步，如果我们以启蒙时代所倡导的平均主义为榜样，难道我们不该因为这种人文主义而感到恐惧？

　　在此处我们想要描述的首先是一种叩问，我们认为叩问的基础只能是这方面最明显的事实。我们要通过叩问来明白对中世纪的现代热情——或更准确地说是后现代热情——尽管形式是轶闻趣事，而且经常带有游戏色彩，表面上看也无害，但其实绝不是毫无恶意，并且引起了极其严重的问题。问题的本质实际上甚至关系到对西方文明特征的认定，关系到如何确定我们与文化之间的关系，尤其关系到我们希望如何发展我们的文化。可以肯定，让·博代尔在13世纪初就犯下了错误——或者也许他太过于正确，他说布列塔尼的故事"毫无意义而且滑稽可笑"❶。其实所有的娱乐消遣都有自身的价值。我们不能主宰一整个时代的兴趣爱好。人们的确可以试着将《伊利亚德》和《罗兰之歌》同日而语，将阿里斯托芬与亚当·德·拉·哈雷（Adam de la Halle）比肩，将柏拉图和纪尧姆·多克汉姆（Guillaume d'Ockham）相媲美，将索福克勒斯与科瑞蒂安·德·特鲁瓦相提并论，但这是标准的书橱式作法，而不是辩证的综合。如果我们对作品的理解总是能体现我们自身，也许我们将被迫承认：借着12世纪骑士的外壳恢复生命力令人觉得虚幻，还不如借伯利克里时代雅典公民的外壳❷，这样更让人感到现实。任由每个人按照自己的理解来幻想，这的确是明智的。群体归属感这样的参照具有模糊化的倾向，而中世纪的胜利又具有社会现象那样的形

---

❶ 参见 Jean Bodel, *La Chanson des Sarsnes*, éd. par Annette Brasseur, Genève, Droz, 《*Textes littéraives fransais*》（2 Vol.），1989, V. 6～7.

❷ 关于此，让—玛丽·博瓦雷（Jean-Marie Poiré）的喜剧电影《来客》（*Les Visiteurs*, 1993）中有一个著名的片段，我们在其中看到一个20世纪的人（Christian Clavier）跌入中世纪的泥潭。这部电影就像一场噩梦，具有寓言的性质。

155

式，同时发现这两点难道不矛盾？在消除文化之间的隔膜和排斥合理性，这两者之间不只存在一种细微差别。总之我们将很清楚地看到五十年后我们的兴趣将作何变化……

多元的和谐[*]

■ ［瑞士］艾蒂安·巴里利耶　文
　向征[**]　译

【内容提要】　什么是"整体艺术作品"？是将多种艺术形式融合于一身的艺术作品吗？各种艺术之间如何形成"和谐"，抑或称之为"多元的和谐"？本文将马拉美、德彪西、尼金斯基置于同一研究视域之下，试图论述在他们的作品中，即《牧神的午后》《牧神的午后前奏曲》以及《牧神的午后》芭蕾舞剧，所呈现的多元艺术的和谐。但作者同时指出，20世纪，真正的艺术意识到作品不再是本体论上"和谐"的自然表达，而只是对这种缺失的和谐的痛苦探寻。

【关键词】　整体艺术作品　多元的和谐

1909 年，塞尔戈·佳吉列夫（Serge Diaghilev）的俄罗斯芭蕾舞剧在巴黎首次上演。2009 年，为纪念该次演出 100 周年，巴黎歌剧院决定，在最大限度尊重原作的基础上，重编佳吉列夫剧团经典剧目。因此，观众得以相继看到《玫瑰画魂》（Le spectre de la rose）、《牧神的午后》（L'Après - midi d'un Faune）、《三角帽》（Le Tricorne）以及《贝特鲁

---

[*]　这篇论文是在 2010 年 5 月 8 日研讨会上的发言。由洛桑大学德语系教授 H. - G. von Arburg 主持，议题为："多元的和谐 - 文学，艺术和科学之间的意境美学"（Concordia discors- Ästhetiken der Stimmung zwischen Literaturen, Künsten und Wissenschaften）。

[**]　向征，西安外国语大学西方语言文化学院讲师，主要从事法国现当代文学研究。

契卡》(*Pétrouchka*) 同台演出。

我有幸亲临这次盛大演出，感受到了精心策划之下各种艺术之间真正的"和谐"。仅以尼金斯基（Nijinski）的《牧神的午后》这部芭蕾剧为例，它并非只是在《牧神午后前奏曲》（*Prélude à l'après-midi d'un faune*）基础上编舞，事实上《前奏曲》不需要舞蹈，而且我们知道，《前奏曲》是以马拉美（Stéphane Mallarmé）的诗歌作品为蓝本，诗歌同样不需要舞蹈。此外，尼金斯基的芭蕾舞剧，不仅整合了诗歌、音乐、舞蹈，而且融入了画家列农·巴斯卡特（Léon Bakst，1866~1924）在背景和服装上的独特创意，与舞蹈同样引人注目。

面对这场卓绝的编舞考古探索，我感受到的"和谐"是否是错觉呢？在很大程度上，难道不是 1912 年至今的时间距离产生的美？或者说，我所看到的整体性，不就是最初"艺术时刻或事件"的整体性吗？总之，我担心看到的不是"整体艺术作品"，[1] 而是由于时空间隔和我个人的强烈期待，将这些艺术集合看做一个整体作品。

不论怎样，在 2009 年，我并未谈及尼金斯基芭蕾舞剧中融合的各种艺术之间的"和谐"问题，不管是否"多元"。这正是我现在要探讨的问题，尽可能简单明了，然而却并非易事，因为这是一个有深度的问题。

在马拉美–德彪西–尼金斯基的创作中，存在"多元的和谐"或者是"整体艺术作品"吗？有很多人研究过这个问题，观点各异，莫衷一是。有极少数评论家认为，的确存在"和谐"。让·科克托（Jean Cocteau）就是其中的一位。作为 1912 年演出的观众之一，他谈及了三位创作家"必然相遇的奇迹"。[2] 但是让·科克托更多地被尼金斯基的魔力所吸引，对此问题的研究便大受限制。

---

[1] "整体艺术作品"（Gesamtkunstwerk）是瓦格纳提出的术语，用来定义一部作品，如同古希腊悲剧，融合了戏剧和音乐，并重视与听。在这样的作品中，以瓦格纳歌剧为代表，整体并非各个部分的集合，而是融合，以表达和反映生命本身的统一性。

[2] 见让·科克托（J. Cocteau），1912 年 5 月 28 日发表 Comoedia 的文章，引自 P. Caron：《从马拉美到尼金斯基的牧神、诗歌、身体、舞蹈》（*Faunes, poésie, corps, danse, de Mallarmé à Nijinski*），H. Champion 出版社 2006 年版，第 203 页。

如何清晰看待这个问题呢？首先，这是一个既简单又复杂的问题：当我们说某部音乐作品和某部文字作品之间，某种编舞和某种音乐之间，某个声音的世界和某个视觉的世界之间，存在"默契"或者"和谐"时，我们想说什么呢？是指什么样的默契或和谐呢？

如同 M. 德拉帕利斯（M. de la Palice）所说：在比较两个事物之前，需要了解它们各自的属性。要想知道是否德彪西的音乐忠实地阐释马拉美的诗歌，如果可能的话，就必须理解这首诗的含义，以及它表达怎样的心情。困难就此出现了。马拉美和音乐，尤其是马拉美和瓦格纳的音乐之间繁复的关系使得困难进一步升级。即使我们能够神奇地在这种错综复杂的关系中找到出路，也会面临至少同样棘手的问题，即德彪西音乐的内在含义，然后是尼金斯基编舞的含义……而后，我们的比较有可能陷入危险境地……

不过还是要尝试一下！此外，令我深受鼓舞的是，有关2009年巴黎剧院演出剧目的评论文章中，恰好有一篇题为：《多元的和谐之美学》！❶

首先，马拉美的诗。这首诗有很多个版本，其中1865年的第一个版本是为舞台编写的，题为《牧神的独白》（*Monologue d'un Faune*）。❷它包含了一些舞台指示，例如，"大步走"，或者"用手扶着额头"。❸在某种程度上，第一个版本预言了这首诗最终会登上尼金斯基的舞台。

这首诗的最终版本于1876年问世，舞台指示部分已经被删去。❹然而，与马拉美其他作品不同，我们仍然可以从中读到叙事部分，推出故事梗概，因为最终版本保留了戏剧情节，甚至是早前版本的叙事结构，

---

❶ Gianfranco Vinay："多元的和谐之美学"（L'esthétique de la "*concordia discors*"），载《俄罗斯芭蕾舞剧，福金/尼金斯基/马辛》（*Ballets russes, Fokine/Nijinski/Massine*），巴黎歌剧院2009年版，第57~61页。

❷ S. Mallarmé：《马拉美作品全集》（*Œuvres complètes*），七星文库1945年版，第1450页。

❸ 同上书，第1451页。

❹ 诗人似乎一直保留者戏剧梦想，在1891年发表的文章中，他还说道，《牧神》的创作"既适合阅读也适合舞台"（同上书，第1463页）。但是Albert Thibaudet仍然认为在这部作品中没有什么可以超越"纯诗"（引自同上书，第1464页）。

可以搬上舞台的故事。

　　一个牧神在讲话。他希望通过话语与两位仙女重温旧梦。他讲述虚幻的艺术和他的失望,言语迷离。虽然微妙,但是当用斜体字写出这个爱情遭遇时,就更容易理解了,因为正体字写出的诗句更像是对牧歌的评论。

　　叙述本身是散文式的:牧神,在西西里岛的田园中,令人想起忒奥克里托斯(Théocrite)或是维吉尔(Virgile)。牧神看到拥抱在一起的两个仙女,靠近她们、征服她们,想要同时拥享她们,但却相继失去了她们。我提到的对这段叙述的评论首先指出了牧神的意图,正如诗歌第一句:"林泽的仙女们,我愿让她们永生"(v.1)。但是,随后,牧神自问,是否期望却又同时失望的不幸是幻觉:"莫非我爱的是个梦?"(v.3)。因此,仙女们的真实存在,如同周围的景色,难道不是牧神笛声产生的梦幻吗?❶ 仙女最终还是消失了,在欲望得以满足的现在和失望的过去之间,牧神只能选择后者,他也许什么都不想要:"别了,仙女们;我还会看见你们化成的影",这首诗的第110句,也是最后一句如此写道。梦幻的记忆,欲望的欲望,对"些许现实"窃窃私语,这首诗,在辗转、消逝和否定中,远离自己,就像仙女们远离牧神。言语永远无法触及事物,它通过暗示和省略启发事物。

　　总之,牧神的讲述就如同"爱抚",永远没有"紧抱"对方。的确,他给我们讲的故事就是"没有拥抱的爱抚"。或者说,讲述事物是模仿事物本身。形式就是内容。❷ 反之亦然:因为所有的一切,都是牧神排箫低声讲出的话语和词汇。

　　《牧神的午后》,如同马拉美其他作品一样,让我们置身(或者更确

---

　　❶ 诗人认为,仙女相互亲吻只是"除此甜味,她们的唇什么也没有传播",景色的线条,如同渴望的躯体那样,只会是音乐"响亮、虚幻、单调的线",牧神排箫的歌声。牧神只是在仙女的"影子"上"除去裙带",而葡萄,他只是吸干"光明",而不是汁液,只是透过光亮的空的外壳。

　　❷ 瓦莱里指出,马拉美的诗暗含了"形式与内容,声音和意义之间永恒的等同替换(…)"见 P. Valéry:"有时我对马拉美说"(Je disais quelquefois à Stéphane Mallarmé),见《瓦莱里全集》(*Œuvres*)第一卷,七星书库,巴黎伽利玛出版社1957年版,第638页。

切地说：抽身）于一个世界，那里，说和被说的事物，话语和现实与逐渐消失的神秘呼唤，相互融合。换句话说，现实的"消失"是为了诗歌的"盛开"。

简要地提及这首著名的诗歌，是为了说明，在多大程度上，马拉美，正如他所说，意欲让自己的诗歌"借重音乐"。[1] 因为，如果一门艺术的形式等同于内容，并且它所表现的世界是真实的世界，远非话语所能定义和触及的世界，除了作品的形式之外，这个世界完全被淹没在话语中，这门艺术就是音乐。

据瓦莱里称，马拉美经常去听音乐会，尤其是演出瓦格纳的作品时，"内心充满羡慕和妒忌"。[2] 马拉美诗歌作品中的音乐抱负是永恒的主调；在牧神中体现得最充分，其主题就说明了这一点，可听的取代了可触的，想象的取代了真实的，近乎叙事的形式让这一转换成为可能。在这种呼唤音乐的诗歌中，好像词语和世界的关联不复存在，剩下的只是词语之间的关联。

我们可以说马拉美在他的诗歌中试图体现一种"全部艺术的作品"，或者至少是多种艺术的作品，因为文本本身就具有音乐性。但是，如果这样的话，就必须承认，在诗歌上添加"真正"的音乐（德彪西的音乐），或者添加舞蹈（尼金斯基的舞蹈）就是画蛇添足。这样，仅凭马拉美一人就可以实现的，即便不是多种艺术的"多元的和谐"，至少是一种艺术（音乐）被另一种艺术（诗歌）吸收。

然而，这种吸收是完全吸收吗？认为马拉美的诗歌就是音乐而且替代了音乐，我们只能进行初级的、原理上的批评：由词汇构成的语言，由于它的"双重发音"，不是，也绝不会是声音构成的语言，后者只有"单一"发音。更形象地说，与德彪西的牧神相比，在马拉美的牧神的脚下，总是带有更多的西西里的泥土，或者埃特纳火山灰，抑或是仙女

---

[1] S. Mallarmé："诗歌的危机"（Crise de vers），见《马拉美作品全集》，同上，第367页。这句话本出自瓦莱里。

[2] P. Valéry："1893年 Lamoureux 音乐会"（Au concert Lamoureux en 1893），载《论艺术的片段》（*Pièces sur l'art*），《瓦莱里全集》第二卷，第1276页。

们赤脚留下的印记。马拉美的诗歌比音乐更应该脱离现实的世界，它描写世界只是为了摆脱世界，将之抽象化，将之否定，或者将之虚化。

事实上，马拉美创作所产生的矛盾，不是让音乐变得无用，正相反，是呼唤音乐。马拉美的牧神怀念音乐，极度渴望音乐，是虚拟音乐的回声，我们希望它变成真实。当然，马拉美的文字可以自足。但是他要创造奇迹的伟大愿望却难以得到满足。诗歌不断地向音乐示意，远远超过了它真正可以拥有的魔力。富有音乐之美的诗歌激起了人们对音乐的渴望。当马拉美写出第一版牧神时，他认为这首诗不是有可能走进剧院，而是必须要走进剧院。❶ 我想说的是，终版的牧神不是可能是音乐性的，而是必须是音乐性的。

此外，马拉美写信感谢德彪西时，应该已经听过《牧神的午后前奏曲》：

听完前奏曲后，我很激动：奇迹啊！您对《牧神的午后》的阐释与我的诗句非常和谐，甚至走的更远，真正表达了细腻的、不安的、丰富的忧伤和光明。❷

一般我们援引这封信仅仅是为了指出马拉美欣赏德彪西的音乐。但是承认《牧神的午后前奏曲》在"表现忧伤和光明时走得更远"，是不可忽视的。从诗人角度而言，他非常想要"借重音乐"，叹之为"奇迹"，对于一个用词考究的诗人来说，是惊人的。❸ 甚至，如果相信 Henri Mondor 所言，马拉美会带着瓦莱里所说的"极度的羡慕和嫉妒"大声对自己的诗歌说："我认为是我给它赋予了音乐性"。❹

马拉美认为，音乐在某种程度上取代了诗歌，让诗歌"走得更远"。

---

❶ 《马拉美作品全集》，七星文库 1945 年版，第 1449 页。

❷ 1894 年 12 月 23 日马拉美写给德彪西的信。

❸ 马拉美献给德彪西的四句小诗也值得引用和思考：《晨曦中的牧神呵／不知你的芦笛里／是否洋溢着德彪西的／斐然生辉的倜傥才气》（Sylvain d'haleine première / Si ta flûte a réussi, / Ouïs toute la lumière / Qu'y soufflera Debussy）。换句话说，如果马拉美的诗歌是"成功的"，那么，德彪西的前奏曲使其生辉，这是词语本身无法达到的。

❹ Henri Mondor，《马拉美的一生》（Vie de Mallarmé），巴黎伽利玛出版社 1942 年版，第 370 页。

从此，诗歌与音乐的叠加，或者应该说诗歌与音乐的融合让我们再次考虑"多元的和谐"这个问题。刚才我提到了词语的艺术和声音的艺术之间古已有之的区别，这个区别与各自的语言特性紧密联系。但是，有没有可能，尽管存在这种不可忽视的区别，诗歌和音乐作品却能够共同表现同一个世界，因为二者形式相似，结构相像？

我很清楚这种提法有些太过笼统。唯一可以让我们对此有更清晰认识的方法，就是比较马拉美的和德彪西的两个"牧神"，哪怕是粗浅的比较。

如果像德彪西所言，两个作品之间无法进行细致的比较：

《前奏曲》是对马拉美诗歌的自由阐释；而不是对它的概括。❶

在给批评家 Henry Gauthier–Villars 的信中，德彪西再次指出：

《牧神的午后前奏曲》(……) 是对诗歌的整体印象，因为，如果太接近诗歌，音乐会失去活力 [……]。❷

当然，我们可以不理会德彪西的说法，一些评论家也不这么认为，他们想要指出德彪西的前奏曲，一字一句地，紧跟马拉美的诗歌，而且，德彪西的创作并非是对诗歌的阐释，而是一字不落地用音乐背诵了诗歌。一位美国批评家，在 2001 年发表的一篇研究中，直接肯定了这点。即使德彪西自称没有"仔细阅读过马拉美的诗歌"，❸ 也不应该相信他，为什么？

首先，就马拉美的诗，这位批评家引用瓦莱里的话，他提到了"文

---

❶ 德彪西：《〈牧神的午后〉乐谱注释》(*Note explicative jointe à la partition de L'Après–midi d'un faune*)。下文如下："它是在夏日炎热的午后牧神的欲望和梦幻的一系列背景描述。无力追逐仙女和被笛声惊到的水神，他沉浸在大自然中，陷入了昏睡，梦幻终得以实现。" (Il s'agit plutôt de fonds successifs sur lesquels se meuvent les désirs et les rêves du faune dans la chaleur de l'après–midi. Enfin, las de poursuivre les nymphes et les naïades apeurées dans leur fuite, il s'abandonne à un sommeil enivrant, riche de songes enfin réalisés, de pleine possession dans l'universelle natur)。

❷ 1895 年 10 月书信。

❸ David. J. Code："听到德彪西读马拉美：《牧神午后前奏曲》中瓦格纳以降的音乐" (Hearing Debussy Reading Mallarmé: Music *après* Wagner in the *Prélude à l'après–midi d'un faune*)，载《美国音乐协会报》(*Journal of the American Musicological Society*)，第 54 卷，第 3 期（2001 年 8 月）。

学赋格"。❶ 瓦莱里使用这个说法仅仅是出于比喻,但是这位批评家把它当真了,还未指出,同一赋格结构再次以音乐赋格的形式出现在德彪西的作品中,就想要在马拉美的作品中找到赋格结构。❷

这样的做法已经过于轻率了。但是这位批评家在诗歌文本和音乐的关系上走得更远,❸ 想要将词语置于乐符之下("夏日的和风"对应第18节,"啊 西西里之岸"对应第36节,"无动于衷的露"对应第76节,等等)。至于诗句,"对 la 的情有独钟"恰好对应乐符 la,第44节用长笛演奏……❹

依照这样,德彪西的音乐就是在字字句句地"阅读"马拉美的诗歌。我们这位批评家更大胆,更巧妙地指出德彪西的牧神第37节是多利亚调式。多利亚调式?尊敬的 Watson 先生!您应该知道这里明明指的是西奥克利塔斯(Theocrite),马拉美牧神的最初原型,常常使用的多利亚方言!❺

对于这种"细读"的勇敢尝试,我的看法也许稍有偏颇。但是我担心此类创新可能过于随意。更何况这种解读有可能与其他类似的批评对立。最天真的阅读竟然认为马拉美的诗是110句,对应了德彪西的前奏曲的小节数…… 如果这样的话,难道每一诗句不是应该单独对应每一小节吗?❻

不论怎么样,我认为,这种意图在诗歌和音乐之间建立"对应"关

---

❶ 引自 D. Code,《听到德彪西读马拉美:〈牧神午后前奏曲〉中瓦格纳以降的音乐》,载《美国音乐协会报》第54卷第3期(2001年8月),第503页。

❷ 例如,他肯定地指出,两个仙女之间的对立如同音乐中弦乐和气乐的对立(见 D. Code,第512页)。

❸ D. Code,《听到德彪西读马拉美:〈牧神午后前奏曲〉中瓦格纳以降的音乐》,载《美国音乐协会报》第54卷第3期(2001年8月),第518页。

❹ 引自 D. Code:"听到德彪西读马拉美:《牧神午后前奏曲》中瓦格纳以降的音乐",载《美国音乐协会报》第54卷第3期(2001年8月),第526页。

❺ 同上,第520、525页。

❻ 其他一些热衷于数字的批评家指出在德彪西的前奏曲结构中凸显了斐波那契(Fibonacci)数列(每个数都是前两个数之和)。就是说,由此得出乐谱数列分割与前两种解读相互矛盾。

系的尝试,过于机械化。❶ 相反,如果我们对形式深度探究,会更有意义:例如,马拉美的《牧神》最后一句,"别了,仙女们;我还会看见你们化成的影"。德彪西承认他的前奏曲的末尾是对这一句的直接评价(在给 Gautier - Villars 的信中,他写道:"结尾,是诗歌最后一句的延伸")。在德彪西前奏曲的最后几个小节中,对牧神长笛这一动机的表现似乎有所"欠缺":我们只听到了几个音符,好像其他音符消失在无声中:用纯粹音乐的手段,长笛巧妙地变为"影子"。

这里便是一处令人信服的对应,因为前奏曲并非想要抄袭诗歌文本,它要通过音乐的手段和形式,重现文本深层含义。

如果能在马拉美的诗歌世界和德彪西的音乐世界发现某种"共鸣"(这个词也许不大恰当),并不是说德彪西紧随马拉美,在他的诗句中找到对应的音符。而是说,两种艺术各自以同样的方式与"时间"和"叙事"建立关系。❷ 就这一点,我将具体阐明。

在马拉美的《牧神》中,我们看到诗歌在讲述故事,其中有期望、失望、梦想、忧伤或者痛苦。但是这个故事、这种叙述,逐渐消失,慢慢消融在纯粹词语的音乐中。可以说,叙事的时间也消失了,或者,暂停了,为了此刻或者是永久的追忆,为了纯粹的形象,存在的存在。

德彪西的音乐不再像浪漫主义音乐家,或瓦格纳那样处理时间和叙事。德彪西很崇拜瓦格纳,但随后却远离了他,甚至与之背道而驰。德彪西不再用瓦格纳创造的和谐来表现张 - 弛模式,这一模式是瓦格纳在《特里斯坦和伊索尔德》(*Tristan et Isolde*)中提出的"叙述"原则。德

---

❶ 要注意 Henrik Lücke 最近的解读,他尝试以更具有说服力的方式,在情感发展,如同诗歌所叙述的,和德彪西音乐中的转换之间建立平行关系。(见 H. Lücke:《马拉美 - 德彪西,〈牧神的午后〉的艺术比较研究》(*Mallarmé - Debussy, eine vergleichende Studie zur Kunstanschauung am Beispiel von L'Après - midi d'un Faune*),汉堡 2005 年版,第 449 页)。但是,他指出单纯地用音乐包含诗歌是不可能的(同上,第 397 页)。

❷ 或许 Julien Benda 研究中指的就是这种共鸣,他写道:"总之,令马拉美满意的音乐不是瓦格纳的,而是德彪西的,因为它与瓦格纳的音乐是对立的。"见 J. Benda:《马拉美与瓦格纳》(Mallarmé et Wagner),第 359 页,引自 Raymond Court:"马拉美与德彪西"(Mallarmé et Debussy),载《社会科学杂志》(*Revue des sciences humaines*)第 76 期,1987 年 1~3 月,第 65 页。

彪西只是将之化为单纯的色彩,其目的不是别的,而是将之原模原样地呈现给我们的感官。❶

瓦格纳在德彪西的《牧神的午后前奏曲》中出现过,随即又消失了:著名的"Tristan 和弦"在德彪西作品的第二十节同样昙花一现,但是脱离了情感上的意义。❷

总而言之,他放弃了所谓的心理时间性。❸ 他的音乐不再讲述命运的起伏(像李斯特[Liszt]的交响诗《从摇篮到坟墓》[Du berceau à la tombe])。他不再用音乐表现灵魂的升华或者陷落,如舒曼(Robert Schumann)那样出色。最后,他也不再像贝多芬那样表现人类的英雄主义、善良或者痛苦。

同一个长笛动机,其自身是不确定、流动、飘逸的,呈现在十种不同但和谐的色彩之下,表现了同一个音乐对象在时间之外的十个方面;变奏不"讲述",而是"呈现"。如同和弦,音色也有不同,同马拉美的亚历山大体一样优美。但是,重要的是,并不是它们与哪一个外部世界的关系(灵魂的情感世界),而是它们之间的相互关系,如同诗人所称的"火在宝石上可能留下的痕迹"。

总之,在保留了一些浪漫主义音乐叙述方式和瓦格纳张-弛模式的同时,德彪西的前奏曲让这些原本重要的形式退后到几乎讽刺的程度,同时慢慢但有力地,展现了一个全新的音乐世界,既不是叙事,也不是呻吟或者欲望,只是纯粹地"呈现",可以说是纯粹的音乐理想,如同

---

❶ 如 Raymond Court 指出,他将"和谐引向声音"(见 R. Court:《马拉美与德彪西》,同上,第 57 页)。

❷ 主要参见 D. M. Herz:"马拉美与德彪西"(Mallarmé and Debussy),载《文字的调谐》(*The tuning of the word*),美国伊利诺斯大学出版社 1987 年版,第 48~84 页。另见,H. Lücke,同上,第 418 页。引用 Schönberg 的词汇,德彪西运用了"非官能和谐"(harmonies non-fonctionnelles)(见 R. Court,同上,第 56 页)。

❸ 见 R. Court,同上,第 69 页。

多元的和谐

马拉美的诗歌是纯粹的词语理想。❶

Pierre Boulez 指出马拉美"诗歌的绘画性"和德彪西"音乐的绘画性",❷ 这是为了说明,在多大程度上,诗人和音乐家的作品中,时间要被暂停而不是被表现。❸

如同人们看到的,无论在整体上,还是在更深层次,都可以发现马拉美和德彪西作品中的相似之处,甚至是共同的渊源。但是,并不是说,音乐可以代替诗歌,更不是说,音乐需要诗歌才会有意义。即使非常赞成马拉美和德彪西的组合是"整体艺术作品"的评论者也分别讨论诗歌和音乐。我们当然可以将二者合二为一,但我怀疑只会得到一个含混模糊的混合体。在马拉美和德彪西之间,可以说存在形式的相遇,或者说"多元的和谐",但在某种程度上是潜在的,因为同时听诗歌和音乐并不会得到一个整体艺术作品。

如果马拉美和德彪西之间真正的整体性被排除,怎么去解释在诗歌和音乐上添加布景、服装和舞蹈呢?简而言之,怎么看待尼金斯基的牧神,Bakst 的布景?与马拉美的作品相比,芭蕾舞剧不再是第二层次上的,而是第三层次的:作品的作品的作品。

需要指出,尼金斯基不仅仅是令人"想起"德彪西的音乐,如同德彪西也可以让人想起马拉美的诗歌一样。它"同时"呈现给我们眼睛和我们的耳朵。尼金斯基的芭蕾舞剧渴望成为综合艺术体,不仅是潜在的,而且是真实的,动作结合音乐,更不用说布景。这一次,我们真的

---

❶ 在德彪西的作品中,这个转变是逐渐形成的,完全如同马拉美逐渐摆脱"叙事"诗歌从而获得自己的语言。我们可以说《牧神的午后前奏曲》发展到了一半—与马拉美同名作品相比。因为,在德彪西的牧神中,我们仍然可以看到浪漫主义叙事的影子,瓦格纳式的张力解析的影子,就如同我们在马拉美的作品中可以看到浪漫主义或者巴那斯派的影子。对于德彪西,在他作品的中部,我们吃惊地看到了被 Harry Halbreich 称为"表达极点"的部分。我们听到了句子的极度膨胀,在某种程度上,说明了马拉美牧神中的叙事成分。在这种浪漫主义的宣泄中,我们可以看到肖邦的《夜曲》(*Nocturne*),甚至柴可夫斯基(Tchaïkovski)或者圣·桑(Saint-Saëns)的极具表现力的形象。但是过分的宣泄却有中讽刺意味。

❷ 引自 R. Court,同上,第 70 页。

❸ 此外,大家常常用的这个比喻,即用音乐来描述色彩,用绘画术语描述和声和音色,显然指出和弦或者音色不是为了加强心理时间性的因素,而是为了表现现实空间、世界的面孔,与人类的等待、希望、或者痛苦无关。

面对一个"整体艺术作品"吗？编舞忠实于德彪西的音乐吗？首先，忠实这个词是什么意思？

我们来谈谈这个词吧：虽然芭蕾舞剧将马拉美诗歌中的牧神搬上了舞台，虽然它运用了德彪西的音乐，但是，尼金斯基的作品不是，也不愿是"整体艺术作品"。当时令所有观众吃惊（可能除了科克托之外），今天仍然让我们感到吃惊的是，尼金斯基的编舞在多大程度上远离了德彪西和马拉美的审美。

首先，芭蕾舞剧里有牧神，但不是两个仙女，更不是拥抱在一起的两个仙女，而是七个仙女，她们浅浮雕般的动作和凝固的神态更没有情色的成分。❶

芭蕾舞剧的本意与马拉美的诗和德彪西的音乐截然相反：诗歌文本和音乐有多么流动、暗示、启发、朦胧、闪烁，编舞就有多么突然、跳跃、生硬、直接、率性。尼金斯基不喜欢德彪西，德彪西也不喜欢尼金斯基，我们对此并不吃惊。1914 年，德彪西甚至认为《牧神》的编舞和他的音乐"极度不和谐，无可救药"。❷ 显然这里远非我们所说的"多元的和谐"。

此外，尼金斯基的灵感主要来源不是德彪西的音乐，也不是马拉美的诗歌，而是法国作曲家莫里斯·埃马埃尔（Maurice Emmanuel）关于《古希腊饰像遗迹的舞蹈》（*La danse grecque antique d'après les monuments figurés*）❸ 的作品。Léon Bakst 把这部作品介绍给了尼金斯基。尼金斯基和 Léon Bakst 曾一起去卢浮宫研究古希腊花瓶，还有亚述人浅浮雕。摄影师 Adolphe de Meyer 的绝佳取像角度给我们每每呈现出花瓶或者浅浮

---

❶ 当然，这部芭蕾舞剧有强烈的色情成分：牧神偷了仙女的丝巾后，躺在上面，音乐至最后几小节时，他晕倒在这个女人的替代品上。这个场景在当时的报纸上引起了激烈的论战，Rodin 支持芭蕾舞剧，并与 Gaston Calmette，即《费加罗报》经理对立。但是，要指出，除了这一系列与马拉美短暂的情色不太相符的现实主义之外，是佳吉列夫让尼金斯基这么做的，借助舆论炒作，绝对与尼金斯基的意愿相反。

❷ Pascal Caron：《牧神、诗歌、身体、从马拉美到尼金斯基的舞蹈》（*Faunes, Poésie, corps, danse de Mallarmé à Nijinski*），同上，第 270 页。

❸ Cf. Ph. de Lustrac："从完美到疯狂，尼金斯基的创作"（*De la ligne parfaite à la folie, Créations de Vaslav Nijinski*），载《俄罗斯芭蕾舞剧》，巴黎 2009 年版，第 83~84 页。

雕人物的种种神态，它们之间的转化是跳跃的。整个芭蕾舞剧只是分解了连续性。讨论这一创作更多是反德彪西的，还是反马拉美的，又有什么意义呢？

现在批评界一致认为尼金斯基的灵感来自列农·巴斯卡特，他本人也是这位古希腊以及远东，尤其是暹罗（这就是为什么尼金斯基的编舞非常注重手部动作）❶ 雕塑大师的狂热爱好者。

当然，我们仍然可以认为，假定尼金斯基的牧神是"整体艺术作品"，汲取灵感于古希腊，那么这位天才舞蹈者和编舞家正是追溯到了马拉美创作灵感的源泉：古希腊。但是，毋庸置疑，在马拉美的作品中，尚且不说德彪西，这一创作源泉是那么遥远，而且，和其他千万种源泉混合在一起。当然，编舞的古典主义是现代性的产物，与马拉美和德彪西的创作彻底不同。

尼金斯基的芭蕾舞剧与德彪西和马拉美之间唯一的共性，与这部芭蕾舞剧所融合的其他艺术追求无关，是我们之前谈及德彪西和马拉美时提到的：拒绝叙事，意图让作品脱离人性和心理上的时间性，哪怕是极短的时间。Boulez 由此看到诗歌和音乐的绘画性。从尼金斯基的编舞、风格，以及与人类时间曲线的不断割裂，可以看出这种创新的另一个效果。至于马拉美和德彪西的"绘画性"，在巴斯卡特的布景艺术中得到了完美的体现，力量加之野兽派绘画色彩的大量运用，让人们联想到一个夏日的午后，没有走向黄昏，永远是那个午后，超出了时间的概念。

但是，即使我们认为尼金斯基绝非情愿地忠实于马拉美－德彪西的创作，他的芭蕾舞剧也不能被看作"整体艺术作品"。在篇首，我说过，2009 年我在巴黎歌剧院观看的演出好像是完美的整体，我担心这个美好的印象会一下子成为记忆，使得一些杂乱的作品被冠以唯一、神秘且

---

❶ 有巴斯卡特为尼金斯基的演出做的招贴画，图中牧神着纯色便鞋，很有理由认为这个牧神形象的灵感直接来自《阿佛洛狄忒用便鞋抽打森林之神》（Aphrodite frappant un satyre avec sa sandale）群雕。Bakst1907 年在希腊博物馆欣赏过该作品（见 cf. Ph. de Lustrac："俄罗斯芭蕾剧，关于神话的若干问题"（Les ballets russes, quelques questions sur un mythe），载《俄罗斯芭蕾剧》，同上，第 59～60 页）。

又神奇的"俄罗斯芭蕾舞剧"之名。我坚信这种担心已经被证实。

有人可能会对我说，如果我要研究一个多种艺术构成的作品所呈现的"多元的和谐"，我选错了研究对象，因为，尼金斯基的芭蕾舞剧可以说是音乐作品，或者在它背后，还有诗歌，但是不能就此认为它是一部"整体艺术作品"。

同样，也会有人给我指出，马拉美的牧神（此外还有德彪西的牧神）自身已经足够丰富、多义、复杂。想要将之与舞蹈和绘画结合，以期获得更大影响的做法，是混淆了纯粹量的积累和质的整体，如果我可以称之为整体性。

是的，我选错了研究范例。但是，有合适的范例存在吗？在我们现代社会中，哪里可以找到最具说服力的"多元的和谐"的范例？

请允许我将讨论扩大。真正可以在艺术中实现的、完美的质的整体和完美的"多元的和谐"，提出了世界的概念——更确切地说，世界的直觉——这是我们现代社会无法企及的。这个世界，是万物应和消失的天堂，波德莱尔、诺瓦利斯笔下的天堂，在现代性的晨曦中，体验了痛苦的直觉。瓦格纳和马拉美曾经试图寻回并修复丢失的天堂。令人担心的是，他们的尝试是徒劳的，因为这个世界在其本体论上就已经堕落了，单凭艺术是无法挽回的。

不应该忘记："多元的和谐"揭示了一个"宇宙"的世界，也就是说，有序的世界。在那里，各个星体的分布对应音符、色彩或者灵魂。在莱奥·施皮策（Leo Spitzer）有关"世界的和谐"❶的著作中，我们发现，贺拉斯提出的"多元的和谐"这一说法，❷可以追溯到毕达哥拉斯学派。这一提法一方面假设在客观世界的方方面面之间存在和谐关系，另一方面认为，客观世界和灵魂世界之间也存在这样的关系。❸因

---

❶ 见 L. Spitzer：《古典和基督教世界的和谐思想》（*Classical and Christian Ideas of World Harmony*），巴尔的摩 1963 年版，译自意大利语，《世界的和谐》（*L'armonia del mondo*），博洛尼亚，1967 年版【见下引文】。

❷ 见贺拉斯，《书札》（*Épitre*）第一卷，12，19。

❸ 见 L. Spitzer，同上，第 32 页。

多元的和谐

此，所有的艺术，以音乐为名，希望达到这种和谐。甚至对于世界的感知，也是对和谐的感知，也就是说，感知宇宙，尽管它们是那么不同，甚至相反，其各个部分不但和各种艺术表现产生共鸣，而且和灵魂产生共鸣。总之，人类音乐都是世界音乐的回声。

这种对"宇宙"的基本直觉，其艺术表现形式是自然的，可以轻易地从异教世界过渡到基督世界。施皮策指出，中世纪，如同古希腊一样，认为音乐象征宇宙和谐，在人类灵魂中存在一个非常和谐的机体。❶他没有看到自然世界和人类世界在本体论上的割裂。因此，万物应和，一切都是音乐。不仅所有艺术希望表达同一个根本的和谐，而且灵魂本身就是和谐，因此，施皮策指出了基督教的四弦琴（和谐－仁慈－爱－自然）。❷ 那么"情绪"也偶然地成为既是主观又是客观的概念：同时是世界也是灵魂的和谐。❸

最后施皮策指出，根本直觉的消失可以追溯到16～17世纪，伴随着实证理性主义和物质世界唯物主义观的胜利❹——即 Max Weber 提出的"幻想破灭的世界"，让位于一个不可能谈论"星体音乐"的世界。

施皮策的研究仅限于西方世界。我在思考这个问题时，偶然间看到一本关于中国音乐的书。书中提到统一的宇宙观，完全置于和谐和音乐之下，如同在欧洲一样，在中国也盛行过。对于中国人而言，"音乐"是宇宙科学，因为它表达了宇宙和谐。星体，星座，一天二十四小时，一周七天，所有元素、色彩、灵魂的情感，更不用说社会政治秩序，都与音乐相契合。❺

所以，一件艺术作品总是全面的，因为它借助特殊的表现方式呈现了本体论上的和谐，其他可能的和想象的表达方式也说明了这一点。没有必要找寻联觉或者应和：它们就在那里；只需要将它们表现出来。更

---

❶ 见 L. Spitzer，第48页，第53页。
❷ 同上，第81页。
❸ 同上，第9～10页。
❹ 同上，第179页。
❺ 见 Joseph Amiot：《论古老而又现代的中国音乐》（*De la musique des Chinois, tant anciens que modernes*），巴黎1779年版，第165页。

没有必要为了创作一个"整体艺术作品"而费神，徒劳地将多种艺术叠加或者混合在一起。艺术作品原本就是整体的，因为它始终表达世界的整体和谐。

瓦格纳提出的"整体艺术作品"❶绝非无缘无故涉及古希腊，当时的世界是以真实或者想象的"多元的和谐"为特征。在世界幻想破灭，缺少了一切应和一切的令人欣喜的宇宙观时，这个想法注定失败。相反，这样的结果并不影响艺术整体性，艺术与自然合为一体的梦想在现代社会仍然有生命力，也许太有生命力而令人无法理解。

在德彪西的笔下读到这段话，着实令人吃惊：

空气，树叶的飘动和花香与音乐之间应该有一种神秘的协作；音乐将凝聚所有物质于听觉，如此自然，以至于好像它具备了每种物质的特性……

这是对近千年来理想的"多元的和谐"最好的定义。

20世纪，名副其实的艺术始于德彪西，理想的艺术终究是理想，不再能够完全实现，而只留下了难以满足的遗憾。20世纪，真正的艺术意识到作品不再是本体论上"和谐"的自然表达，而只是对这种缺失的和谐的痛苦探寻。

但是，令人吃惊的是，在现代社会，对真正的"和谐"，或者是对"整体艺术作品"的渴望被艺术家，或者被"娱乐产业"重新激起，得到了充分发展，而且，正如我们所料，人们不再注重质，而是量：娱乐产业没有让所有艺术产生共鸣以达到更高层次的艺术，而是将各种艺术叠加，从而形成一个更有效的艺术。逐渐用艺术手段代替艺术"表达"，通过模拟的方式模仿世界。瓦格纳的梦想在今日得以实现，可悲的是通过3D电影或者四声道的高清电视实现的。不是所有艺术的和谐，而是模拟工具的完善和情感的堆积；不再是贺拉斯说的"多元的和谐"，而是另一位拉丁诗人奥维德所说的"indigesta moles"，即宇宙形成前后的

---

❶ 或者，在他之前，融合各个艺术的梦想可见于谢林（Schelling）或者画家菲力普·奥托·龙格（Philip Otto Runge）。

混沌。

最后，我再来谈谈真正的艺术。马拉美在赞美德彪西的《牧神》时认为，前奏曲比诗歌文本走得"更远"。"更远"！这个说法本身在我们这个可悲的现代社会是典型的，因为它意味着艺术作品无法自然而且完整地还原宇宙，其各个星体是艺术完美的榜样，而是向着永远无法企及的整体性冒险前行。

我文中提到的三个作品是我们现代世界的真正艺术：一个渴望美的世界，但是没有得到美；一个渴望和谐的世界，但是宇宙却被混沌代替了，几个有序星体永恒的音乐被成千上万不明星体的嘈杂声代替。世界被迫创造和谐，虽然它希望沉思。

一个世界，被剥夺了"多元的和谐"，拒绝模仿，更渴望"和谐的多元"，也就是说，从一个爆发的、多重的、不可调和的世界中获得美。在这个世界中，无法得到"整体艺术作品"，但是，艺术作品，总是片面的，不完美的，却因此更加可贵。因为，最终对于人类而言，对完美的追求胜过完美本身。

无与伦比的翻译

■ [瑞士] 阿尔诺·朗肯* 文
　许玉婷　译

【内容提要】　与人们对翻译的传统看法不同，作者从美学角度理解翻译，认为翻译不是摆渡，而是一种关系。作者通过阅读德语诗歌《鱼的夜歌》及其若干英法译本，说明翻译能够彻底改变原文，彰显、创造不同文本与语言的特异性，使不同于正统文学史的变动不居的流浪文学史的存在成为可能。

【关键词】　翻译　关系　特异性　流浪文学史

这是篇译文。这不是我写的。我甚至连其中最小的符号都不理解。你所读的即是作品［这里，请署上中国译者的名字］，与法语文本的关系，不管是对你还是对我而言，都是一个谜，一个翻译的礼物。只要你稍加注意，看到每个符号，你都会想：我在此所读到的不同于那里所写的，而且这种不同是奇特的，因为要把它表达出来就不能不反过来借助于翻译，不能不永远保持和延续这种陌生化（étrangeté）。

这是篇译文。正因为是篇译文，才不同于我所写的。桥梁或者摆渡的隐喻，相符或者忠实、准确或者正确的标准，应该在语言中表达出来

---

* 阿尔诺·朗肯（Arno Renken），学过德国文学以及哲学，博士论文研究翻译阅读体验，先后任洛桑大学现代德语文学和翻译学助教、助理教授，现任教于伯尔尼艺术学院和瑞士文学研究所。

并得以翻译，却丝毫不考虑这种语言，也无视翻译对原文和语言做了什么。这种情况并非"不可译"的证明。更有甚者，它表明，我们所谓的"不可译"不是翻译的障碍——因为你完全读得懂译文，而是它独特的推动力。不可译也是一种翻译效果。

这是篇译文。它不是已定的、一成不变地待在那里，而是画出一条缝隙以便写作、思考、阅读以及翻译。

一、语言之间发生的事情

从美学角度理解翻译就意味着特别的关注点，也大大违背了通常寄托于翻译的期待和标准。无论如何，在欧洲便是如此。这些期待和标准通常非常看重摆渡（passage）、归化（appropriation）、同化（identification）。最好的翻译也是笨拙的，最差的则是错误，翻译学家的眼光通常是用来挑错甚至判罪的。翻译美学为了关注语言之间、文本之间产生的东西，关注它们通过彼此关联来改头换面的方式，首先要改变眼光。就像那些用相同的线条（但是图像发生变化以后，这些线条还是原来的样子吗？）时而展现鸭子的形状，时而看起来像兔子的可逆图形那样，翻译允许另一种研究方法、另一种阅读方式，彻底改变人们赋予它的规范性话语（discours normatifs）。

库尔特·图霍夫斯基[1]的一个短句，表面上看起来无关痛痒，却完美表明，看待翻译的眼光是可逆的。乍一看，这个句子无非是对有些人所说的所有翻译的困难乃至不可能的反讽：

Wenn man [einen Franzosen] fragt, wie ein besonders kniffliger Begriff auf französisch heisse, dann denkt er lange nach. Und dann sagt er:

---

[1] Kurt Tucholsky, 1890 年生于柏林，魏玛共和国时期重要的政论家、文学评论家、诗人。1935 年 12 月于瑞典哥德堡的住所服安眠药自杀。——译者注

《faire》❶❷

（以上是德语，译为：当一个人（一个法国人）问，怎样用法语指称一个特别复杂的概念，然后他想了好一会儿，然后说："faire"。）

图霍夫斯基从侧面同时揭示了翻译美学要实现的目标和面临的挑战，说明这种翻译美学支持和反对的东西。首先是这篇著作似乎以翻译的缺陷为乐趣：你们取出用以校对的红色钢笔，对非常棘手、具体、微妙的概念和模糊不清的大杂烩"faire"这两方面做一番比较；观察其中的差异、缺失以及不恰当的地方，划出或者最好删掉错误。❸ 将翻译确认为错误的，也就重建了秩序。如此，我们一方面有单语种的、封闭的、无可替代的原文概念，但是另一方面，很久以后，我们最终一无所获。不管怎样，没有任何值得思考的东西。

不过，图霍夫斯基也开启了另一种可能。并不是只有挖苦讽刺才会在差异的名义下将翻译搁置一边，好像唯有令人费解的、刻板的、稳固的原文才值得一读，才能带来愉悦。什么是能被称为"knifflig（德语，复杂的）"的概念？为了让我们理解其棘手的独特性（singularité），概念的特异性（spécificité）会为了谁出现在什么时候，尤其是在哪种语言中？其实，当"wie würden Sie das Übersetzen？"即"你们怎么翻译这个"的问题提出来以后，我们无法肯定地说，特异性只存在于一种语言中，在这里指德语。在翻译的时候，在图霍夫斯基用两个"dann（然后）"似乎是为了强调这个过程，说"然后他想了好一会儿，然后说：

---

❶ Kurt Tucholsky, *Sprache ist eine Waffe. Sprachglossen*, Rowohlt, Reinbek bei Hamburg, 2000, p. 117. 库尔特·图霍夫斯基，《语言是一种武器：语言粉饰》，Rowohlt 出版社，汉堡 Reinbek 2000 年版，第 117 页。

❷ Faire 在法语中是万金油式的动词，对应于英语中的 make 或者 do。——译者注

❸ 判断、评价以及围捕错误似乎是翻译学的常见做法，这个事实显而易见，却几乎没有受到任何人的质疑，甚至包括最严谨的理论家。比如，乔治·斯坦纳如此评价："自巴别塔以来，90% 的翻译都是错的，而且……未来也将如此……"（乔治·斯坦纳：《巴别塔之后：言说与翻译的诗学》，Pierre - Emmanuel Dauzat 和 Lucienne Lotringer 翻译，Albin Michel 出版社 1998 年版，第 365 页），而安托瓦纳·贝尔曼则断言："不带任何武断的偏见的话，我们可以说，大部分翻译都是不足的、平庸的、马马虎虎的，甚至是蹩脚的……"（安托瓦纳·贝尔曼：《异者的考验：德国浪漫主义时期的文化和翻译（赫尔德，歌德，席勒，施雷葛，诺伐利斯，洪堡特，施莱尔马赫，赫尔德林），巴黎 Gallimard 出版社 1984 年版，第 304 页）。

‘faire’"的时候，特异性产生于两种语言之间，在此即是问和答之间。语言本身的特征正是通过在另一种语言中兜了个圈才展现无遗。我们并非在刻板的面对面讨论中首先拥有一个无可替代的概念，接着是它的蹩脚翻译；我们是拥有一个通过翻译变得无可替代的概念。

反过来说，对话者给出的"faire"这个词，只有当它最终不是任何东西的翻译时，才会在图霍夫斯基那里作为大杂烩出现。德语中的不定冠词（"Ein besonders kniffliger Begriff"，一个特别复杂的概念）不讲要翻译的东西，总而言之，它看起来空洞、无意义、包罗万象，就像它的法语翻译"faire"被认为的那样。然而，如果我们严肃对待翻译，而不是先验地将它弃之一旁，翻译就会介入原文中，将它们调动起来，彻底改变它们：德语概念只有通过翻译给出的对应的法语词语"faire"才显得如此"knifflig（复杂）"；而对于一个讲法语的人而言，"faire"这个词唯有作为这个棘手的德语概念的翻译来读时，才如此特别，如此张扬它的特异性。此外，应该带着什么样的色差、音变，带着什么样的语调，带着什么样的苦恼、什么样的微笑来理解这里的"faire"？不管怎么样，通过翻译，文本相互作用，相互动员，因为很幸运，它们互不相同。如果我们支开耳朵，与预先将翻译归结为失败的间离者（distanciateur）的笑不同，我们将会听到图霍夫斯基发出的另一种笑，更加不安、更加快乐的笑。因为理解翻译时，我们也意识到，说出来的东西在一门语言范围之内不是已定的，也不是可识别的；概念变动不居，向陌生化敞开，有待创造。我们将会明白，德语不讲的特异性有待通过翻译被创造（faire）出来，就像它本身（faire）说的那样。

因此，翻译不能仅仅被理解为一个文本。翻译尤其是一种关系。关于这一点，在此我想要提出三点意见。第一，这种关系不会在规范性话语的总体范畴中枯竭。因为这种关系总是独特的、被创造出来的，是我们所读的翻译特有的。第二，这种关系彻底改变文本：正是通过翻译，德语概念才变得"knifflig（复杂）"，也正是通过翻译，"faire"变得特别。原文从此不再仅仅是已定的。关系裹挟了它们，使它们在新的同时代性（contemporanéité）中显得独特。我们可以和汉斯·约斯特·弗雷❶一起说：Indem in der Gleichzeitigkeit von Original und Übersetzung die reziproke Beziehung beider sich herstellt, wird die Übersetzungssituation für das Verständnis beider relevant.❷（原文为德语，译者试译为："通过原文与译文的共时性建立双方的相互关系，这与致力于理解力的译文状况相互关联。"）。这就是为什么没有策兰，❸ 莎士比亚就不是那个莎士比亚；没有安德烈·马尔科维奇，❹ 陀思妥耶夫斯基就不是那个陀思妥耶夫斯基，等等。❺ 原文文本和译文文本不是处于线性依赖关系中，不是作为固定的坐标排列在时间轴上。翻译从中间一一激活了这些文本，并因此创造了它的时间性（temporalité）。第三，翻译是关系，而关系总是陌生化的事件（événement）。任何具有包容性的、至高无上的、各方都能相互理解并取得共识的语言，都不能毫无保留地将这种关系描绘出来，也不能不反过来借助翻译来描绘它。你所读的文本和我所写的文本之间的关系，若不避开中文或法文，就不能用这两种语言表现出来。伯恩哈德·瓦尔登费尔斯❻用以下话语描绘了异者的经验："异者**只有在逃避我**

---

❶ Hans – Jost Frey（1933~），苏黎世大学比较文学教授。——译者注

❷ Hans – Jost Frey, *Der unendliche Text*, Suhrkamp, Frankfurt am Main, 1990, p. 42.（汉斯·约斯特·弗雷：《无限文本》，Suhrkamp 出版社，美茵河畔法兰克福，1990 年，第 42 页。）

❸ Paul Celan（1920~1970），法国犹太诗人、翻译家。——译者注

❹ André Markowicz, 1960 年出生于布拉格，以翻译陀思妥耶夫斯基出名，著名的陀思妥耶夫斯基专家。——译者注

❺ 近年来，多部研究某些作家由于翻译而变得更具可读性的重要著作得以出版，笔者主要参考 Irene Weber Henking, *DifferenzlektüreN. Fremdes und Eigenes der deutschsprachigen Schweizer Literatur, gelesen im Vergleich von Original und Übersetzung*, Iudicium, München, 1999（Irene Weber Henking:《差异阅读：外国和瑞士德语文学，原著和译本的比较》，慕尼黑 Iudicium 出版社 1999 年版）；Peter Utz, *Anders gesagt – autrement dit – in other words. Übersetzt gelesen: Hoffmann, Fontane, Kafka, Musil*, Hanser, München, 2007（Peter Utz:《换句话说（分别用德语、法语、英语来表达——译者注）——阅读翻译：霍夫曼、冯塔纳、卡夫卡、穆齐尔》，慕尼黑 Hanser 出版社 2007 年版），Alexis Nouss,《保罗·策兰：迁移的地点》，巴黎 Le bord de l'eau 出版社 2010 年版，以及笔者的《幸福的巴别塔：为了阅读翻译》，巴黎 Van Dieren 出版社 2012 年版。

❻ Bernhard Waldenfels, 德国前任现象学学会主席、波鸿大学哲学系教授。——译者注

们的时候才会显现在我们眼前"。❶ 翻译与归化的过程毫无关系。更确切地说，翻译是一道门槛，语言和文本的陌生化由此不断产生。

二、在语言之间说与不说的东西

我想通过阅读一首诗及其某些译本来继续这些思考。这是克里斯蒂安·摩根斯特恩❷1906年出版的一篇名作，他本人开玩笑地称之为"最深刻的德语诗歌"。乍一看，这是首视觉诗，在专门思考翻译时选择这首诗可能会令人吃惊。但是我的想法与之相反，读者会看到，这个文本没有超出语言之外，它允许我描绘至今谈论的某些效果。

*Fisches Nachtgesang*❸（《鱼的夜歌》）这首诗深深影响了实验性诗歌创作，影响力甚至超出了日耳曼文学的范围。❹ 但是这首诗本身指向另

---

❶ 伯恩哈德·瓦尔登费尔斯:《异者的地形学：论异者现象学 1》，Francesco Gregorio, Frédéric Moinat, Arno Renken, Michel Vanni 翻译，巴黎 Van Dieren 出版社 2009 年版，第 55 页（粗体字由作者所加）。

❷ Christian Morgenstern (1871~1914)，德国诗人、作家、翻译者，因喜剧诗出名。——译者注

❸ 该诗可见：Christian Morgenstern, *Werke und Briefe*, Reinhardt Habel (dir.), vol. III: *Humoristische Lyrik*, édité par Maurice Cureau, Urachhaus, Stuttgart, 1990, p. 65. （克里斯蒂安·摩根斯特恩:《作品和信件》，Reinhardt Habel 主编，第三卷:《幽默抒情诗》，Maurice Cureau 编，斯图加特 Urachhaus 出版社 1990 年版，第 65 页。)

❹ Olivier Lussac 在著作中简单勾勒了由该诗开启的传统:《机遇剧与涨潮：多表达性与艺术的具体实践》，巴黎 L'Harmattan 出版社 2004 年版，第 76 页。仅举出两位当代实验诗人，Dietmar Pokoyski 和他的《*Unterwasserkreuzreim*》（《水下交替韵》）（有关这方面的分析，请参阅 Monika Schmitz – Emans, *Seetiefen und Seelentiefen. Literarische Spiegelungen innerer und äusserer Fremde*, Königshausen & Neumann, Würzburg, 2003, p. 275. (Monika Schmitz – Emans,《大海深处和灵魂深处：国内外文学的镜像》，维尔茨堡 Königshausen & Neumann 出版社 2003 年版，第 275 页)）和 Heike Fiedler 的诗歌《*Das Lied vom Heifisch*》（《鲨鱼之歌》）(in Heike Fiedler, *Langues de meehr. GeDichte/PoeMe*, coll. edition spoken script, Der gesunde Menschenversand, Luzern, 2010, p. 14 (载 Heike Fiedler,《更多语言：诗歌》，口语脚本丛书，卢塞恩 Der gesunde Menschenversand 出版社 2010 年版，第 14 页))，这首诗将 Mackie Messer de Brecht 的鲨鱼和摩根斯特恩的鱼错综交杂起来。

179

```
              Fisches
              Nachtgesang

                  —
               ‿    ‿
             —   —   ˗
          ‿    ‿    ‿    ‿
            —   —   —
          ‿    ‿    ‿    ‿
            —   —   —
          ‿    ‿    ‿    ‿
            —   —   —
               ‿    ‿
                  —
```

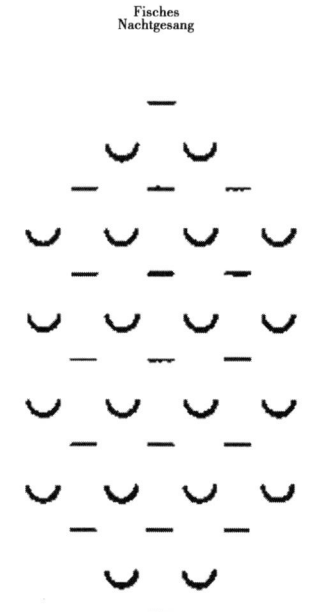

一个文本，歌德一首题为 Ein Gleiches（Wanderers Nachtlied）同题❶
（《游子夜歌》）的名诗：

  Über allen Gipfeln

  ist Ruh,

  In allen Wipfeln

  Spürest du

  Kaum einen Hauch;

  Die Vögelein schweigen im Walde.

---

  ❶ 德文原诗没有标题，歌德1780年9月在伊尔梅瑙休假，一天黄昏之后散步到吉科尔汉山，即兴在山上静僻无人的小木屋墙上题写了这首诗。后来收于1815年的歌德自选集中，排列在1776年所作"游子夜歌"（Wanderers Nachdied）一诗之后，题为"同题"（Ein Gleiches），所以"游子夜歌"有两首。——译者注

Warte nur, balde
Ruhest du auch. ❶

歌德和摩根斯特恩的诗歌题目中，都包含语素"Nacht-（夜）"（"Nachtlied"［夜歌］和"Nachtgesang"［夜歌］❷）和前置的属格，接着是诗歌中，歌德诗歌中的音节与摩根斯特恩诗歌中的符号数量相同，这些都让人觉得，这两首诗中的一首戏仿了另一首，摩根斯特恩将鸟儿的寂静（Die Vögelein schweigen）翻译成鱼儿无声的歌唱：原文就已经是无声的翻译。

如果我们单论这首诗本身，它看起来首先是视觉诗。但是我们究竟能从中看到什么呢？以下是几种可能：

——第一种可能，看到一排波浪，好像月亮投下一束光，波光粼粼的水面下，鱼儿在唱歌。

——或者第二种，看到唱歌的鱼儿被刮去鳞片的、竖起的皮肤。

——或者还有第三种，看到鱼儿迎面而来，它大张着嘴，正在唱歌或者准备把我们吞掉。❸

一首诗至少呈现三种图像，可逆的同时是不可调和的三种图像：

---

❶ 这首德语短诗有多个中文版本，如钱钟书：微风收木末，群动息山头。鸟眠静不噪，我亦欲归林。钱春绮：群峰/一片沉寂，/树梢/微风敛迹，/林中/栖鸟缄默。/稍待/你也安息。——译者注

❷ 德语中，lied 和 sang 都有歌曲的意思，翻译到中文没有差别。——译者注

❸ 要大致了解这首诗的不同阅读方法，请参阅以下作者的符号学解析：Aart J. A. van Zoest, "Eine semiotische Analyse von Morgensterns Gedicht 'Fisches Nachtgesang'" in *Zeitschrift für Literaturwissenschaft und Linguistik* n°5, Vandenhoeck & Ruprecht, Göttingen, 1975, pp. 49 - 67（Aart J. A. van Zoest, 对摩根斯特恩诗歌《鱼的夜歌》的符号学解析，载《文学与语言学研究杂志》，Vandenhoeck & Ruprecht 出版社，哥廷根，1975 年，第 49 ~ 67 页）；Uwe Spörl, "Schweigen, Geheimnis und Augenzwinkern. Christian Morgensterns 'Fisches Nachtgesang'" in Kurt Röttgers et Monika Schmitz - Emans（éds）, *Philosophisch - literarische Reflexionen*, vol. IV: *Schweigen und Geheimnis*, Blaue Eule, Essen, 2002, pp. 105 ~ 119（Uwe Spörl, 沉默，神秘和使眼色：克里斯蒂安·摩根斯特恩的《鱼的夜歌》，载 Kurt Röttgers 和 Monika Schmitz - Emans 合编，《哲学 - 文学思考》第四卷《沉默和神秘》，Blaue Eule 出版社，Essen, 2002 年，第 105 ~ 119 页）；Monika Schmitz - Emans, *Seetiefen und Seelentiefen. Literarische Spiegelungen innerer und äusserer Fremde*, Königshausen & Neumann, Würzburg, 2003, pp. 368 ss（Monika Schmitz - Emans,《大海深处和灵魂深处：国内外文学的镜像》，维尔茨堡 Königshausen & Neumann 出版社 2003 年版，第 368 页）。

水、鱼、嘴。多容诗歌（Poème pluriel），是存在着、变化着、移动着、循环往复的诗歌。这条鱼，我们无法观察、解剖、分析它；我们只能在观看——像这又像那——瞬间、在眼光的节奏中感知它。首先是视觉诗歌。但是诗歌的题目谈到"Gesang"，谈到歌曲，向我们预告了其他东西，开始了它最令人惊奇的逆转：这些符号不仅仅是一个图像抽象的、用单线条勾勒的组成部分，也是格律的符号，人们通过这些格律符号标出诗句中音步的重音。符号是格律的，是声音的标记，但它们组成的却是视觉诗。鱼的沉寂不仅仅是图像的沉寂。这首诗本身也像沉寂，由符号标出节奏。自然，这首诗是可视的图像，但是是夜晚的图像。它也是有节奏的，但是是无声的节奏。

我说的是有节奏而不是有格律。在《节奏批评》中，梅肖尼克[1]将此诗"献给"格律，宣称《鱼的夜歌》传达了"格律学家听到的旋律，形而上学的纯粹旋律"。[2] 但是这首诗着力加工沉寂之节奏，使重音诗行与非重音诗行以独家系列的方式前后相连，没有内在交替，不仅打破了所有已知的格律法则，还使得支撑着格律的交替逻辑（logique d'alternance）失效。《鱼的夜歌》与其说是对格律的确认，甚至是讽刺性的确认，不如说是节奏摆脱了格律，由此通过在符号中显现出来的微笑宣告了诗歌解放的整个纲领。

这是一个复杂的游戏，涉及图像和符号、节奏和沉寂以及它们之间不可能互相吻合的事件。但是最令人惊奇的事情还在后头：这首诗被翻译了，出乎所有人意料，或许超出了它的潜能。下面以几个译本为例，

---

[1] Meschonnic（1932~2009），法国语言理论家，散文家、翻译家、诗人。——译者注
[2] 亨利·梅肖尼克，《节奏批评：语言的历史人类学》，Verdier 出版社，Lagrasse，1982年，分别在第 521 页和第 136 页。

无与伦比的翻译

其中三个英语译本，一个法语译本：❶

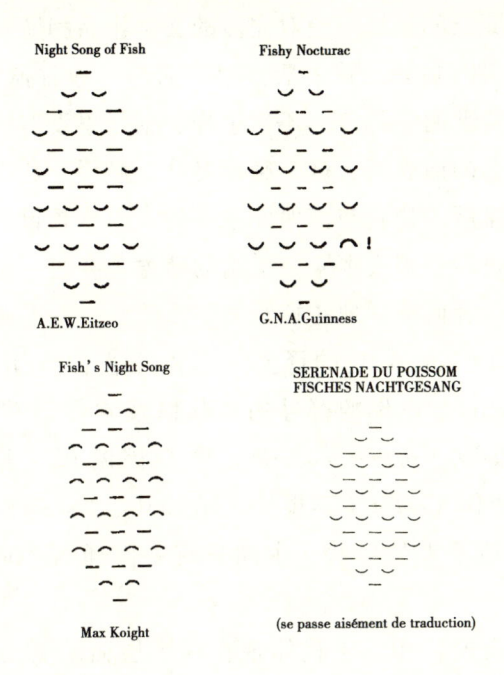

```
Night Song of Fish              Fishy Nocturac




        A.E.W.Eitzeo                  G.N.A.Guinness

    Fish's Night Song         SERENADE DU POISSOM
                              FISCHES NACHTGESANG






        Max Koight           (se passe aisément de traduction)
```

让我们来简单描绘这些诗歌的特征：

——艾岑（Eitzen）翻译的 Night Song of Fish 与比斯（Busse）的 Sérénade du poisson（《鱼的小夜曲》）看起来完全是不谋而合。但是这两位译者以截然不同的方式评价他们的工作。在他的评论中，Eitzen 明

---

❶ 我采用 Gerald Guinness 和 Andrew Hurley 的英文译本，载 *Auctor Ludens. Essays on Play in Literature*，John Benjamins Publishing，Amsterdam，pp. 95 - 96（《作者的游戏：论文学游戏》，阿姆斯特丹 John Benjamins 出版社，第 95~96 页）。Wilhelm Eitzen 的译本第一次出现在摩根斯特恩的双语作品集《Das Mondschaf – The Moon Sheep》（《月亮船，德英双语作品集》），Wilhelm Eitzen 翻译，Insel 出版社，美茵河畔法兰克福，1953 年，第 74/75 页。Max Knight 的译本第一次，也是以双语对照的方式，发表在克里斯蒂安·摩根斯特恩的作品集 *The Gallows Songs*（《绞刑架之歌》），Max Knight 翻译，加利福尼亚大学出版社 1963 年版，第 30~31 页。Guinness 的译本，据我所知，只被收入《作者的游戏》一书。法文译本出现在双语作品集：克里斯蒂安·摩根斯特恩：《绞刑架之歌》，Jacques Busses 翻译，巴黎 Obsidiane 出版社 1982 年版，第 26 页。

183

确说明，他的译本"undoubtedly the only absolutely perfect translation of a literary work（毫无疑问是唯一绝对完美的文学作品翻译）"。在Eitzen眼中，这是非常完美的翻译，其中括号"轻而易举地省掉翻译"，我们不知道这是否也是诗歌的一部分（不管怎样，括号里没有标明这是译注）。确切地说，括号里的话表明，这个翻译是非-翻译。相反地，这首诗以双语对照的方式排版，让它与其他译本并列，原本预设给原文的位置却没有用上。排版过后，原文本来会占用的地方现在是一个空白，说着与括号相反的事情：轻而易举地省掉原文。

——吉尼斯（Guinness）的译文《鱼的小夜曲》引入最低程度的干扰（dérangement）。颠倒的符号的形状以及它在整首诗的分布让人想起另一首具象诗（poème concret），❶ 赖因哈德·德尔（Reinhard Döhl）❷ 著名的诗作 *Apfel*（《苹果》），在诗中，"apfel"这个单词呈线性重复，最终组成苹果的形状，中间只有一次插入"wurm"（蠕虫）这个词。

在《鱼的小夜曲》中，干扰体现在三个层面。（1）符号被颠倒，且带有感叹号，起而反抗格律符号的同一性及其要求的循规蹈矩。如果我们承认，在格律结构中，节奏是格律结构个性化（individuation）的事件，那么这个过程也正是在此变得容易解读。这个译本尤其是节奏的翻译。而干扰使抽象难懂的音步的安静一致性陷于危机之中，同时突出强调避免了编码化（codification）的独特性。感叹号作为表达记号显示了一种表达唯一性，这种唯一性拒绝被纳入符号的匿名秩序（ordre anonyme）中。（2）颠倒的符号摧毁诗歌本身的和谐运转，将注意力吸引到运转的技巧上。根据一种与Döhl的苹果中的蠕虫相接近的逻辑推理来看，反面朝外的符号指出了符号的反面：这里既没有苹果也没有鱼。

---

❶ 具象诗又名图案有形诗，特别指20世纪50~60年代的图案有形诗运动，自由地安排语言的元素，不一定是线性的句子结构，可由空间、图画和字形特征以及字间感受，解读作品意义。——译者注

❷ 赖因哈德·德尔（1934~2004）德国作家、诗人，文学与传媒领域的学者。——译者注

诗歌告诉我们，将这些标记翻转过来吧，它们于是腹部朝上，现出原形：死气沉沉的印迹，像鲤鱼那样无声无息，水墨纸本。(3) 颠倒的符号暗示了译者本人的介入，译者不仅改变符号，还能够吸引人们注意这种彻底改变。译者显然不忠实，却在这点上忠实于翻译改头换面的力量。由此，译者欢呼：在此歌唱的是我。

——马克斯·奈特（Max Knight）的翻译《鱼的夜歌》以词语为单位，创造了逐字逐句的翻译（version），诗歌的翻转，其英文译本映现在原文表面之上或之下。如此创造的字面图像也具有重大意义。它带来有关诗歌的不同差异和眼光，保持和延续诗歌的俏皮姿态。但这种图像也给诗歌带来更严肃的音调。这一向度在摩根斯特恩的诗歌中已经存在，他的诗歌不仅仅有人们通常所说的快乐。因为，德语诗歌探索备受缄默威胁的诗歌语言的可能性条件；歌德的经典"lied"（歌曲，浪漫曲）（包括舒伯特和舒曼在内的许多音乐家都曾将《Wandrers Nachtlied》谱成曲子）在那里降到了简单"Gesang"即歌曲的等级中。最后，这首诗可能更着力于无意义而不是意义的产生，由此预告了达达的论著。但是奈特的译本不仅延续，而且加重了该诗的娱乐向度，由此将他的译本载入争论的历史真实性（l'historicité des débats）中，这些争论从大屠杀❶开始便叩问诗歌的终结，诗歌的总是充满诗意的终结。

这三个文本表面看来是一致的，也都同时自认为是翻译和非翻译（摩根斯特恩、艾岑和比斯），它们真的相同吗？只要格律传统及其记录传统在德文、英文、法文中各不相同，尤其是在音节和重音的身份层面上不同，这样的论断就是危险的。在这个意义上，就不能说一个重音符号，即使是"同样"的符号，在不同文学传统中是相同的。但是撇开这一点，文本重复的独特功能在此可见一斑，它在一切节奏体验中是举足轻重的。找到同一系列的符号，这并不意味着诗歌突然受阻，而是它有了动力，特别是它重新获得活力、改头换面。这就是节奏教给我们的一

---

❶ 指"二战"时期纳粹屠杀犹太人的历史事件。——译者注

个逻辑：节奏不是同一事物的平淡无奇的系列组合，那样的话，它就无法制造紧张和期待，就无法打动我们，相反，节奏是具有区分度的（*différenciant*）。脉动也正是通过这个逻辑区别于另一个，这同样适用于翻译和原文。因此，在我们的三首诗歌系列中，每首诗通过并且在与其他两首的关系中相互区分。

在彻底改变的效果中，首先是通过相互关联被交给了文本的、原文或者译文的身份，在这个意义上，这个身份被两位译者（既是完美的翻译又是非翻译）以如此不同的方式讨论和感知也就不足为奇了。他们每个人都以自己的方式提醒我们上文所说的：译文不是文本，而是文本间的关系，就像节奏不是整体的脉动或者推动力，而是它们独特的、具有区分度的相互关联。同时，这些诗歌并不是相互吻合的，不是可以叠合的。细微的差距、小小的陌生化使它们互相保持距离。作为译文，这些诗歌不再仅仅探索沉寂与节奏、图像与声音之间的关系。它们所提出的问题的答案不是在符号中，而是在诗歌的语言层面上可以被区分的重复中找到：这首诗通过翻译提出的问题前所未闻，即要知道的不是我们用哪种语言阅读和说话，而是在哪种语言中沉默。翻译作为具有区分度的重复，可能是唯一可以不仅给我们提供我们言语的语言的体验，还给我们提供我们沉默的语言的体验。

节奏，和翻译一样，并不发生在嘀或嗒声上，而是在它们关系或紧张或缓和的间隙中，在嘀嗒声中令人难以捉摸的悬念中。节奏从此以后不仅仅是线性的。人们无法用会计逻辑（logique comptable）1、2、3 等来描绘它的独特性。引用德勒兹[1]和迦塔利[2]的话来说："我们知道得很清楚，节奏不是节拍（mesure）或者韵律（cadence），哪怕是不规则的节拍或韵律。任何事物都比军队的行进更有节奏。"[3] 这句话也适用于翻

---

[1] Gilles Deleuze（1925~1995），法国解构主义大师。——译者注

[2] Felix Guattari（1930~1992），法国精神辅导师，精神分裂分析和生态哲学的兴起人。——译者注

[3] 吉尔·德勒兹、菲利克斯·迦塔利：《千高台：资本主义与精神分裂》（卷2），巴黎午夜出版社1980年版，第385页。

译。翻译不是文本1、文本2、文本3；翻译是一个事件，使得各个文本之间离开彼此就不可想象，通过这个事件，这些文本彼此互相支持，完完全全互相铸就。

　　为了要有节奏和翻译，应该允许差别和紧张存在。这就是Fisches Nachtgesang的译本让我们阅读到的东西。比斯或者艾岑译本中符号的重复没有让这些诗歌彼此封闭，而是赋予它们独特的身份，给文本带来无法简约的陌生化，这种陌生化不是别的，就是它们沉默的语言。就像节奏无关乎细账，翻译也无关乎摆渡。节奏，翻译节奏，是在文本间、在文本联结的中间，而不是从一个文本到另一个文本的过程中被听见。不是当某物经过，而是当文本间有某物发生，每个文本都受到损伤时，才有翻译的节奏。翻译——这就是为什么它关乎陌生化——没有保留原文，而是彻底改变原文。我们由此可以开始梦想另一种文学、哲学史，不同于大部分时间所教授的文学哲学史，后者是专属于原文的历史，将大部分文字排除在外，好像这是理所当然的事情。梅肖尼克在翻译中引用诗人杰拉尔德·曼利·霍普金斯[1]的一句话，说节奏是"写作中话语的运动"。[2] 如果我们赞同他的话，或许翻译的节奏可以定义为"历史中作品的运动"。属格的意义在此应该得到强调。"作品的运动"并不意味着伟大文本在时间的难以察觉的连续性中穿行，而是作品本身在译本的有节奏的推动下开始运动。因此，计划翻译8世纪中国诗歌、当代法国最重要的翻译家之一安德烈·马尔科维奇写道："安史之乱自755年肆虐中国，我读过杜甫写的有关内战、饥荒和恐怖的诗歌。而我真正读到的，是20世纪俄国的命运。"[3] 只有以为文学是一成不变的人才会认为这样的体验是搞错了年代。或者，搞错年代是严肃看待翻译，重视翻译的价值并使之存在的历史——流浪文学（littérature errante）史——

---

[1] Gerald Manley Hopkins，杰拉尔德·曼利·霍普金斯是一名英国诗人、罗马天主教徒及耶稣会牧师，其故后在20世纪的声誉，使他成为最负盛名的维多利亚诗人。——译者注

[2] 亨利·梅肖尼克：《节奏批评：语言的历史人类学》，Lagrasse：Verdier 出版社 1982 年版，第 83 页。

[3] 安德烈·马尔科维奇：《随机采访（14）：中国的阴影》，http: //remue. net/spip. php? article4704（于 2013 年 6 月 22 日访问该链接）。

的别称。

在翻译中，在文本间，没有共同的衡量标准，也没有节拍器。翻译窃取了文本和读者至高无上的地位，带来了飘荡：反抗的符号（Guinness），具有区分度的重复或者程度的加剧。每次，在大而无当、寂寥的中间部分，翻译还允许诗歌欢唱。而写作只不过刚刚开始。

这是篇译文。这不是我写的。但是像在摩根斯特恩的诗歌中那样，在波浪和符号的表面有翻译所做的事情：歌唱与沉默，飘荡的节奏。在文本之间，在此岸和彼岸之间的潮起潮落之间，翻译带给我们无与伦比的邂逅。

【参考文献】

［1］ Antoine Berman, *L'épreuve de l'étranger. Culture et traduction dans l'Allemagne romantique*（*Herder, Goethe, Schlegel, Novalis, Humboldt, Schleiermacher, Hölderlin*）, Gallimard, Paris, 1984.
安托瓦纳·贝尔曼：《异者的考验：德国浪漫主义时期的文化和翻译（赫尔德，歌德，席勒，施雷葛，诺伐利斯，洪堡特，施莱尔马赫，赫尔德林）》，巴黎：Gallimard 出版社 1984 年版。

［2］ Gilles Deleuze et Félix Guattari, *Mille plateaux. Capitalisme et schizophrénie* 2, Minuit, Paris, 1980.
吉尔·德勒兹和菲利克斯·迦塔利：《千高台：资本主义与精神分裂》（卷2），巴黎：午夜出版社 1980 年版。

［3］ Heike Fiedler, *Langues de meehr. GeDichte/PoeMe*, coll. edition spoken script, Der gesunde Menschenversand, Luzern, 2010.
Heike Fiedler：《更多语言：诗歌》，口语脚本丛书，卢塞恩：Der gesunde Menschenversand 出版社 2010 年版。

［4］ Hans-Jost Frey, *Der unendliche Text*, Suhrkamp, Frankfurt am Main, 1990.
汉斯·约斯特·弗雷：《无限文本》，美茵河畔法兰克福：Suhrka-

mp 出版社 1990 年版。

[5] Gerald Guinness et Andrew Hurley, *Auctor Ludens. Essays on Play in Literature*, John Benjamins Publishing, Amsterdam.

Gerald Guinness et Andrew Hurley：《作者的游戏：论文学游戏》，阿姆斯特丹：John Benjamins 出版社。

[6] Olivier Lussac retrace brièvement la tradition initiée par le poème dans *Happening et fluxus. Polyexpressivité et pratique concrète des arts*, L'Harmattan, Paris, 2004.

Olivier Lussac 在著作中简单勾勒了由该诗开启的传统：《机遇剧与涨潮：多表达性与艺术的具体实践》，巴黎：L'Harmattan 出版社 2004 年版。

[7] André Markowicz, "Un entretien aléatoire (14)：Ombres de Chine", remue. net：http：//remue. net/spip. php? article4704（lien consulté le 22 juin 2013）.

André Markowicz："随机采访（14）：中国的阴影"，http：//remue. net/spip. php? article4704（于 2013 年 6 月 22 日访问该链接）。

[8] Henri Meschonnic, *Critique du rythme. Anthropologie historique du langage*, Verdier, Lagrasse, 1982.

亨利·梅肖尼克：《节奏批评：语言的历史人类学》，Lagrasse：Verdier 出版社 1982 年版。

[9] Christian Morgenstern, *Werke und Briefe*, Reinhardt Habel（dir.）, vol. III：*Humoristische Lyrik*, édité par Maurice Cureau, Urachhaus, Stuttgart, 1990.

克里斯蒂安·摩根斯特恩："作品和信件"，见 Reinhardt Habel 主编，第三卷：《幽默抒情诗》，Maurice Cureau 编，斯图加特：Urachhaus 出版社 1990 年版。

[10] Christian Morgenstern, *Das Mondschaf - The Moon Sheep*, trad. Wilhelm Eitzen, Insel, Frankfurt am Main, 1953.

克里斯蒂安·摩根斯特恩,《月亮船,德英双语作品集)》,Wilhelm Eitzen 译,美茵河畔法兰克福:Insel 出版社 1953 年版。

[11] Christian Morgenstern, *The Gallows Songs*, trad. Max Knight, University of California Press, 1963. Christian Morgenstern, *Les chanson du gibet*, trad. Jacques Busses, Obsidiane, Paris, 1982.

克里斯蒂安·摩根斯特恩:《绞刑架之歌》), Max Knight 译,加利福尼亚大学出版社,1963 年。克里斯蒂安·摩根斯特恩:《绞刑架之歌》, Jacques Busses 译,巴黎: Obsidiane 出版社 1982 年版。

[12] Alexis Nouss, *Paul Celan. Les lieux d'un déplacement*, Le bord de l'eau, Paris, 2010.

Alexis Nouss:《保罗·策兰:迁移的地点》,巴黎:Le bord de l'eau 出版社 2010 年版。

[13] Arno Renken, *Babel heureuse. Pour lire la traduction*, Van Dieren, Paris, 2012.

阿尔诺·朗肯:《幸福的巴别塔:为了阅读翻译》,巴黎:Van Dieren 出版社 2012 年版。

[14] Monika Schmitz - Emans dans *Seetiefen und Seelentiefen. Literarische Spiegelungen innerer und äusserer Fremde*, Königshausen & Neumann, Würzburg, 2003.

Monika Schmitz - Emans:《大海深处和灵魂深处:国内外文学的镜像》,维尔茨堡:Königshausen & Neumann 出版社 2003 年版。

[15] Uwe Spörl, "Schweigen, Geheimnis und Augenzwinkern. Christian Morgensterns 'Fisches Nachtgesang'" in Kurt Röttgers et Monika Schmitz - Emans (éds), *Philosophisch - literarische Reflexionen*, vol. IV: *Schweigen und Geheimnis*, Blaue Eule, Essen, 2002, pp. 105 - 119.

Uwe Spörl,"沉默,神秘和使眼色:克里斯蒂安·摩根斯特恩的《鱼的夜歌》",见 Kurt Röttgers 和 Monika Schmitz - Emans 合编,

《哲学-文学思考》第四卷《沉默和神秘》，Essen：Blaue Eule 出版社 2002 年版，第 105~119 页。

[16] George Steiner, *Après Babel. Une poétique du dire et de la traduction*, trad. Pierre-Emmanuel Dauzat et Lucienne Lotringer, Albin Michel, 1998.

乔治·斯坦纳：《巴别塔之后：言说与翻译的诗学》，Pierre-Emmanuel Dauzat 和 Lucienne Lotringer 译，Albin Michel 出版社 1998 年版。

[17] Kurt Tucholsky, *Sprache ist eine Waffe. Sprachglossen*, Rowohlt, Reinbek bei Hamburg, 2000.

库尔特·图霍夫斯基：《语言是一种武器：语言粉饰》，汉堡 Reinbek：Rowohlt 出版社 2000 年版。

[18] Peter Utz, *Anders gesagt - autrement dit - in other words. Übersetzt gelesen：Hoffmann, Fontane, Kafka, Musil*, Hanser, München, 2007.

Peter Utz：《换句话说（分别用德语、法语、英语来表达——译注）——阅读翻译：霍夫曼、冯塔纳、卡夫卡、穆齐》，慕尼黑：Hanser 出版社 2007 年版。

[19] Bernhard Waldenfels, *Topographie de l'étranger. Essais pour une phénoménologie de l'étranger* 1, trad. Francesco Gregorio, Frédéric Moinat, Arno Renken, Michel Vanni, Van Dieren, Paris, 2009.

伯恩哈德·瓦尔登费尔斯：《异者的地形学：论异者现象学 1》，Francesco Gregorio, Frédéric Moinat, Arno Renken, Michel Vanni 译，巴黎：Van Dieren 出版社 2009 年版。

[20] Irene Weber Henking, *DifferenzlektüreN. Fremdes und Eigenes der deutschsprachigen Schweizer Literatur, gelesen im Vergleich von Original und Übersetzung*, Iudicium, München, 1999.

Irene Weber Henking：《差异阅读：外国和瑞士德语文学，原著和译本的比较》，慕尼黑：Iudicium 出版社 1999 年版。

[21] Aart J. A. vanZoest, "Eine semiotische Analyse von Morgensterns Gedicht 'Fisches Nachtgesang'" in *Zeitschrift für Literaturwissenschaft und Linguistik* n°5, Vandenhoeck & Ruprecht, Göttingen, 1975, pp. 49~67.

Aart J. A. vanZoest: "对摩根斯特恩诗歌《鱼的夜歌》的符号学解析",见《文学与语言学研究杂志》,哥廷根:Vandenhoeck & Ruprecht 出版社 1975 年版,第 49~67 页。

现代性中审美范畴的迁移

■ [瑞士] 桑德琳娜·比里* 文
　　许一明** 译

【内容提要】 "现代"开始变成一个充斥着怪异的时代,人类愈发感受到自身的渺小与无力。在现代性的视域中,传统的"美"逐渐走向消亡;而"崇高"这个术语自康德起便开始登上历史舞台,进入美学话语,当代的哲学家也对其作出种种阐释。为了更好地理解现代性的审美,需要重新梳理"崇高"的语义及其带来的审美范畴的变迁。"破而后立",借助"崇高",我们得以打破传统观念、重新审视现代性的美学。

【关键词】 现代性 崇高 康德 "非常"

在人们眼中,作为整体的"现代"开始成为一个充斥着怪物的时代:这是人为作用产生的怪异,企业家、技术工人、艺术家和消费者都身处这个漩涡之中。它的来源并不是古代神明,也不以传统的样子呈现;现代是人类创造怪物的时代。现代人充分意识到自己被融入新型的怪异之中,并不可避免地成了旁观者。如果问一个现代人:"案发时你在哪里?"回答则是:"我当时在案发现场。"这意味着这种怪异是全球

---

* 桑德琳娜·比里,瑞士洛桑大学博士生。
** 许一明,华北师范大学外语学院博士生。

性的，构成现代犯罪的复杂环境，其中包括行动的和智慧的共犯者。因此，现代性消解了不在场证明的基础。

——彼得·斯洛特戴克[1]

1987年，在美国加州大学尔湾分校召开的名为"理论的地位"的研讨会上，哲学家让－弗朗索瓦·利奥塔在报告中指出，在美学反思的背景下，非常有必要重温康德的思想——确切地说，需要重读《崇高的分析论》（Analytik des Erhabenen）。这篇写在《判断力批判》（Kritik der Urteilskraft，1790）第一章"审美判断力批判"[2]边缘的文章有助于理解利奥塔意义上"现代主义"或"后现代主义"[3]的丰富内涵。这就是崇高（Das Erhabene），是一种精神感觉（Geistesgefühl）；在利奥塔看来，这种奇异的感觉或许恰好能够构建一种"组成现代性特征的艺术感觉模式"。[4] 利奥塔的话确实发人深思，但事实上这些话在崇高的领域引起了一些怀疑；若要在这单一的范畴内设想何为感受"现代性"的具体方向，这些话的意义便更加强烈了。事实上，"崇高"是一个多方面的哲学概念，尽管本意是试图区分这些方面；这个词始终以模糊、混淆的方式描述着不同的现象。例如，在埃德蒙·伯克的作品中，"崇高"是旅行者面对壮丽高山时的感觉；而康德则用"崇高"形容不可控制的自然野性，教堂里马赛克拼贴的神像，或者人在面对超自然的事物时产生的敬畏感。可见这个词不同用法之间的区分并不那么明显。因此，18世纪哲学家所定义的"崇高"多少让人感到困惑。如果说在20世纪，特

---

[1] 彼得·斯洛特戴克（Peter Sloterdijk，1947~），德国当代哲学家。题跋选自其作品《犯罪时刻及艺术作品的时代》（l'Heure du crime et le temps de l'oeuvre d'art），巴黎卡尔曼莱维出版社1999年版。

[2] 康德本人指出了《崇高的分析》一文的边缘性地位。康德承认，崇高的理论是对自然合目的性的审美评判的一个补充（einen blossen Anhang）。（E·康德：《判断力批判》第23节，A·雷诺译，巴黎弗拉马里庸出版社2003年版，第228页。）

[3] 囿于篇幅，本文将不详细阐述利奥塔概念中后现代和现代的区别。首先需要了解的是，这两个概念间的区分并非是基于时代差异，而是基于思考方式的差异。后现代的探索意味着思考现代观点中的缺陷，特别是试图同时支持统一和整体的那些现代观念。

[4] 让－弗朗索瓦·利奥塔："先锋派的崇高美学"，见《非人》，巴黎加利利出版社1988年版，第105页。

别是在西奥多·W·阿多诺、让-弗朗索瓦·利奥塔或是雅克·朗西埃等人的论述中，崇高被重提和理论化，它仍然是个模糊的概念，模糊地意指或多或少涉及"历史的不可再现"一面的事物。❶ 此外，对于利奥塔而言，崇高已经脱离了思维的不确定和不可再现性。在20世纪80年代，玛格丽特·杜拉斯在文章《崇高，必然是崇高》（*Sublime, forcément sublime*）中提到了"小格列高里"事件，❷ 使环绕在"崇高"头上的光环更加骇人听闻。纵观整个现代时期，类似的例子不胜枚举：从阿尔卑斯山的陡峭山峰到可怕的儿童凶杀谜案；从复活节岛的巨大雕像到电影《战争启示录》中的场景——伴随着瓦格纳的音乐，数架基尔戈直升机向一个越共村庄投掷凝固汽油弹；从罗斯科或马列维奇的画，到奥斯维辛集中营这一历史黑洞的惨状；从布满繁星的苍穹到文学作品中描述的地狱，如此，等等。无数现象、事件或作品似乎都可被归类为"崇高"。即便将"崇高"限制在视觉艺术领域，其范畴依然很不确定，因为它描述了时间上或程式上的"距离感"，如同卡斯帕·大卫·弗里

---

❶ 不过，问题是如何给"不可再现"下定义？它究竟意味着什么呢？无法形容，难以想象的，不可思议的？必须承认，所谓"不可再现"的语义往往会向"不清楚"偏离。然而"不清楚"是因为没有评判的力度，因为它无法确保清楚的区分。对于"崇高"和"不可再现"两个领域，我们抱有同样的怀疑。正如朗西埃所说的，滥用"不可再现"的概念实际上"把所有类型的现象、进程和观念归属在统一概念下，给它们套上了同样恐怖、神圣的光环"。（雅克·朗西埃，"假使存在不可再现"，见《图像的命运》，巴黎法布里克出版社2003年版，第125页。）

❷ "小格列高里"事件是20世纪80年代法国的一桩谜案。1984年10月16日，年仅4岁的格列高里·维勒曼双手、双脚被绑，溺水而亡。这起儿童凶杀案是法国司法界及媒体界的一大失败。29年过去了，案情依然扑朔迷离。——译者注

在玛格丽特·杜拉斯看来，孩子的母亲克里斯汀·维勒曼是一个悲剧的女主角，在某种意义上可被看作后现代的美狄亚——事态的发展无视了无罪推定原则，因为这位母亲在若干年后才因"完全不存在的指控"而免于起诉。因此她将母亲神话化，而这一做法无疑为这一社会新闻增加了悬念和争议。——作者注

德里希❶的浪漫画作，当代的则有安塞姆·基弗❷、巴内特·纽曼❸的抽象作品，或者是詹尼·莫提的"行为艺术"。❹

至此，我们需要考察"崇高"这一概念的词源，以及在上述所有情境中共通不变的东西。"崇高"一词源于拉丁语的 sublimis，意思是"在上升中前进""高耸入云"。它通常用来形容或是盛大而可怕的事物，或是极端美丽以致让人感到危险和可疑的事物。崇高总是意味着令人不安和印象深刻，它虽然是一种说不上来的东西，但是借助敏锐的感受力，依然可以被发现、掌握和理解。在所有情况下，它表现的都是一种超越我们之上、不可接近的感觉。崇高的定义反映了"根本上的不可能"，以便人们理解所谓超乎常理、不可再现和怪诞的部分。

然而这远远不够。在这篇文章内容之外更广阔的哲学背景下，需要进一步定义崇高的类型，对其进行批评；而且我们在此需要辨别的是，究竟什么确实可被称为"崇高"，而什么又不能。事实上，崇高是作为一个应用型的概念出现的，其不确定性亟须阐明。我们当首先抛弃负面先见，让此类型潜在的批判重见天日——换用海德格尔的话来讲，以看清其内在孕育的、可能引起西方美学架构颠覆的因素。若从利奥塔的角度思考，即在"崇高"笼罩之下的现代感受，重温崇高的传统定义意

---

❶ 卡斯帕·大卫·弗里德利希（Casper David Friederich，1774~1840），19世纪德国浪漫主义风景画家。在很多艺术史学家看来，弗里德利希的作品是18世纪下半叶哲学界所定义的"崇高"的范式。

❷ 关于基弗的作品，特别是2007年在巴黎展出的《星陨》，丹妮叶勒·柯恩如此评价道："这幅作品完全不是那种看了就觉得'好美'的画。不如说我们被画中表现的庄严所冲击，完全不知道该如何反应。基弗似乎最接近于美学领域所定义的'崇高'，并且这种崇高带来了些许不适感，也就是哲学家们从开始就构思的美与崇高的对立。观看基弗的作品，与其说获得了满足的狂喜，不如说更加不安。"（选文摘自http://archive.monumenta.com/2007/）

❸ 利奥塔正是受美国艺术家巴内特·纽曼的画作和艺术观点启发而建立自己的崇高理论。

❹ 詹尼·莫提的作品中或明或暗地体现了术语"崇高"的多义性。此外，他的作品题材从自然到艺术再到科技，经历了极大的变动。事实上，莫提试图追忆科技或自然灾难，例如爆炸、地震或洪水，其中包括1986年美国"挑战者号"爆炸事故，1992年在洛杉矶造成74千米长的裂谷的大地震等。总体来说，莫提擅长于将艺术注入现实，又反叛现实，例如，1997年占据印度尼西亚使节在联合国的席位，或者在钢铁上镌刻关塔那摩监狱759名犯人的名单等。

现代性中审美范畴的迁移

重大。基于1987年的发言稿，利奥塔重新撰写了一篇名为《崇高之后，美学的状况》文章，此文被收录在1988年出版的选集《非人：时间漫谈》中。文中，他坚持重温康德在《判断力批判》中对崇高的分析，使人们更好理解当今时代艺术和美学的境况，并提出了以下论断："一个世纪以来，艺术不再以美，而是以隶属于崇高的某种东西为其主题。"

崇高——更确切地说涉及"崇高"的事物——在解构"美"的基础之上，确实也构建了独特的当代艺术王国；或许，在这个艺术王国里，也已经建立更加现实的意义。因此，晚熟的现代艺术会失去其传统的"美"的意义；但作为补偿，也会获得新的内涵。依利奥塔所言，从经典的"美"的范畴向全新的、具有绝对优势的"崇高"的范畴转移，这（甚至）可能引起现代性的革命。据此可以推断，传统的"美"的范畴已然产生重大的变动，上述的转移正孕育在其中。确切地说，在康德的视域中，想象力与理解力共通、和谐；借此来理解"美"的行为已远远脱离了柏拉图在《理想国》中关于"真"与"美"的论述。换句话说，我们必须牢记两条标准：首先，在一些现代人（特别是康德）看来，"真"与"美"之间的联系不再明显；其次，这种断裂无疑为新的美学形式打开了大门，尤其是在艺术领域；而这也是它失去合法性的前奏。❶

在思考崇高的范畴、变体及其在当代感受力层面的内涵之前，我们仍然需要更充分地对某一传统关系的断裂——即艺术和美感内在联系的断裂——提出质疑。我们可以从批判的角度发问：为什么"美丽"一词并不适用于描述大多数当代艺术作品？即使美与艺术的关系已被消解，但只要承认"美"是传统美术乃至新生美学的意义所在，那么，任何美学研究都必须深入思考这一天然联系，否则将不再具有意义。换言之，如果确实在当代艺术作品中无法感受到"美"，就应当对其没落提出疑

---

❶ 柏拉图和康德都认为，美的范畴在这两种情况下（宇宙的和能力的）包括了尺寸与和谐两方面意义。

问，至少对这种逐渐消逝的状态发问。既然"美"已经远去，那么，自柏拉图以来传统美术的领域，即传统上把任何可被视为艺术的对象划归美的范畴的行为，显然已不再适用于今日。利奥塔断言"艺术的主要问题已不再是美"，正是基于对这种现象的考察。然而，得出这样一个"艺术与美不再有必然联系"的结论，并不能解释为何会出现美的没落。

究竟是什么原因呢？这种分离又是何时登上西方历史舞台的？是否应当认为，现代的曙光带来了传统美的没落，这一过程一直持续到今日？或者说，是否应当联系特定的、近期的事件思考这种哀恸？这种思考是基于历史的：19世纪的艺术家们纷纷投入"审丑"的创作，❶ 低俗、下流的事物也被纳入了美学范畴。❷ 在思考这一历史现象的同时，我们认为，否认艺术与美之间天然联系的行为似乎并非偶然：在现代性的萌芽阶段，也就是美学作为话语进入哲学学科的时代，一股不起眼的暗流推动着艺术与美的断裂，并在今日达到顶峰。这些问题、事实和潮流是某些思想统治之下的极端表现，在此仅列举最重要的几个：实证科学，工具理性，"上帝之死"，坚持不懈地致力于掌握技术改造自然、把人当作始终可用的后备资源；运筹学的发展及"后人类"的乌托邦信仰；以新面孔出现的资本主义、虚无主义暴力，乃至历史的悲剧、世界大战；支持发展死亡工业作为"最终解决方案"；各种意义上全球恐怖主义的增长，以及相应的政府集中监控某些舌灿莲花、善于煽动民众焦虑不安情绪的社会团体，对其采取安保措施等。这些现象虽然各有特点，但依然存在可比性，如它们带来的压迫和灾难感就是一个角度。艺术和艺术家几乎不把这样的过程或事件纳入创作范围。相反的是，若借助阿多诺或本雅明语境中的艺术理论思考，则会得出如下毫不荒谬的论断：现代艺术从此失去了"光环"，不再是一个漂游在位于危险深渊上

---

❶ 在整个19世纪，许多人尝试从不同的角度理解美感，甚至将传统的美的标准完全弃置。无论是文学界（波德莱尔，洛特雷阿蒙，左拉）和美术界（戈雅，热里科，象征主义，颓废画家），都被这一潮流所冲击。

❷ 1853年，《丑恶的美学》问世。其作者卡尔·罗森克朗茨是传记作家、黑格尔的弟子。他认为丑陋是一种审美类型，更准确地说，应当赋予丑和美同样的地位。

方的世界的幽灵。

然而必须指出，在某些人看来，社会花边新闻——特别是灾难、历史罪行——都是有力的美学媒介。这似乎是一个悖论。在浪漫主义运动的黄金时期，托马斯·德·昆西借文章《被看成是一种艺术的谋杀》做了一次黑色试验，从审美的角度看待犯罪和杀人凶手。意大利未来主义领袖马里内蒂则毫不犹豫地把战争纳入美的印象之中。❶ 考虑到要从美学角度理解犯罪行为，那么，就举一个最近的例子：在一次新闻发布会上，德国作曲家史托克豪森将2001年9月11日的恐怖袭击称赞为"前所未有的最伟大的艺术作品"，这一惊人言论引起了轩然大波。❷ 的确，正如H.M.恩岑斯贝格所说的，当恐怖主义全球化时，恐怖袭击不但为西方带来了视觉冲击，还引发了技术的革新。事实上，他在文章《人性的回归》中写道："恐怖主义是全球市场的结果。……始作俑者们不仅仅在技术领域遥遥领先。受现今西方图像符号逻辑的启发，他们将自己的屠杀变成了一场盛大的表演，忠实地再现了恐怖电影的场景……"❸

---

❶ 他在《埃塞俄比亚战争宣言》中写道："27年来，我们未来主义者反对把战争描述为反审美的东西……因此，我们认为：……战争是美的，因为它借助防毒面具、引起恐怖的扩音器、喷火器和小型坦克，建起了人对所控制的机器的操纵。**战争**是美的，因为它实现了人们的梦寐以求，使人类躯体带上了金属的光泽。战争是美的，因为它使机关枪火焰周围充实了一片茂密的草地。战争是美的，因为它把步枪的射击、密集的炮火和炮火间歇，以及芬芳的香味和腐烂的气味组合成了一首交响曲。战争是美的，因为它创造了新建筑风格，例如，大型坦克、呈几何状的飞行编队的建筑风格以及来自燃烧着的村庄的烟气螺纹型建筑风格……未来主义的诗人和艺术家们……回想这些战争美学的原则吧，你们探寻新诗和新雕塑的努力……都让战争美学的原则来提供答案！"（转引自沃尔特·本雅明：《机械复制时代的艺术作品》（1939年版），摘自《作品集三》，巴黎伽利玛出版社弗里欧文丛2000年版，第314～315页。）

❷ 2001年9月16日，在德国汉堡的一场新闻发布会上，记者向史托克豪森发问，问到"9·11"恐怖袭击事件在何种程度上给他带来了冲击以及近期的事件是否影响作品《颂歌》(Hymnen)的创作。史托克豪森回答道："这起袭击当然是前所未有的、最庞大的艺术作品。你们或许会感到惊异。然而为了一场音乐会而疯狂地练习十年然后死去，这在音乐界是我们永远不曾想过的事情。这是自有宇宙以来最伟大的艺术作品。想象一下：有人能够如此专注于这唯一一件事情。然后在同一时刻，一个极短的时刻，5000人同时因此缴械投降。我做不到这样。与此相比，作为作曲家的我们什么都不是……你们当然知道，这是犯罪，因为人们没有同意这种行为。他们没有来参加这场'音乐会'。这很明显。并且没有人提前告诉他们：'你可能在过程中被杀掉哦'。"

❸ H.M.恩岑斯伯格："人性的回归"，载《世界报》2001年9月27日第7版。

毫无疑问,极端审美经验存在一系列问题(特别是犯罪、野蛮、自残和自杀行为的唯美化),同时人类对"生存密度"的渴望日益增长,而这两者之间的衔接颇为复杂。人类借用对"生存密度"的渴望来隐藏或压抑忧郁和恐惧,以真实可靠的方式避免面对海德格尔所说的、无底洞般的"极度烦恼"。于是出现了并存的两种极端现象:一方面,整个社会处于深深的厌倦与烦恼之中;另一方面,人们极度追求感官的冲击。与海德格尔同时代的哲学家沃尔特·本雅明也同样思考了这两极之间的关联。他在文章《中央公园》(*Zentralpark*)中总结道:对于今天的人而言,永远只有同一件事情是真实的:那就是死亡。的确如此。众多的现象都是明证:例如"法医"类的电视剧往往收视率较高;公众越来越关注社会新闻,特别是犯罪、谋杀、绑架、酷刑、绑架等,越肮脏不堪,越引人注目;血腥的小说或电影越来越受到追捧。事实上,当死神来临时,房间里挤满了人。这正是《布鲁姆的理论》的作者们所批判的现象。实际上,他们提出了以下问题:"追求'感官冲击''生存密度',这似乎是很多绝望者生存的终极原因;它是否从未将他们从名为'厌倦'的情感基调中解救出来呢?"❶换句话说,这种追求在整个现代性的进程中日益强烈,且不可避免地走向极端。在一个走向尾声的进程中,现代人从最强烈的情感、旁观者的立场获得的崇高体验已所剩无几;厌倦和恐惧的基调愈发强烈,恶俗似乎成了崇高范畴的预备役——正如从前"美"的范畴终被"恶俗"侵蚀殆尽那样。❷为此我们可以同时考察以下几者的相近与区别:一个"浪漫"的英国旅游者来到瑞士,面对陡峭山峰时产生的惊奇和恐惧;以及如同综艺节目《孤独》❸中的一位工薪族,在一天工作忙碌之后获得的"生存体验"带来的满足感;

---

❶ 提甘:《布鲁姆的理论》,巴黎制作出版社 2000 年版,第 18 页。
❷ 基于本雅明的思想,"体验"(*Erlebnis*)和体验中和厌烦、贫乏相关的概念产生了联系。囿于篇幅,本文将不讨论海德格尔的"体验"(*Erlebnis*)和"谋制"(*Machenschaft*)两个语词间的关系,而这个问题其实很值得思考。
❸《孤独》(*Solitary*)是美国福克斯电视台的一部综艺真人秀,2006~2010 年共推出四期。——译者注

或者是以娜塔莎·坎普希❶悲伤、肮脏的囚禁生活为蓝本的纪录片。

的确,在这个格外强大、先进的虚无主义思想统治下的当今时代,人是身不由己的。人和先验性产生联系,这一基本的、从古代一直延续到现代初期的可能性已经不复存在。因此,人不再有可能支配世界,也因此再也无法坚实地扎根于世界,哪怕是边界。直截了当地说,现代晚期的人没有神,没有自由,也没有历史。换言之,现在的人被迫在一个给定的时空中存在、活动,而这个时空多数情况下是空虚、无聊且毫无意义的;人感到自己完全是个局外人,是个提线木偶。正如《布鲁姆的理论》的匿名作者们(他们被统称为提甘)所说的,当今时代的真相就是:"……所谓存在,就是在世界这片沙漠之中被流放;我们都是它的房客,被抛弃在这个世界之中,没有任务要完成,没有既定的席位,没有认得出的亲朋。我们被遗弃了。对世界而言,我们既如此渺小,又已经多余。"❷

在后尼采时代的社会,人的存在注定越来越微不足道,痛苦不堪。无处不在的诱惑让人强烈地感受到自身的存在;面对日常单调生活的各种忙乱与冲突,人试图作出反抗,然而一切都是徒劳;因此人只能借艺术、感性的方式对待那些本来和美学风马牛不相及的事件。需要强调的是,无论我们的日常生活有多么平淡无奇,类似战争、种族灭绝的事件及其他的恐怖行为依然会引起巨大的恐慌,以至于远远超过任何美学分类的限制。因此,更好的方式就是构建一种与所谓"政治化的审美"相对的、真正的艺术政治化,以反抗虚无主义和外界烦扰。至少沃尔特·本雅明是这样认为的。❸

不管怎样,如果艺术始终是一种感性的展示,被用于表现某些除了

---

❶ 娜塔莎·坎普希(Natascha Kampusch)出生于奥地利首都维也纳。1998 年 3 月 2 日早晨,年仅 10 岁的娜塔莎·坎普希在上学途中被 36 岁的沃夫冈·普里克洛普尔绑架,被囚禁在一个车库的地下室,时间长达八年半。2006 年 8 月 23 日,她趁机逃出。2010 年 9 月,坎普希根据自己被绑架的经历出版了个人自传《3096 天》(*3096 Tage*),2013 年本书被改编成电影。——译者注

❷ 提甘:《布鲁姆的理论》,巴黎制作出版社 2008 年版,第 18 页。

❸ 在他的文章《机械复制时代的艺术作品》中,这一观点特别明显。

以艺术的方式之外不可名状之物，颠倒或是忠实地反映这个陷于荒芜、废墟的世界，那么，它就不再能够生产、我们也将不再能够看到那些展示"美"的作品。至少首先是这样。下述人类活动被统称为艺术：人以自己的方式，主要对自然和历史的灾难而言，作出激烈地模仿，风格忧伤沉郁。艺术领域最特别的可能性和范围在于，它使我们看到了世界的幻灭；而无论在形式还是在内容上，它都深深植根于一个如此荒芜的世界。从阿多诺或本雅明的角度来看，艺术作品是世界沧海桑田的变迁所留下的痕迹、烙印，而老实来说它们往往比真相更加残酷。

不管前面说了什么，从好的方面来看，艺术领域中萌发的新的可能性也可被看作新希望的迹象。艺术作品将不仅仅表现充满杀伤力的、负面的人之本性；它也可能是潜在的人类命运变动之所在，而前提在于艺术作品本身当是独一无二的。通过作品，观者能够对人、对世界产生完全不同的直观、清晰的理解，并且受到鼓励从本质上对人和世界进行批判。这样一来，艺术作品为人性指出了另一条可能的道路，哪怕是以谨慎和暗示的方式；而这条道路却否定了它之前所展示的一切。因此，艺术同时跨越了人类最人性化的一面以及最不人道的一面，而最不人道的一面则使这种跨越的存在值得被质疑。这似乎是个悖论。艺术完美地体现了人的混合性质，这是它独特的能力。艺术展示人性的双重性，这是一个艰巨的任务。借用古典悲剧中的例子，如索福克勒斯的《安提戈涅》第332～333行："奇异的事物虽然多，却没有一件比人更奇异。"引用这句话是因为它的翻译一直众说纷纭，特别是对于句首词"deinos"；而关于翻译的争论正是人类之"人道"和"非人"两方面对立的明证。列举几个著名的译本：荷尔德林将"deinos"译作"非同寻常"（ungeheuer）；而海德格尔则译成"阴森可怖者"（das Unheimliche）。然而在我们看来，拉康的翻译最为准确地传达了人性中令人不安的双重性。他选择用"formidable"一词，这个暧昧的词汇同时强调了人性中可怕的、值得怀疑的一面以及美好、奇妙的一面。❶ 借此，拉康强调了人类最为基础的人性的一面以及它的反面，然而也是人类所独有的阴暗且非人性的一面。除了强调人类命运深不可测的二重性，拉康认为《安提戈涅》被置于一个独一无二的、崇高且可怖的"时间之外"的空间之中，也就是"生死之间"。❷ 对正处于现代性衰落期的人类来说，这也许就是我们所处的两难境地。

"人类始终是世界的局外人"，这一超验性论述的消失所带来的主要影响值得我们思考。以汉娜·阿伦特的观点和论述为基础，问题一分为二：超出人类所生存的世界（本体世界）有限视野之外的空间遥不可及；进而在人眼中本应熟悉的现象世界也不再真实。换句话说，我们周围的物质世界变得充满敌意、无法居住、污秽不堪；而我们的内心世界则变得"阴森可怖"（unheimlich）。为了支持这种说法，引用汉娜·阿伦特在《人的境况》的片段加以说明："随着感觉所予的世界的消失，超验世界也消失了，随之消失的是在概念和思想上超越物质世界的可能性。因而，新宇宙'不仅实践上无法接近，而且甚至无法思考'就不令人惊讶……"❸

这样一来，随着现代性的衰落，人类不仅被切断了和超验世界的联系，原本可控制的表象世界也变得不再可靠，关系也不再紧密；因此，

---

❶ 事实上拉康是这样说的："……随后马上在第三诗节，合唱队突然开始咏唱。我前天说过，这种咏唱是人类的庆祝。它是这样开始的：'πολλά τά δανό κ' ουδεν ανθρωπου δανότρον πελβi'这两行的字面意思是：'奇异的事物虽然多，却没有一件比人更奇异'。在列维·斯特劳斯看来，合唱里所说的人，在此确是文化的定义。作为自然的对立面，人具有言说的能力与崇高的科学。他知道如何保护他的住所，使其免于冬天的霜雪，免除暴风雨的侵袭；他知道如何避免被雨淋湿。"（J. 拉康：《讲座七——精神分析的伦理学》，巴黎色伊出版社1986年版，第320页。）

❷ "这个抱怨何时开始？从她跨越过进入生命与死亡之间的领域的这个时刻。换句话说，当她已经肯定她自己的东西，具有一个外在的形式。她长久以来一直告诉我们，她处于死者的王国。但是在这个时刻，这个观念被献祭。她接受的惩罚将是被禁闭，或搁置在生命与死亡之间的地区。从那个时刻起，她开始抱怨，开始哀悼生命。"（J. 拉康：《讲座七——精神分析的伦理学》，巴黎色伊出版社1986年版，第326页。）

❸ 汉娜·阿伦特：《人的境况》，巴黎卡尔曼-莱维出版社口袋丛书1961年版，第362页。

人倾向于把表象简化为幻象，并试图透过表象挖掘本质。这种新存在方式的双重性质被命名为"对世界的陌生感"。虽然上述问题的两个方面是分不开的，但超验性的消失本身并不起主要作用；表象世界失去了光环、变得透明，而人类个人狭小空间与这个世界紧密关系的缺失极好地解释了这种双重性存在的缘由。在二元论的命题下，柏拉图曾将宇宙理想的维度和人能够借助太阳光线看到的部分相对立，借此我们可以大胆地说，正是这种对双重性的直觉逐渐难以理解。在现代性的视域中，超感世界和感觉世界逐渐走向对立，人类真正被放逐正是基于这双重的损失。自此，人类注定是"多余"的存在，不再被世界接纳；并且，随着时间流逝，人类将不得不承受存在于这个充斥着恶心与恐惧的世界所带来的偶然性和多余。

现在回过头来，再看艺术领域中恰好能够佐证索福克勒斯那暧昧的名句所展现的、人的两面性的要素。所有人都有非人性的一面，"非人"统治着人性；若我们承认这一点，那么阿多诺关于"奥斯维辛之后，艺术已不再可能"的论述则很可能不再成立。正如雅克·朗西埃在《不容忘却》中所说的，情况完全相反（虽然这篇文章侧重于阐述"胶片影像"和"历史事件"之间的关系）："奥斯维辛之后，只有艺术可以展现奥斯威辛，因为它始终在缺席中存在；因为这是它的天职，即通过相关或者不相关的文字和图像，依靠这一力量把看不见的东西展示给人看；因为它是唯一适宜于让人感受'非人'的方式。"❶ 艺术探寻着人之"非人"的极限所在，它见证着"缺席"的在场，使缺失、不可展现的影像浮出水面，更展示着衡量"非人"深渊的超感之物的存在。❷ 艺术正是有这样奇妙的可能性。艺术也可以让我们同时感受到人性黑

---

❶ 雅克·朗西埃："不容忘却"，选自《停留在历史前》（与 J.-L. 科莫利合著），巴黎乔治蓬皮杜中心出版社 1997 年版。

❷ 要特别当心：艺术具有探测人之"非人"深渊极限的能力（在此意义上艺术并不是反人类的），但我们不能把这种现象和所谓的"艺术非人性化"相混淆。为此，吉奥乔·阿甘本引用何塞·奥特嘉·伊·加塞特的观点以及他关于"艺术非人性化"的作品，以提醒我们可以采纳一种反人文主义的姿态（目的在于批判人类意识形态中的伪命题），同时又不反对人性。

暗、非人的一面和其光辉的一面。尽管世界残破不全，但是如果要达到上述目的，就必须让世界以人类熟悉的方式呈现，确保人与世界的和谐。换言之，如果作为"镜像"的艺术能够展示人类和世界的怪异一面，那么它也应当起到预防、警示的作用，抵御人性阴暗的一面，并且从根本上转变它。上述论断意味着艺术在本质上具有丰富的挑衅功能。

这正是杰克·查普曼和迪诺斯·查普曼兄弟的作品《该死的地狱》(*Fucking Hell*)的情况。这部雕塑作品移植并且展示了历史的"不可再现"，即纳粹集中营地狱般的场景。❶ 这些手工雕制的装置被分别置于9个玻璃箱内，成千上万的微型人像交叠在一起，或身首异处，或鲜血淋漓，就像人间地狱。《该死的地狱》以极其关注细节的方式再现人类历史上的大屠杀，有力证明了人性中最不人道、最为残酷的一面。这部作品沿袭了美术中表现恐惧、可怖之物的传统，让人想起在博世或戈雅笔下呈现的扭曲、地狱般的宇宙。标题借用了当代的粗俗语，而作品本身却是古典的：正如但丁笔下的地狱一般，人深困于罪恶之中，无法得到救赎。《该死的地狱》是没落虚无主义的不祥之舞，又似乎是对失去不在场证明的人类的最终审判。这部作品唤起了人类几乎本能的压抑机制，即对不愿承认存在的事物视而不见。同时，与《该死的地狱》同类的当代作品（如兹比格涅夫·里贝拉❷的《乐高：纳粹集中营》）实际上见证了审美范畴激进的迁移。美的概念多少不再是闭塞的，这就是当代艺术作品能够反映"不人道"的基础。至此，一切真相大白：首先是"崇高"，接着是"卑劣"，它们共同排挤了"美"，这都是为了理解现代性的美学感受和美学生产。面对无法估量的罪行的深渊，传统意义上象征着宇宙和谐的"美"似乎苍白无力。换言之，"美"不能够描述日益扩大的非人道的沟壑，不适用于反映和评判现在这个不断在生产"非

---

❶ 杰克·查普曼（Jake Chapman）和迪诺斯·查普曼（Dinos Chapman）兄弟，英国当代著名艺术家，以离经叛道的风格著名，善于用黑色幽默的方式处理沉重的主题。文中提到的《该死的地狱》是他们的代表作品之一。——译者注

❷ 兹比格涅夫·里贝拉（Zbigniew Libera, 1959~ ）波兰当代艺术家，因1996年展出《乐高：纳粹集中营》而出名。原作者将姓和名调换位置，疑为笔误。——译者注

常之物"的时代。❶ 然而，尽管人性被不断的否定，我们依然当用崇高，进而用恶心来代替美的说法，以再度审视人性。这差不多接近黑格尔意义上的"扬弃"。

这种观点和让·克莱尔在其著作《论不洁》《*De Immundo*》中的论断同样有分量。让·克莱尔认为是波德莱尔首创了现代的、新型的美学，因此他将现代意义的"美"定义为"巨大而可怕的怪物"。基于波德莱尔的视域，克莱尔断言"美"已经成为一种神圣又邪恶的东西，它不仅见证了这个时代的放纵，还见证了现代晚期人类的狂妄自大。❷

在此，崇高、"非常"（Ungeheuer）和"暗恐"（Unheimliche）的概念似乎可以和广义的邪恶归为一类。让·克莱尔直接引用了弗洛伊德意义上的"暗恐"概念以及歌德的《浮士德》第二部中"非常"的概念。事实上，克莱尔这样说道："'Ungeheure'不仅是非凡的、'巨大的'，无法估摸的（无论是大小还是形式），正如我们平时翻译的那样；它同时还和'Unheimliche'特别相近，后者意指在熟悉的事物中产生的不安、恐惧侵入内心的'安全区域'、从自我的领地被抛出到陌生地带的复杂感觉。确切地说，'immonde'一词和它非常相似：所谓'不洁'既存在于这个世界，却又不属于这个世界；它破坏了世界的安全感。"❸崇高、可怖以及暗恐范畴的事物都具有"多余""过度"的内涵。正是

---

❶ 斯洛特戴克《犯罪时刻与艺术作品的时代》的法译者奥利维耶·马诺尼说道："……应当在荷尔德林和歌德的语境中理解'das Ungeheure'，即'非常之物'。这个阳性名词在日常语境中指代'怪物'，也可以是中性的存在，涵盖了惊奇、了不起、应受谴责、堕落乃至崇高等丰富含义。"

❷ "波德莱尔或许是首先感觉到这种变化的人之一。他坚持反语的方式将其称之为'美'，所用的词汇和1917年奥托用于定义'神圣感'（numineux），或者说是'完全他者'的方式基本相同。所谓'完全他者'，就是感受到一种可怕、诱人又恐怖的存在，正如利昂提奥斯见到尸体的感觉一样。在1865年出版的《献给美的颂歌》中，他（波德莱尔）说道美既来自于'深渊'，也来自于'上天'，既邪恶又神圣，他还写道'恐惧是最迷人的'。这种新形式的美虽然难以忍受，却吸引着人的视线。最后，波德莱尔用三个词总结了它的特点：'哦，美！庞大的怪物！多么令人恐惧！多么纯真无邪！'成为'怪物'的美如此'庞大'，带来了'恐惧'。这个怪物，无论是出现的方式，还是它的样貌，都超出了既定的尺寸与标准。"（让·克莱尔：《论不洁》，巴黎加利利出版社2004年版，第58~59页。）

❸ 让·克莱尔：《论不洁》，巴黎加利利出版社2004年版，第60页。

由于这种激烈的"过度",人类才被剥夺了任何融入世界的可能性,他所存在的世界也愈发陌生、充满敌意和污秽。对崇高的体验,以及对非常之物的体验乃至对"暗恐"的体验,它们都属于同一范畴(因为它们都引发一种畏惧的情绪)。在这些体验之中,人类都感到自己被剥离在世界之外,被放逐,被污秽所烦扰。正如让·克莱尔所说的,污秽之物"就是'不洁'的事物,即没有完全准备好来到世人面前的事物。它没有涤清罪恶、杂乱无章,亦未经修饰。不洁——可怖之物(das Ungeheure)——并不属于我们'这里'。在用于指代我们存在的尘世之前,'monde'这个词一直被用于形容笼罩在我们头上的苍穹。它的词源是拉丁文'Mundus',即神圣的世界、有序和美丽的形象、装饰品。它和古希腊人的'宇宙'具有相同的含义。"[1] 需要明确指出的是,在美学的层面,传统上艺术和美之间关系的解体是我们这个时代的一个基本现象;在形而上的层面,则是一个原本神圣、和谐,可言说、可表现且可居住的世界忽然间就消失了。然而,因为在现代初露曙光之时就已经出现了这种情况,我们需要思考人在何种程度上被剥离了世界。问题在于——我们等下会提到——既然利奥塔或者朗西埃已经将"崇高"现实化,"崇高"本质上又具有思考这种剥离的可能性,那么它是否能够被当作剥离所呈现的具体形式?换言之,人与世界的剥离已变得平常、乏味,而崇高作为一种美学感受让人能够在深渊的边缘思考这种剥离。或者说,如崇高或者丑恶一类的审美范畴促使人思考这种具有"浑然天成"的效果却时常被忽视的剥离。

但在此之前,需要首先发问:正在生成污秽与离奇的"美"是怎样的?超越了各种形式、规范和准则,过度被展示的"美"又是怎样的?这种美和传统大相径庭;它甚至站在了传统的反面。这种令人惊奇的美或多或少属于我们定义的崇高范畴——当然是广义的"崇高"。"崇高"并不是"最高级"的美,而是一种将来时的、非人道的、奇异的美。这就是为什么让-吕克·南希注意到崇高,并且作出以下论述:"(崇高)

---

[1] 让·克莱尔,《论不洁》,巴黎加利利出版社2004年版,第129~130页。

并不构成美学的第二部分,或是其他类型的美学……它远不是一个种类,或是从属于美学的种类;在思索美和艺术的原样时,崇高构成一个决定性的要素。崇高并非要融入美的范畴,而是将美彻底改头换面。"❶

然而,从美到崇高再到恶心的转移,并不直接以粗暴或贫乏的方式展现恐惧,倒不如说像朗西埃指出的那样,展现没有"自然影像"之物,即人之"非人",或者说人性是如何在否定的过程中被证明的。而正是在此意义上,崇高的艺术能够展示:艺术既植根于历史,又是永恒的;它向人类发出挑战,在现实和非现实两方面提出疑问、提出要求。艺术为"可见"与"可言说"提供了场域;而对于"可见可言"反面的、那些任何拒绝变异的事物,艺术生存的场域则是虚无。

此外,自哲学诞生之日起,艺术和审美的关系就已存在,当今的情况不过是这种关系的极端化而已。为了使逻辑更清晰,在此借用海德格尔的话来重组我们的问题,那就是:"与其本源相比,今天的艺术已经达到了何种程度?"❷虽然每个美学类型都被当做"超出"了原有的范畴,但是不能把这种超越理解为,把过去变成一片空白以转变成截然不同的东西。相反,要战胜或超越,或是说"深化"一种和艺术相关的形式,最基本的在于回归到证明了这一切的讨论。换句话说,每当有一个新的审美范式出现,我们就有机会深入研究它那并不明显的起源,进而发现过去的审美范式埋存在地下、从未改变的东西。

借新的审美范畴出现的时机出现,以切断美和艺术的关系为主要特征的进程已进入尾声。在这种背景下,考虑到人和艺术的关系,上述质疑就变得比以往任何时候都更加迫切。实际上,虽然"美"转化为崇高,美和艺术之间的关系并没有消失,而是相关的要素发生了翻天覆地的变化。"崇高"给我们带来了新的可能性,即在柏拉图的定义之上加深人与艺术的关系。这既是艺术的命运,也是艺术的超越。它也许是我

---

❶ 让·吕克南希:"崇高的献祭",选自《论崇高》,巴黎贝林出版社1987年版,第49页。

❷ M. 海德格尔:《艺术的本源和思想的目标》,这是1967年4月4日在雅典科学艺术学院的发言稿。此处选用埃尔纳出版社《海德格尔选集》1998年版,第366页。

现代性中审美范畴的迁移

们这个时代的艺术思考最紧迫的任务。至少像哲学家乔治·阿甘本在著作《没有内容的人》的开头所说:"要是我们真的想设定我们这个时代的艺术问题,也许最紧要的任务就是打破审美的观念,清除那些以前被我们视为理所当然的东西,以便追问:当审美作为有关艺术作品的学问之时,其根本意义究竟在哪。然而问题在于,进行这样一种破坏,现在时机是否成熟。破坏之后,是不是所有理解艺术品的视域都会消失,最终留下一道只能靠根本上的飞跃才能超越的深渊?但是,如果想让艺术品重获它原初的地位,也许这样的丧失和深渊正是我们所需要的。就像根本的建筑问题只有在房子被大火烧毁以后才显形状,对于理解西方美学真正的意义而言,我们今天也许正占据着一个非常有利的位置。"❶

人类被迫面对如此迫切、丰富的挑战,与此同时却表现出接受、欢迎的态度。因此,若试图"理解西方美学真正的意义",进而有分寸地控制艺术发生激烈转移的可能,我们的立场独特而且有利。但是,究竟应当如何思考上述转移呢?再次反观传统中人和艺术的关系是必要的;在此基础上,应当如何看待当今这种完全不同的关系?况且这两个任务根本上是共通的?一切似乎都可以被归结为下述问题:将审美领域的迁移看成是对"美"的审美感受的激进化,这就意味着要重新理解"艺术的终结"这一说法。"艺术的终结"并不是单纯的让步或是给艺术画上休止符,而是接近于德语中"Vollendung"(调音)的含义,即收集并完善所有传统中闪光和有意义的部分。

最终结论带来了新的问题:需要进一步确定,当崇高的范畴有力地冲击着美的范畴之时,到底是那些关系受到了影响。一方面,我们可以像雅各布·罗格金斯基那样,认为崇高是一种积极的氛围(stimmung)或者情感基调,给世界带来了无数的可能性。崇高的巨大潜力就在于此:"在无形和混乱中,崇高的启示发掘了'诞生'。在'向死之物'之外,'新生之物'就是'不可能'之可能性。一瞬间产生的崇高感打破了现象的锁

---

❶ 乔泊·阿甘本:《没有内容的人》,巴黎希尔塞出版社2003年版,第13～14页。此处引用《艺术时代》(双月刊)第25期杜可柯译文《没有内容的人:最诡异之物》。

链，这一时间带来了新的机会，带来了充满可能性的视域。"❶在灾难的范围内，崇高感所带来的暂时的断裂将激发一种积极的情感，使人不再感到疏离和无能为力。而矛盾的是，正如一种积极的冲击，随着时间流逝，被颠覆的关系中孕育着一种"重生"的形式，给人类提供了新的可能性。人类将能够避免今天所面临的危险局面，并夺回在世界的领地。

尽管"哪里有危险，哪里就会有拯救"，然而我们必须依然想到这并不是必然的结果，并且要考虑相反的、负面的情况。负面的情况就是，当这种叫作"崇高"的感情基调暂时打破事物的秩序时，世界将不可避免地贴近混乱。事实上，崇高感是后尼采时代的人独有的感受，是一种接近尾声的"调谐"。它加固了人和艺术、时间以及已经被形而上学统治的世界的关系。既然如此，我们就要知道崇高所强化的不适感，早已出现在现代性的早期，对前人也一直发挥着作用，虽然效果并不明显。这种迷茫的情感在于，人居住在一个越来越不真实的世界，他和这个世界的关系随着时间逐渐毁坏，这一关系拒绝任何形式的革命，将所有可能性的视域拒之门外。这也将是人作为"人"的存在中最基本的不可能性。人类愈发深刻地感受到上述困局，而这个困局的基础在于"它（时间）没有经过，就消失了。"❷ 如果人度过时间，却没有充分利用它，这无疑就是放逐；人生在世，若只是掰着手指数日子，像个沙漏一样，那么人就只能被遗弃，被剥夺真实的存在，不再有立足之地。崇高的情感强调了这种忧伤的情境，与虚无主义没落时期的情况一样，也正如下文所言：

> 世界正经历着一种剧烈的、却又不易察觉的转变。这种转变在结构中突然绽放，遵循着一种非物质的、难以言说的准则完美运转，正如人们所说的，它"改变了世界"。这一转变唯一有形的痕迹也正是这世界本身。然而，尽管人们具有"危机感"，即时时刻刻感觉任何事都有可能发生，转变的力量似乎被削弱了，而这更让人难以忍受……❸

---

❶ 雅各布·罗格金斯基："世界的馈赠"，选自《论崇高》，第197页。
❷ 摘自L·克劳斯瑙霍尔凯《反抗的忧郁》之题铭，巴黎伽里玛出版社1989年版。
❸ 同上，第15页。

诗学研究

情感与叙事*

■ [瑞士] 拉斐尔·巴洛尼** 文
　张鸿　译

【内容提要】 本文旨在描述叙事性的情感层面，这个方面是结构主义时期法国"古典"叙事学理论中受到忽视的一个问题。我们强调情感和叙事之间存在的联系，并试图阐明被叙述的行为和叙事本身（在叙事的对话体形式中）的被动性特征。我们从来都不应该将阐释的认知层面和叙事张力的相关问题割裂开来，也不应该将其与好奇心和悬念分离。叙事张力、好奇心和悬念标志情节实现过程中叙事的被动特征，这三个方面使不确定性变得明确，而不确定性又是叙事的预测过程的标志。通过分析叙事性的情感层面，我们将重新评价叙事的人类学功能，并深化对该功能的理解。同时由于受到保罗·利科的启发，"安排情节"这一概念再次出现于叙事批评中，本文也将对此概念予以讨论。

---

* 这篇文章总结的主要论据在《叙事张力》一书中得到了进一步发展，该书于 2007 年由瑟伊出版社出版。这些问题由巴洛尼（Baroni, 2009）继续讨论，巴洛尼还对一部分问题进行了再说明。这篇文章的第一个版本于 2006 年发表于《普罗透斯》（Protée）杂志：Protée Vol. 34, N°2 - 3, 2006, p. 163 ~ 175.

** 拉斐尔·巴洛尼（Raphaël Baroni），1970 年生于瑞士，叙事学家，洛桑大学教学法教授。专门研究叙事情节、叙事张力以及时间和叙事之间的关系，是法国后古典叙事学的代表人之一。著有《被吞没的城市》（Les Villes englouties, 2011）、《时间的作品》（L'Œuvre du temps, 2009）、《叙事张力：悬念、好奇心和惊奇》（La Tension narrative: suspense, curiosité et surprise, 2007）、《关于体裁的知识》（Le Savoir des genres, 2007）以及《瑞士法语区的文学和社会科学》（Littérature et sciences sociales dans l'espace romand, 2006）等。

【关键词】 叙事学　情感　对话体　被动　情节　叙事张力

一、引　言

本文旨在阐明叙事学理论中的一个基本观点，这个观点长期以来没有受到重视，❶或者至少人们认为它是一个不太重要的现象，这个现象似乎只是有关于所谓"平行文学"的某种形式。我们的研究在于考察叙事中"情感"方面的问题，考察分两个同等重要的层次：一是言语的内在构造（侧重于"主题"研究的"古典"叙事学研究对象）；二是符号或言语创造者和阐释者之间的相互作用（侧重于"语用学"研究的"后古典"❷叙事学研究对象）。

在陈述我们的想法之前，首先需要明确此处"情感"一词的含义。我们所说的"情感"是指"夸张"的最普遍形式，此处"夸张"与叙事性相关，或者通过叙事性表现出来，"情感"不限于"爱情"，爱情本身的确是一个文学主题。近15年来，因为新格雷马斯派符号学的推动，"情感"一词的广泛性含义逐渐兴盛。新格雷马斯派符号学起初研究的重点在于区分行为的不同方式，后来则倾向于研究影响行为主体的各种状态（参见格雷马斯［Greimas］和封塔尼尔［Fontanille］，1991；艾诺特［Hénault］，1994；封塔尼尔和兹勒波尔波尔［Zilberberg］，1998；朗度斯基［Landowski］，2004）。总之，研究者以前侧重于主体

---

❶ 对于处理这个问题没那么迟疑。梅尔·斯坦伯格（Meir Sternberg：1990；1992）和吉姆斯·费兰（Jsmes Phelan，1989）的功能主义研究、彼得·布鲁克斯（Peter Brooks，1984）为了阐明情节的动力而提出的心理分析观点也显示出盎格鲁撒克逊传统的这种特点。认知主义研究方法说明了叙事对于建立可能存在的世界理论的有利之处，还说明了叙事的潜在性，这种方法也能更新关于认知和情感之间错杂性的问题：参见瑞恩（Ryan，1991）和达能伯格（Dannenberg，2008）。

❷ 关于传统和后传统叙事学的定义，参见普林斯（Prince：2006）。

对相应客体的作用,这是一种"主动"关系,[1] 后来则侧重于客体对相应主体的"影响",这是一种"被动"关系。影响主体的客体表现为某种对抗行为的形式。正是客体的这种对抗性促使情绪产生。[2] 从亚里士多德到利科(Ricœur),"行动"总是相对于"静止","动作"相对于"情感","主动性"相对于"被动性"。叙事的定义就是"对行为的模仿","古典"符号学的各种类型以此定义为基础。这些类型几乎总是偏重前一极而忽视后一极。叙事性的"情感"层面被广泛默认的性质从利科对亚里士多德的以下评论中体现出来:

要理解《伦理学》所说的行为——对情感的理解也一样,《诗学》中有很多参照,这些参照是心照不宣的。而《修辞学》自身的文本寓含了一种真正的"关于情感的约定"。约定中含有这种差别:修辞学专攻情感,而诗学将人类的行动和静止搬到诗中去。(利科,1983:94)

在这段话中,利科强调再现叙事形式固有的对行动和静止的模仿,但我们将发现不应该缩小叙事"修辞学"的领域(从佩雷尔曼(Perelman)赋予该词的比较宽泛的意义范围来说):情节的"力量"也体现于它在受众心中激起的各种情感或情绪,例如亚里士多德令人们体会到的"恐惧"和"怜悯"之情,或者新近兴起的"惊奇""好奇""悬念""叙事性张力"等。同时还应注意对于主动/被动关系我们应当具有辩证式思维:问题在于用现象学的眼光强调客体"影响"主体的方式。具体地说,就是在主体针对客体而倾向于采取某种行动的层面上理解"影响"的方式。

我们的主旨就是阐明行动和静止之间基础性的错杂关系,并揭示它

---

[1] 朗度斯基(Landowski)用这些词语总结新符号学的研究程序:"我们将来又要返回去研究的归根结底就像一种'存在符号学'。这种符号学非常注重活跃的结构,这种结构向我们确定了事物的内容。同时这种符号学也非常注重我们和结构之间保持的关系状态。被体会到的意义的效果其出现和被我们掌握依赖于唯一以及同一个过程的两个方面,在我们所处的情境下,每个主体在另一个主体在场的情况下所体会的意义。"(2004:304~305)。

[2] 我们暂时搁置以下问题:情感是否应当仅仅从"语用学"的角度来研究,"语用学"角度试图说明客体对主体行为的对抗。另外,我们是否应当用伦理学来完善这个观点,显然我们说的是列维纳斯(Lévinas)所阐释的伦理学,按照他的学说欲望推动主体"为了他人而行动"(参见巴罗尼,2006b)。

们各自在叙事性现象中的作用。我们的研究将从既相区分又相依存的两个层次进行：形象层面和言语层面。首先要突出这一现象，即叙事中的客体不仅是行动性的也是情感性的：不能只有"纯粹行动"的叙事，因为这样的叙事将失去所用相关的形式，不能"形成一个情节"，局限于以编年史的方式列举按部就班的行为，局限于叙述完全掌握自己命运的主体身上所发生的事件和他的行为。结果主体将丧失故事性，对各种历险和秘密一无所知，而正是这些因素使我们的人生富有节奏，使存在具有完整性或不完整性的特征，对暂时的不完整我们习以为常，同时历险和秘密还使存在具有保留和预期等特征，预期性也是人类时间的特征。

其次，要定义叙事中的客体，同时研究客体的人类学意义（是什么构成了一则绝妙的故事）。这些研究将引导我们思考某几个行为组成的序列本身"对话体"层面的意义。通过再现，这个行为序列成为叙事序列，一个情节和结局交替出现的言语的序列。我们要特别揭示，阐释一个叙事之时，预见性的认识活动（表现为预言或判断）似乎必然牵扯到"文本"的省略加强法。这种修辞学的方法体现为将众多事件安排成情节❶："省略加强法"使阐释叙事的人相对于故事的展开处于部分被动状态，但同时也激起阐释人的"好奇心"，产生"悬念"，通过预见结局吸引受众，而结局又迟迟不出现。等待结局是游戏式地激发受众，结局通过这种激发使受众体会到某种乐趣。❷ 叙事的"情感"层面再现了人类的"行动"和"静止"，转化为言语引人入胜的特征，转化为亚里士多德称为"净化"的"诗学效果"。亚里士多德认为在悲剧中这种效果与恐惧和怜悯之情有关。所以也应当从接受的角度研究叙事的情感层面。因为美学是通过主体实现一个文本的理论，正如利科所说，美学的宗旨就是：

---

❶ 这篇文章使用的"事件"一词的意思并不是指自然事件和智力行为之间的对立，比如在分析哲学中存在关于这种对立意义的命题（参见雷瓦兹［Revaz］，1997），其指的是生活中"制造事件的事物"，也就是说通过某种"显著性"而彰显的事物，构成了叙事中"可以被讲述的"部分。

❷ 关于这个问题，参见巴特（1973）以及巴洛尼（2002b；2004）。

情感与叙事

……研究一部作品作用于读者、"影响"读者的众多方式。受影响的人在一种特殊的经验中将"被动性"和"主动性"结合,这一点表现得很明显。"被动性"和"主动性"作为文本的接受,指明了阅读文本的行为,这种行为就是对文本的接受。(利科,1985:303)

关于叙事性的研究我们提供了一种角度,即针对"情感"的现象学式思考。"情感"是所有叙事的基础。叙事只叙事实不加评论——叙事在实际的张力找到自己的基点。通过发出话语或符号再现——或者叙事具有虚构性质,这种状态引起"结局"。一般情况下,作品模仿实际的张力,张力受到怀疑,作品甚至通过虚构创造张力。如此一来,张力"顺从于"(参见布鲁奈尔[Bruner],2002)虚构。或者相反,虚构使张力为个人或集体生活的形式所用,使这些形式充满活力(参见瓦兹拉维克[Watzlawick]、维克兰德[Weakland]和费什[Fish],1980)。激活"情感"与"叙事"关系的研究,这使我们重新思考叙事的人类学功能,并由此能够结合亚里士多德的诗学意图,他强调了神话悲剧中净化效果的重要性。虽然"情感"与"叙事"关系的思考古已有之,但我们将看到这种思考是复杂的,并且遭到前所未有的遮蔽,尤其是在当下,符号学理论在法国全面兴盛,这也是结构主义的时代,结构主义确定了自己的"考据学工具"模式。目前法国出现了一种"情感符号"研究,[1]而且取得了一定成功。在言语分析方面有陈述式的、语用学式的或者交互式(参见普朗坦[Plantin],杜里[Doury]和塔维索[Traverso],2000)的研究方法。但如何进一步深化"结构主义时代"的成果,这一研究领域依然备受冷落。

---

[1] 在格雷马斯的追随者中虽然这种明显的新倾向是相对比较新近的现象,但我们还是能联想到皮尔斯主义符号学从一开始就深刻地存在于"符号形体"(representamen)和构成符号"基础"的"活跃的符号对象"之间所保持的关系。这就是为什么当涉及叙事的情感层面时,皮尔斯的研究(1978)在我们看来更加丰富,尤其是皮尔斯的符号学经过了艾科的深化。

二、叙述行动和静止

在"古典"主题叙事学中,经过再现的事件的行动层面是研究的重点,行动层面表现为一种"行为逻辑"纲要的形式。这方面以普罗普(Propp,1970)、亚当(Adam,1994)为代表,又经过格雷马斯(1966)、布列蒙德(Bremond,1973)和拉利瓦伊(Larivaille,1974)等人的加强。原因在于,叙事的定义就是"mimèsis praxéos"——对行为的模仿。那么,"行动"一词首先是指本身的动作主性,即一切标志动作主性者:(1)被动经历的事件(受动者相对于施动者);(2)自然事件(机械因果原则相对于主体出于自身意向性而引发的断裂);(3)某种状态的静止(状态相对于动作的过程,就像静态相对于动态)。因此,再现情感就成了其他模仿性类型的特征,比如人物肖像描写、人或物性质描述或抒情。作为一种特殊的模仿形式,叙事"先验"地即指在言语的现实性中再现行为,过去的或虚构的行为。而行为本身将通过时间的意向性和能动性得到确定,时间性得到某种扩展,并被"情节安排"所连接。

这种关于叙事客体的"先验"表现得尤其明显,如果我们关注以下领域的研究,即叙事符号学、人工智能、认知心理学,在这些研究工作中,叙事性的动力因素总是表现为意向、目的或规划的目的性结构。但所有这些二元对立(或二分法)——施动者/受动者、行为/情感、行动/静止、主动性/被动性、过程/状态、行为/事件等,实际上掩盖了所有现象内部不同层面之间起基础性作用的错杂关系。利科在与格雷马斯的谈话中针对情感的符号学明确指出:

从现象学角度看,我们只有在与行动者本身的关系中才能遇到静止的问题。如果很简单我们只是机械的存在物,如果我们不是自身行为的制造者,不能够行使自身意志和能力,我们就不能发挥情感。这些行动者遭受某种被称为"受苦"的东西。(艾诺特引,1994:211)

新格雷马斯派情感符号学研究的主要进展正在于重新展现一种基础

性的关联,即事件的密度和行动过程的展开之间的关系:

在言语转换(角度上),感性形式就是事件的形式,事件的特点在于自身的爆发和突出。事件本身心智和外延的转变产生了行动的过程,这个过程通常表现为一种可以计量的"整体",这个"整体"也可以分化成几个方面。相反,过程的强度只有得到调整才能被感觉主体把握,密度实际上是一种相对于观察者的事件。言语的叙事性图示,其基础性关联如下所示:

事件　⇔　过程
密度　　　广度

(封塔尼尔和兹勒波尔波尔,1998:77)

这样的关联应当在自身所有的蕴涵中仔细研究。如此一来,事件特有的突出之处成为潜在叙事的客体,这样的事件总是表现为存在于自身感知中的不确定的形式:比如当我们离开常规或当我们不确定能否达到自己制定的一个难以达到的目标。正如艾科(Eco)继凡·迪克(Van Dijk)之后所主张的那样,重要叙事序列(即以对话方式具有可行性)产生的基础条件决定了以下必要性:

……被描述的行为很难实现,并且……为了改变状态而采取行动的过程中,这个状态不对应施动者自身的意愿,在这个过程中施动者不能做出明确的选择。作出决定之后发生的事件应当是不可预料的,其中某些事件可能是不常见或者怪异的。(艾科,1985:137)

为完成某个意图需要众多必要因素,制定一个很难达到的目标,这意味着一种危险,即不能掌握全部必要因素。同时还会发现,面对脱离行动主体的命运,主体丧失了一部分能力,因为命运事先是不确定的。正如皮尔斯(Peirce)指出的那样,情绪恰好出现在对事件部分地失去控制的意识中:

皮尔斯指出这样的事实,一种情绪在某种不可预见的情况下出现,困窘和混乱的情况。我们受到导致新情况产生的原因的诱惑,我们意识到自己依然保持对事件情况的正常把握。未来突然不确定。我们惯常具有的确信失去了基础。我们被卷进矛盾感情交错的乱流中。在这混乱的情况里，立即产生的判断失误导致某种情绪，这情绪就像一种简化的假设……。皮尔斯还指出，当作出更合理、更关键的假设，而且这种假设可以实现，这种情绪就会消退。（萨凡［Savan］，1981：325，萨凡对皮尔斯的翻译）

暂时的经验存在于叙事性的中心。这种突出的、能动的暂时性存在于叙事的基础中。但是焦虑的情绪将这暂时性逐渐消解，我们焦虑是因为面对着可能脱离我们的未来：问题不单是某种规划或目标的倾向性，趋于某个客体的主体的倾向性以及主客体的结合。在这延伸的空间无物确定。这令人忧虑的等待预见了主客体的结合或最终分离。情节的形成实质上依靠主客体之间能够产生的一切，在这空间和等待中产生的一切。在纯粹的能动性中（根据我们所能够作出的假设）没有任何戏剧性，没有任何事物可以引发叙事。结果已经确定，对于结果没有焦急的等待。行动可以概括为一个动作或者某种常规。只要主体一直主宰自己的命运，并且主体一直是理想的施动者，他认为自己的自由和意志没有任何界限，只要一直如此，常规就不能被讲述。如果主人公饿了，来到饭馆点菜吃饭。如果他想去上班，就乘坐地铁，准时到办公室。这些都不构成故事。这样的行动序列可以被写成剧本的形式，这是一种反剧本，但这也能形成一种叙事（参见巴洛尼［Baroni］，2002a）。纯粹的能动性的标志是不可见性：通过不可见性，甚至目标最终也会被动作或习惯掩盖而消失。时间也会崩塌，凝结成一种虽然有外延但却是死的时间，只有时钟才能度量这样的时间。

人种学方法论指出主体及其指定的目标具有"放射性"特质。主体具有行为的动机和理由，在事后它们都被表达出来。比如当主体感受到某种突如其来的困难，或者当别人让他进行解释说明，这涉及承担自身行为的影响。在这种分析中，正如路易·盖雷（Louis Quéré）总结的那样，具有意图、意识、意愿和责任的主体就是完成某个行为过程的放射性结果，而不是这个行为的起源或原因（1998：132）。同样，故事和故事的时间通过一种"撞击"的经验以及常规的紊乱表现出来。常规包含着冒险，挑战在冒险中得以显露，并逐渐具有明晰性。但这明晰性还是被部分地遮盖了,因为只有在不确定的特性发展到极致,它才能明确呈现出来。只要在回顾往事的时候,超越了冒险中的令人激动的混乱,超越了阅读的时间,在通过阐释而得以合理化的时间里,只有这时候一切才似乎能够各归其位,结构的工作才能发展出一种多少有些脆弱或确定的秩序,一种多少有些神秘或吸引人的方向,多少有些令人惊奇或期待已久的方向。

采取一个行动,就是撞击一种潜在的对抗性,就是在实现某种计划中甘冒失败的危险。当这危险毫无价值,当人们陷入常规,没有丝毫可讲述的事情,世界便不存在。没有"事件",时间降低为一种简单的重复,一种"存在——不存在"之间永恒的往复。相反,当行为的完成受到威胁,受到一种或另一种方式的阻挠,当人们受到推动而去创造一些关于成功或失败的预言,当事件变得可以感知,时间性便加深了,我们的预见和深不可测的未来的"不确定性"发生对抗,而不确定性的存在就变得不可抗拒。同样,当我们陷入完全的迷雾,当我们不能分辨物或人,也不能把握它们行为的意义,我们的判断就与现在或充满神秘的沉重过去产生对抗。会发生一些事情,有一天这也许值得讲述……

情感层面构成叙事的基础,对这个问题的思考可以归结为:研究叙事性正在于研究世界或生成的不确定性:在此处,行为通过自身的情感层面以及不确定性得到再现。在这个模仿的空间里,世界总是重新构成的。到处充满未发掘的潜在性,它们隐藏在一种过于规则的存在的缝隙里,隐藏在黑暗中,在这黑暗中还隐藏着我们的希望和焦虑。叙事深深植根于一种"夸张"中,植根于从外部来到我们身旁的断裂,来源于别人对我们生活的闯入。叙事包含希望,希望源自有益于人的各种改变,源自更新,更新能够把我们从孤独、反复,从对僵化存在的厌倦中解放出来。

三、叙事序列的对话体

从叙述者和接受者相互作用的角度看,情感层面的作用长期被忽视，一直处于边缘位置，甚至在以结构主义为方向的研究工作中完全不为人知。正如让-保罗·布隆卡尔（Jean-Paul Bronckart）所指出的那样：

> 虽然研究者很少提出叙事序列的对话体功能，但这一功能是很明显的。……这个序列的特点一直就是将展现出来的事件组成情节。这个序列安排事件的方式在于创造一种张力，然后再化解这张力。悬念由此生成，而悬念本身又促使受众保持注意力。（1996：237）

这种关于叙事序列对话体功用的观点强调在组织情节时张力的作用。托马舍夫斯基（Tomachevski, 1925）的研究中已经隐含了这一点。但在结构主义叙事学的黄金时期对此却鲜有讨论，原因有很多。新小说占据了文学创作最重要的位置，情节、叙事中的张力，尤其是悬念是各种大众创作、商业创作和不分社会等级的创作的共同特征。另外，从纯粹认识论的角度看，结构主义研究方法的立场使建立在对话体基础上的阐释失去了效力，因为这种阐释的对象应当是文本内在的结构以及从创作和接受的所有语境中作出的抽象。因此，只有在以大众作品为研究素材和范围的工作中（比如夏尔·格雷维尔[Charles Grivel]关于19世纪通俗小说的故事性意义的研究），这一研究受到接受理论的影响，接受理论出现于20世纪70年代中期，只有如此我们才能重新思考与文学情节相关的情感的作用。然而甚至在接受问题研究中，认知主义的观点依然统治着研究者的思维，损害了情感的分析。但当涉及"平行文学"素材的悬念、惊奇或叙事中的张力研究时，省略加强法保留下来。

比如罗兰·巴特（Roland Barthes）提及"悬念"。这一概念依赖于线性阅读和文本的"省略加强法"的某种形式（1970）。巴特具体地描述了阐释学和proaïrétique的符号，这些符号组成了"古典"叙事的结构，按照一种不可逆的逻辑构成。但同时巴特定义了快感的类型，建立于这些"不可逆的符号"基础上，是一种不光彩的快感，性欲倒错，某种形式的窥淫癖，以及对象征性利益的市场商业原则的遵从（1973）。至于沃尔夫冈·伊瑟（Wolfgang Iser, 1976），他提到小说——电视剧的"商业"技术，以及暂时的不确定性。商业技术以此为基础。伊瑟的不确定性更多是指前卫文学文本彻底的不确定性。比如伊瑟在乔伊斯（Joyce）的作品中评价和讨论这种不确定性。❶ 实际上我们应该等到"情节回归"后现代美学，等到出现点对点的批评，才能在深化亚里士多德关于"净化"的分析中看到对叙事问题的真正思考：叙事人物在陌生环境中的浸入、人物的辨识以及情感和乐趣的特点（参见艾科、尧斯[Jauss]、皮卡尔[Picard]、茹夫[Jouve]、沙艾佛尔[Schaeffer]等）。

在此期间，出现了一个关于叙事序列的物化观念。这个观念以普罗普（Propp, 1928）所研究的行为逻辑为基础，为许多人所接受。拉利瓦尔（Larivaille）设想了一种典型情况，以"环节"的形式描述基本的叙事序列，这个环节处于人的冒险活动之中（1974：384）。叙事虽然可以作为言语，但它的特点却和言语相反，"通过话语或书写，承载'状态'（'情况'）和'转化'……，转化遍布于存在序列的一个不稳定的环节"（同上：385）。从更广泛的意义上说，这个典型的序列对应于叙事的深层结构，可以被置于某个片段之内。在这个片段里，行动者通过在时间上有指向的行动过程将最初状态转化为最终状态。采用这样的方法，结果就是：叙事中行动过程的情感和对话体层面变得抽象，那么这个关于叙事性的概念便没有了诱人技巧所具有的猜疑性，摆脱了旨在创造悬念或戏剧性张力的诗学效果。正如后来梅尔·斯坦伯格所说（Meir Sternberg, 1992：486），实际上这个观念所指的叙事序列已经丧失动力，失去了诗意和情节（de-plotted）。这个观念强调的是回顾叙事的思考角度，瓦解了实现叙事创作过程中固有的时间性。

最终在20世纪80年代中期，诗学家的语汇表中重新出现了呈现为情节的表达方式。尤其是在保罗·利科的研究中。但是我们很惊奇地发现在这个过程中，这种表达方式失去了情感意义：从前情节和悬念之间存在明确关联，现在取消了关联，而突显情节和悬念之间具有构型作用的媒介。这个媒介使事件具有整体性和完备性。叙事承载事件，并使事

---

❶ 关于暂时不确定性和根本不确定性之间的区别，参见巴洛尼（2002b）。

件在这个过程中承载某种意义。❶

这个关于情节阐释学的观念使"叙事思维"具有"符号创新"的特点,这种创新允许人们"理解"事件。而这个观念如今却倾向于否定这样的事实:情节首先表现叙事具有组织情节的性质,表现叙事神秘或(至少是暂时)悬疑的特点。这为常识所认可,在不久前的文学批评中这也是明显的事实。

应当注意,在叙事的典型形式里,"具有情节的叙事"表现出的交流形式特别不具有协作性。另外,巴特界定了古典叙事,即通过情节而构成的故事性叙事,它的特点就"仿佛一个迟迟得不到谓语的主语"。巴特指出,这种叙事类型的活力是一种静态的活力。即"在谜底最初的虚空中保留谜题"(1970:75~76)。如果情节构成叙事,通过等待结局而使叙事富有节奏,并在回顾的时候可以感受到叙事的统一性和整体性,这是因为情节不直接表达事物,不使混乱一下子恢复秩序。相反,通过情节,叙事在言语平衡内展现混乱;言语中存在平衡,这种平衡构成了言语的形式。或者为了取得一种博尔日(Borges)式的隐喻,叙事通过情节呈现的图示像一个迷宫,使读者暂时迷失其中。与结构主义的观念相反,我们所说的是不混淆叙事的"原始素材"——在这种情况下是指人的冒险活动的一个环节和情节的安排。安排情节是指以对话体的方式建立符号创作的结构,同时在语言序列中确定创作的关键交接点,情"结"和"结"局概念说明了这些交接点。同时也与利科观念相反,我们要强调情节安排的情感特点,而不仅是其阐释学和结构特点。

四、交替使用的安排情节的两种方式

斯坦伯格区分了"好奇心"和"悬念"(1992)。我们认为"好奇心"和"悬念"的作用在于描写两种基础方式的情感合力,此处是指

---

❶ 雷瓦兹(1997)指出这样的一个概念不再能使我们区分简单结构的叙事和剪辑的概述。在这两者中一系列暂时指向性明显的行为实际上也具有完整性和整体性的特点。

阐释叙事的两种方式。我们建议用以下词汇命名这两种方式：

（1）预见（pronostic）：对行为发展的不确定的预测，我们只了解行为发展的前提；

（2）判断（diagnostic）：通过各种迹象，为理解事件而作的不确定预测，暂时以不完整的方式描写事件。

"预见"和"判断"一样都是对叙事最终发展的预测，但从对行动进行感知的认知论角度看，它们是有区别的。我们不使用斯坦伯格的"好奇心"和"悬念"，而用"预见"和"判断"这样的术语❶。它们与"探索"（prospection）和"回顾"（rétrospection）相对。因为"判断"的后缀（gnôsis）使它指涉预先"认识"而不是一种"场面"（spectacle）。而且前缀（dia-）不仅指探寻一种存在于过去的原因，同时也融合了对各种现存因素（如身份、场所或意图）的辨别，❷这些因素暂时被隐藏起来。实际上我们认为阐释者的"好奇心"并非总是关注被描写的事件过去的状态。言语的透明度时大时小，"好奇心"尤其应当随之发展，而无论其目标如何。为了简化对术语的感知，我们区分言语和体现"修辞技巧"❸的表达，在阐释过程中区分这种技巧和认知行为，或者区分这种技巧和认知行为（这一行为表现出的效果为"修辞形象"所追求，也就是说追求"逻各斯的夸张"）中的情感效果。我们提出以下概括：

影响阐释的叙事张力和相关于阐释的认知行为之间存在联系，这种联系说明了所有阐释行为的"主动"和"被动"两个方面，而这两个方面的重要性都是不可缩减的。虽然我们用"好奇心"和"悬念"这样的词语来区分叙事张力的两种方式，但这些效果是按照几个相似的"阶段"或"步骤"组成某种基础性结构，在这些步骤中，相继出现所

---

❶ 格雷马斯（1989）揭示了一种类似的区别，至于他本人则讨论的是阅读的自下而上和自上而下模式。

❷ "判断"的字面意义就是在自身的各种征兆之后进行的确认。知识是通过观察符号而获得的，并且"通过"符号而获得另一种知识。

❸ 我们赋予"修辞学"更广泛的意义，正如贝雷尔曼（Perelman, 1977）定义的那样。他强调人们在任何一种语言行为中都能遇到的"说服的力量"。

• 安排情节的技巧 ⇒	以可能性的分离为标志的事件的时间先后关系	现在或过去事件的隐晦再现
• 阐释中创造出的认知行为 ⇒	预见	判断
• 影响阐释者的叙事张力 ⇒	悬念	好奇心

问的全部问题、一种期待（通过某种"文本的省略加强法"而得以持续，在这其中有不确定和预测交杂于审美经验）以及一种"答案"，答案的内容可能是出乎意料的，而答案本身又包含总的过程，在这个过程中以回溯的方式推定出整体。在叙事的语段轴上，跟随"叙事张力"的序列而确定叙事的三个"阶段"，并由阐释者连续实现这些阶段：

（1）"结点"产生"所问的全部问题"，这些问题的作用仿佛是叙事张力的启动机。这些问题和"预测"或者"判断"相关，而"预测"和"判断"又涉及叙事情景。阐释人总是受到吸引，并体会到言语中包含的一种暂时的不满足感。这种不满足感通过以下方式得到明确表达：将会发生什么事？发生了什么事？或者刚才发生了什么事？

（2）"延迟"构成"期待阶段"，在这个阶段中人们感受到的一部分不确定性得到预测的补偿——对意料中的结局的预测。最基本的预测建立于期待的基础上，文本通过一种结局而实际包含的期待：缺少对结局的期待，这种期待建立在情节的典范模式基础上（情节的构成和解决交替出现）。叙事张力也许并不会具体化成某种形式，因为叙事张力并不一定使叙事趋向于某种即将达成的文本结局。❶ 这就是"不确定性"和"预测"的辩证法，这个辩证法形成叙事张力。叙事张力的基本功能

---

❶ 如果言语的不满足感没有通过这样一种期待而得到趋向某点的集中，那么，我们面对的就是一种根本的不满足感，这是现代美学经常出现的修辞格。很显然，与典型叙事中发生的现象相反，在生活中许多谜团永远得不到揭示。我们永远不能见证自身存在的主要悬念：我们明白自身的死亡。海德格尔（Heidegger）却向我们说明，存在就是"存在为了死亡"这一概念的潜在性的基础，这代表了主体的基本情节。

之一在于构成叙事的"节奏"。

（3）"结局"使"答案"以照应过去的方式突然出现。叙事为阐释者的问题提供了答案：预测（以"预见"或"判断"的方式发生）从而被确定或被废除。在废除预测的情况下，某种"惊奇"可以导致对阐释的完全或部分重新评价。这个决定性阶段也可以用来评价叙事的完整性。如此一来这种完整性在人们（长时间）的期待之后形成一种实在的整体。

第一个阶段对于区分"好奇心"和"悬念"具有决定作用。与叙事暂时的不满足感相应的系列问题会采取一定的形式，实际上只有根据这种形式才有可能确定我们是否面临对情节的安排，而这种安排有利于表达某种不确定的"判断"，或某种多少有些冒险性质的"预见"。同时情节的安排也能够促进"好奇心"或"悬念"的合理布局。

为了产生"悬念"而安排情节，同时也能使阐释者有所反应，引导阐释者产生疑问：事情将如何进展？谁会取胜？他将会做这件事吗？他会怎样做？他会成功吗？为了这些隐含的问题能够显出效果，也就是说为了阐释者能够真正被引向疑问，以至于对答案有明显的期待，按时间顺序发展的行为应当促使出现某种"可能性的分离"，这种分离对于叙事者和叙事阐释者共有的"全知能力"是很重要的（艾科，1985）。暗示"悬念"的典型情境因此而成为"次暗语化"的互相作用，或者作为性质最不稳定的互相作用而出现：冲突、违抗或罪行以及难以达到的目标等。在这种情况下，叙事者不会一下子揭示这种"次暗语化"（相互）行为的结果，这种做法解释了为什么时间顺序的关系在信息交流方面暂时表现得有所保留。

相反，我们假设叙事按照"好奇心"的策略而进行，如果在这个阶段阐释者受到引导而产生的疑问具有下列方式："发生什么事了？""他想怎样？""他是谁？""他在做什么？""刚才发生了什么事？""谁做的？""事情怎么从这样发展成了那样？"等等。在表现事件时有意增加难度，通过这样的策略，或者通过打乱时间顺序（比如将后果置于原因之前）而导致了这些问题。在"虚构"方面，阐释者的无知经常与主人公陷于神秘事件时的无知相叠加。这种情况致使谜一般的表述并不一定能使人摆脱满头的雾水。尽管如此,"直入本题的开场白"可以与情节安排的这种交替形式相连接。"判断"凭借的是现在时或者故事的过去时,而现在和过去暂时都难以理解。

第二个阶段在问题产生和解决之间展开,规定了"叙事张力"能够被明确感知的时间范围。因为处于结点和结局的形成之间,所以在三个阶段中只有这个阶段必然与某种"可感知的时间段"相适应,规定了叙事时间的结构和发展方向。叙事张力在这个阶段中得到发展。这个阶段本身直接依赖于叙事暂时不完整的性质,并取决于在受众思想中引发的系列问题和文本中即将出现的答案之间置入的"延迟"。阐释者以"判断"或"预见"的形式所作的预测目的在于部分地夺回在言语的相互影响中丧失的对叙事的控制力。这种"被动的控制"建立于不确定的预测基础上,却不能完全消除叙事张力(即不确定性),叙事张力将持续至最终的结局,而且可能出人意料。不确定的预测植根于如同次级代码的行为序列的集合中,被阐释者所掌握。如此一来预测使人们能够通过一下子勾勒情节轮廓的方式建立言语的目的论。情节的结局在充分实现之前就被人们预测了。序列模式的集合(巴洛尼,2006a)使人们能够预测叙事的整体结构,能提高阐释者对多少比较复杂的行为的语义的控制,并且丰富人们对叙事(超文本、互文剧本等)和文化(电影脚本、交互矩阵等)的刻板形式的知识。

接受活动的被动性以及阐释行为两者的不确定和预测性质之间存在辩证法,这种辩证法与结局的策略性延迟相关,并使一部分已经实现的叙事(这部分叙事中包含着结点,并且对于预测能够发挥类似催化剂一样的促进作用)和言语的某种可能的"将来"之间产生联系,这个"将来"应经被预测但是还没有猛然发生。一般情况下,越是逼近结局,言语的强度就更会增加。

第三个阶段导致了结局。我们似乎无法考量情节的最终阶段,但可以仔细观察导向这个阶段的行动过程。显然在这一点上,某种关于叙事性的判断式研究方法使我们能够评价叙事序列的模式论,而叙事序列被

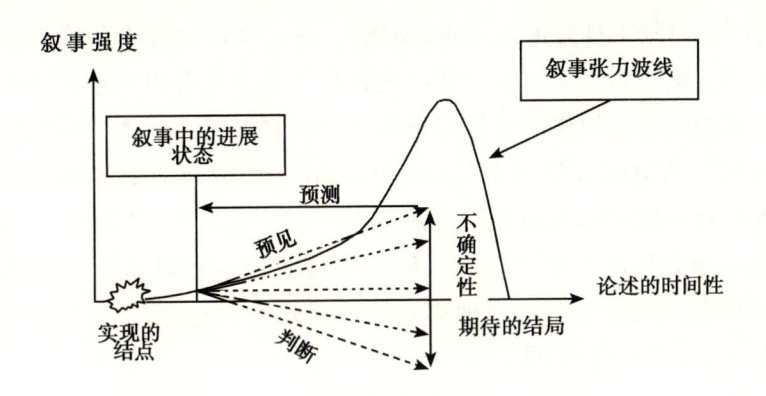

[图：叙事强度与论述的时间性关系图，显示叙事张力波线、叙事中的进展状态、预测、预见、判断、不确定性、实现的结点、期待的结局]

结构主义的叙事学家具体化了：实际上格雷马斯的施动模式使叙事性固定在一种既定的逻辑形式中，却不利于我们考察那些可能出现的意想不到的事情，这些事件产生时，施动模式也成为现实。结局表示"期待中的答案"突然出现的时刻。如果照应前项的结局，其结构特性取决于自身的"答案性质"，那么结局必然与"最初所提的系列问题"相联系，并涉及之前阐释者提出的"暂时性的假设"，而假设的目的在于预测这个答案。

"好奇心"和"悬念"使阐释趋向于叙事的"将来"，相反"意想不到的事情"促使我们重新评价自己先前实现"将来"而采用的方法。因此意想不到的事情促使人们获得这样的意识：突发事件从某种程度上激发了叙事张力的"启发性"功能，所以突发事件可以被定义为"认知"的原动力（斯坦伯格，1992：519~524）。叙事中的突发事件确实是"超文本标准和价值的代码转化"（伊瑟，1979：287）得以实现的场所。次代码化的外展旨在预测叙事言语的整体性，继这种外展之后出现的是一种"元外展"，"元外展"的功能在于更新我们对叙事的理解

以及对叙事所表现的世界的认识。❶

特别是当叙事具有虚构性质的时候，在叙事性语境中明确叙事张力非常重要，叙事张力能够标志期待的特征，通常具有积极意义。正因为如此，我们所理解的作为情节安排基础的省略加强法不是某种叙事者方面"合作"的缺陷（格雷斯［Grice］，1967），相反省略加强法是一种增强人们对言语的兴趣的方法，能使言语有"起伏"，更鲜明生动。由此"叙事张力"以一种"引人入胜的"模式而不是简单的"情感"模式得以实现，无论如何后一种模式具有否定性"夸张"或令人不快的"情感"的习惯性特征。❷

如此一来叙事张力更具有"游戏式兴奋"的紧张感，而不是"受苦"和"受罪"的感觉，即使一般情况下"悬念"策略要经历上演情景的阶段，而人们通常认为情景在现实生活中是令人不快的。比如为了取乐，我们将"俄罗斯山脉"借来安放在游乐园里让自己心生恐惧，那么，在叙事性的语境中，我们可以不经受现实的危险，享受在现实中通常令人焦虑和无法忍受的情景的再现。❸ 正如雅克·布莱斯（Jacques Bres）提出的那样：情节安排的省略加强法因此而具有教导儿童的功用：乐趣与愿望的延迟满足有关，从中可能会产生关于时间的意识，这个过程有利于儿童心智的成熟，使他早日获得真正人的意识。此外，在一般情况下，结局终止了人们沉浸在叙事的想象和游戏性质的空间里，人们感到结局仿佛是一种失落。

然而在这一点上，应当注意虚构性质的叙事和事实性质的叙事之间的基本区别。在诸如自传、证明或历史文献这一类现实生活的叙事中，

---

❶ 艾科如此定义"元——外展"：我们通过第一个层次的外展叙述出一个可能存在的世界，"元——外展"的意义就在于决定这个世界是否对应我们的经验世界（艾科和塞波克［Sebeok］，1983：11，我对塞波克的翻译）。

❷ 萨特（Sartre）确信，比如情感这种生理上的现实通常是为了某种无规则的混乱而被持有，它具有某种固有的含义，如果不理解这种含义，则不能理解这种现实本身（1995：122）。

❸ 因此，亚里士多德确信，通过模仿的艺术，我们在凝视事物的最准确影像时感到愉悦，而在现实中看到这些事物使我们痛苦，比如最令人鄙视的动物或尸体的形状（1980：89）。

可能会出现这样的情况：叙述出的事件具有"情感负荷"，由于人们切实体会到这种负荷，而且它处于一个机体的连续性中，这个机体在讲述这种负荷之前首先感到痛苦，所以这种负荷至少保存了原有的部分否定性特征（巴洛尼，2006b）。因此阐释者体会到的同情，他对于主人公命运的"同感"不能简单地只是一种"令人愉快的"感觉。无论如何，情节的安排必然深刻改变对情节所表现的压力的认识：因为情节以萌芽的方式包含某种产生和谐结局的希望。这种张力获得某种固有的结构性质的价值，就像一首乐曲中的不和谐音，这些不和谐音并不是错误的音符，而是某些与主题直接相关的张力，从一开始我们就期待这些张力随着语句的推进而解除。

五、结　论

我们说明了叙事的顺序结构依赖于被称为"事件的情节安排"的现象。我们还揭示出如果将这个叙事过程重新置于判断和情感语境中，这个过程实质上建立于文本的张力策略基础上，受众想要一下子就了解某个信息，这种策略的目的就在于延迟提供信息并引起受众的好奇心。我们还揭示了两种修辞学策略的基础形式，这两种形式的策略使情节得以形成。每种形式与一系列问题紧密联系，这些问题涉及的是对表现出来的（相互）行为的认知：或者是延迟发布的信息，该信息针对行为过程的后期发展，行为的结局是不确定的（此后从"悬念"中产生了时间序列形式的关系）；或者是对现时或过去时间的理解，而理解暂时受到阻挠（此处涉及通过"好奇心"安排情节）。关于叙事性的情感研究方法强调的是情节的"结成"可以被看作是一种面向某个叙事对象的"提问"，"提问"的目的在于激起叙事对象设想一种"答案"，"答案"的形式是"情感"（悬念或好奇心）以及增长的认知参与行为，而该行为的目的是通过预测期待中的答案来补偿信息交流过程中丧失的控制力。在阐释者预测的答案和实际文本提供的答案之间存在"张力"，在这种"张力"以及叙事所包含的潜在的突发事件中，故事的意义在很大程度上得以展开。

此外，本维尼斯特（Benveniste）指出"提问"属于某种"功能机制"，这些功能使讲话者能够影响受话者。这样一来"提问"还能说明语言事实的陈述范围：

从此讲话人使用语言是为了从每种程度上影响受话人的行为，为了这个目的他拥有一种功能机制。首先是"提问"，它的目的在于引起一种答案，"提问"是一种通过语言过程构建起来的表述，该语言过程也是具有双重开端的行为过程。……通常标志陈述行为的特征就是强调对话双方的言语关系，无论对话人是现实还是虚构的人，是个体还是集体的人。（1974：84~85）

如果像我们想的那样情节的基础确实处于对双方的言语关系的强调中，这种关系一度以某种问题的形式呈现，那么，这种观点应当使我们超越过于简化的二分法，这种二分法以传统的方式将"故事"与"言语"分离。叙事的序列化依赖于安排情节的现象。从本质上说这种现象与对话体密不可分。以前被认为是文本的结构和内在属性的概念实际上是"对话"语境或"对话体"语境的最明显的痕迹，而情节安排就存在于这种语境中。

即时出现的实用性结局表面缺失，这经常是文学性叙事的特点——以前人们称之为"去实用主义化"，尤其是在虚构的记载中——这种缺失易于通过叙事张力现象得到补偿。这种现象的目的在于"使人感受"。"使人感受"能形成言语的结构，并能在对话关系的层面上确定言语的贴切性。另外叙事的这种特征使我们想起了"言语的应酬功能"（雅各布森［Jakobson］，1963）。在这种功能中，联合的关系由一种简单的词语交流而产生，语言并不是以传递思想的方式发挥作用。"言语的应酬功能"中充满对情节的安排，但在简单的"言语的应酬功能"之外，以下问题也很值得强调：将存在的张力展示出来，我们从中体会到愉悦，通过安排情节将存在的张力转化为叙事的张力，这就是一种愉悦。我们在理解不能预见的变化时有一定的方式，这快意必然与这方式具有深刻关系。或者这种愉悦与我们所体会的"阴暗区域"深刻相关，这个区域影响到我们的存在。罗姆·布鲁奈尔（Jerome Bruner）认为：

构思一个故事，这是我们为了对抗突发事件而采用的方法，突发事件是指人类生存境遇中产生的偶然事件。但这也是为了补救我们在这种境遇中掌控力的不足。故事使突发事件显得没那么惊人，没那么令人忧虑：故事能够缓和突发性，使突发性更平常一点。"这个故事很古怪，但是它意味着某种东西，不是吗？"我们有时会有如此反应：即使是读玛丽·雪莱（Mary Shelley）的《弗兰肯斯坦》（*Frankenstein*）。（2002：79~80）

蜂拥而至的事件使我们对已确信的事件产生怀疑，减弱了我们对世界的控制力，如果叙事能够理清这些事件，那么，在另一方面叙事也能很好地帮助我们制造某些有用的变化，这些变化使我们走出充满重复的难以驾驭的怪圈，摆脱烦恼以及最终从烦恼中产生出来的痛苦（瓦兹拉维克、维克兰德和费什，1980）。

如果我们对世界的认知建立于一种象征的结构基础上——这种结构的目标在于使世界"可以居住"，那么当这个结构显示出自己的范围，它就可以进一步发展，并能够适应一种具体的经验对它的不断"冲击"，这种经验对于我们的预测和阐释性质的方案来说是不可缩减的。象征性结构的这些特点至关重要。人们讲述的那些离奇的轶事，尤其是虚构故事的叙事，可以构成"可能存在的全新世界"，并因此而使我们能够挖掘现实的意想不到的潜在性。❶ 轶事或故事能使我们"疏离"日常生活。在对故事的记录中，叙事试图动摇一个世界——这个世界因此而摆脱了翻来覆去讲的话，而不是缩减存在于事件和我们的期待之间的不可避免的差距。历史和故事的不可抑制的运动通过持续的涌出表现出来，这种涌出承载着希望或焦虑，只有叙事才能说明这种涌出。

【参考文献】

[1] ADAM, J.-M. [1994]: *Le Texte narratif*, Paris, Nathan.

---

❶ 参见博诺利（Bonoli, 2000）以及柏迪达特（Petitat）和巴罗尼（2000；2004）。

[2] ARISTOTE [1980]: *Poétique*, Paris, Seuil.

[3] BARONI, R. [2002a]: "Le rôle des scripts dans le récit", *Poétique*, n° 129, 105 – 126;

[4] BARONI, R. [2002b]: "Incomplétudes stratégiques du discours littéraire et tension dramatique", *Littérature*, no 127, 105 – 127;

[5] BARONI, R. [2004]: "La valeur littéraire du suspense", *A Contrario*, n° 2 (1), 29 – 43;

[6] BARONI, R. [2005]: "Formes narratives de l'action et dangers de dérives en narratologie", *Semiotica*, n° 156, 45 – 60;

[7] BARONI, R. [2006a]: "Compétences des lecteurs et schèmes séquentiels", *Littérature*, n° 137, 111 – 126;

[8] BARONI, R. [2006b]: "Fidélité de l'autobiographie et arbitraire du signe", *Texte*, n° 39 – 40.

[9] BARONI, R. [2007]: *La Tension narrative. Suspense, curiosité et surprise*, Paris, Seuil.

[10] BARONI, R. [2009]: *L'oeuvre du temps. Poétique de la discordance narrative*, Paris, Seuil.

[11] BARTHES, R. [1970]: S/Z, Paris, Seuil;

[12] BARTHES, R. [1973]: *Le Plaisir du texte*, Paris, Seuil.

[13] BENVENISTE, E. [1974]: "L'appareil formel de l'énonciation", *Problèmes de linguistique générale II*, Paris, Gallimard, 79 – 88.

[14] BONOLI, L. [2000]: "Fiction et connaissance", *Poétique*, n° 124, 485 – 501.

[15] BREMOND, C. [1973]: *Logique du récit*, Paris, Seuil.

[16] BRES, J. [1994]: *La Narrativité*, Louvain, Duculot.

[17] BREWER, W. et E. LICHTENSTEIN [1982]: "Stories Are to Entertain: A Structural – Affect Theory of Stories", *Journal of Pragmatics*, n° 6, 473 – 486.

[18] BRONCKART, J. – P. [1996]: *Activité langagière, textes et dis-*

cours. Pour un interactionnisme socio – discursif, Lausanne et Paris, Delachaux et Niestlé.

[19] BROOKS, P. [1984]: *Reading for the Plot: Design and Intention in Narrative*, Cambridge, Harvard University Press.

[20] BRUNER, J. [2002]: *Pourquoi nous racontons – nous des histoires?*, Paris, Retz.

[21] DANNENBERG, H. [2008]: *Coincidence and Counterfactuality. Plotting Time and Space in Narrative Fiction*, Lincoln and London, University of Nebraska Press.

[22] ECO, U. [(1979) 1985]: *Lector in Fabula*, Paris, Grasset.

[23] ECO, U. et T. A. SEBEOK [1983]: *The Sign of Three: Dupin, Holmes, Peirce*, Bloomington et Indianapolis, Indiana University Press.

[24] FONTANILLE, J. et C. ZILBERBERG [1998]: *Tension et Signification*, Paris, Mardaga.

[25] GERVAIS, B. [1989]: "Lecture de récits et compréhension de l'action", *RS – SI*, n° 9, 151 – 167.

[26] GREIMAS, A. J. [1966]: *Sémantique structurale. Recherche de méthode*, Paris, Larousse.

[27] GREIMAS, A. J. et J. FONTANILLE [1991]: *Sémiotique des passions*, Paris, Seuil.

[28] GRICE, H. P. [(1967) 1979]: "Logique et conversation", *Communications*, n° 30, 57 – 72.

[29] GRIVEL, C. [1973]: *Production de l'intérêt romanesque*, Paris, Mouton.

[30] HÉNAULT, A. [1994]: *Le Pouvoir comme passion*, Paris, PUF.

[31] ISER, W. [1976]: *L'Acte de lecture. Théorie de l'effet esthétique*, Bruxelles, Mardaga;

[32] ISER, W. [1979]: "La Fiction en effet", *Poétique*, n° 39, 275 – 298.

[33] JAKOBSON, R. [1963]: *Essais de linguistique générale*, Paris, éd. de Minuit.

[34] LANDOWSKI, E. [2004]: *Passions sans nom*, Paris, PUF, coll. 《Formes sémiotiques》.

[35] JAUSS, H. R. [1978]: *Pour une esthétique de la réception*, Paris, Gallimard.

[36] JOUVE, V. [1992]: *L'Effet - personnage dans le roman*, Paris, PUF.

[37] LARIVAILLE, P. [1974]: "L'analyse (morpho) logique du récit", *Poétique*, n° 19, 368 - 388.

[38] MANDLER, J. M. et N. S. JOHNSON [1977]: 《Remembrance of Things Parsed: Story Structure and Recall》, *Cognitive Psychology*, n° 9, 111 - 151.

[39] PETITAT, A. et R. BARONI [2000]: "Dynamique du récit et théorie de l'action", *Poétique*, n° 123, 353 - 379;

[40] PETITAT, A. [2004]: "Récit et ouverture des virtualités. La matrice du contrat", *Vox Poetica*. En ligne: http://www.vox - poetica.org/t/pbar.html (page consultée le 2 mai 2006).

[41] PEIRCE, C. S. [1978]: *écrits sur le signe*, Paris, Seuil.

[42] PERELMAN, C. [1977]: *L'Empire rhétorique. Rhétorique et argumentation*. Paris, Vrin.

[43] PHELAN, J. [1989]: *Reading People, Reading Plots: Character, Progression, and the Interpretation of Narrative*, Chicago, University of Chicago Press.

[44] PICARD, M. [1986]: *La Lecture comme jeu: essai sur la littérature*, Paris, éd. de Minuit.

[45] PLANTIN, C., M. DOURY et V. TRAVERSO (dir.) [2000]: *Les émotions dans les interactions*, Lyon, Presses universitaires de Lyon.

[46] PRINCE, G. [2006]: "Narratologie classique et narratologie post-

classique", *Vox Poetica*. En ligne: http: //www. vox - poetica. org/t/prince06. html (page consultée le 2 mai 2006) .

[47] PROPP, V. [(1928) 1970]: *Morphologie du conte*, Paris, Seuil.

[48] QUÉRÉ, L. [1998]: "Entre apologie et destitution: une conception émergentiste du sujet pratique", dans R. Vion (dir.), *Les Sujets et leurs discours. énonciation et interaction*, Aix - en - Provence, Publications de l'Universté de Provence, 117 - 133.

[49] REVAZ, F. [1997]: *Les Textes d'action*, Paris, Klincksieck.

[50] RICOEUR, P. [1983 - 1985]: *Temps et Récit*, 3 vol. Paris, Seuil ;

[51] RICOEUR, P. [1990]: *Soi - même comme un autre*, Paris, Seuil.

[52] RYAN, M. - L. [1991]: *Possible Worlds, Artificial Intelligence, and Narrative Theory*, Bloomington, Indiana University Press, 1991.

[53] SARTRE, J. - P. [(1938) 1995]: *Esquisse d'une théorie des émotions*, Paris, Hermann.

[54] SAVAN, D. [1981]: "Peirce's Semiotic Theory of Emotion", *Graduate Studies at Texas Tech*, n°23, 319 - 334.

[55] SCHAEFFER, J. - M. [1999]: *Pourquoi la fiction?*, Paris, Seuil.

[56] STERNBERG, M. [1990]: 《Telling in time (I): Chronology and Narrative Theory》, *Poetics Today*, n° 11, 901 - 948 ;

[57] STERNBERG, M. [1992]: "Telling in time (II): Chronology, Teleology, Narrativity", *Poetics Today*, n° 13, 463 - 541.

[58] TOMACHEVSKI, B. [(1925) 1965]: "Thématique", dans T. Todorov (dir.), *Théorie de la littérature*, Paris, Seuil, 263 - 307.

[59] WATZLAWICK, P. , J. WEAKLAND et R. FISH [1980]: *Changements. Paradoxes et psychothérapie*, Paris, Seuil.

批评关系与共情阅读
——文学中情感理论的影响

■ [瑞士] 安托尼奥·罗德里格* 文
　郭兰芳** 译

【内容提要】 对于传统的文学批评而言,谈论"共情"是一种幼稚而不严肃的行为。然而,今天阅读已经变得越来越大众化,且越来越以"乐趣"为导向。在这样的大背景下,共情成为文学批评中争论的焦点之一。本文在探究共情在文学领域中的定义之后,进一步探讨文学批评与共情阅读之间的关系。

【关键词】 文学批评　共情阅读　批评性阅读　非批评性阅读

近年来文学批评领域的重大现象之一是从诗学转向美学。文学不再被视为一种独特的、孤立的行为,而成了诸多需要特别关注的话语(discours)中的一种。诗学的美学转向首先由吉拉尔·热奈特(Gérard Genette)在《艺术作品》,❶ 让·玛丽·斯卡弗(Jean‐Marie Schaeffer)在《艺术的单身汉,向美学告别》、❷ 贝尔特朗·热尔维(Bertrand Ger-

---

* 安托尼奥·罗德里格,洛桑大学西瑞士法国文学博士院院长,主要研究方向为法国文学。
** 郭兰芳,厦门大学外文学院法语教师。

❶ Gérard Genette, *L'œuvre de l'art*: *immanence et transcendance*, Paris, Seuil(Poétique), 1994.

❷ Jean‐Marie Schaeffer, *Les Célibataires de l'art*: *pour une esthétique sans mythes*, Paris, Gallimard, 1996; *Adieu à l'esthétique*, Paris, PUF, 2000.

vais）在《文学阅读理论与实践》❶中提出。话语分析则经由多米尼克·曼格诺（Dominique Maingueneau）的《文学话语》❷得以发展，其在洛桑的推动人是让·米歇尔·亚当（Jean‐Michel Adam），当今的主要代表人是吉尔·菲利普（Gilles Phillipe）。❸以上两种视角的碰撞带来了诗学后结构主义复兴的丰硕成果。诗学并未并入叙事学或通过历史、社会学的相对主义来与文学理论对峙，而是很好地抓住了当今人文科学的关键点，主要是以下两方面：与文学作品之间联系的自然建立；以美学关系为中心的文本理论。

　　这些思考与亚里士多德关于模仿的"自然性"的诗学理论相吻合。但是，这种联系从此不再由单一的表现方式、唯一的关于虚构或形象化表现的问题来引导，尽管它们依然是许多重要研究的对象。问题的关键在于探究读者的投入，读者如何进入某个世界，他在阅读过程中的表现如何。文本从此不再是一个自主独立的体系（为文本而文本），而是被纳入了一系列涉及人类学、心理学和社会学的美学活动的整体之中。诗学研究的是如何引起互动，如何引导某些特殊阅读行为，如何以一种特别的方式来触及认知。读者是被文本"打动"的个体。我们为何而读呢？我们为什么会被某些情绪所感染？我们的动机何在？好几个新时代的诗学批评家正是朝着这个方向在研究，尤其是在瑞士。拉斐尔·巴洛尼（Raphaël Baroni，洛桑）❹的"叙述张力"探讨了哪些叙事元素能够引起读者的惊喜和好奇。热罗姆·戴维（Jérôme David 日内瓦）提出的

---

❶ Bertrand Gervais, *Récits et actions. Pour une théorie de la lecture*, Longueuil, Le Préambule, 1990 ; *À l'écoute de la lecture*, Montréal, VLB, 1992. Bertrand Gervais, Rachel Bouvet (dir.), *Théorie et pratiques de la lecture littéraire*, Montréal, Presses de l'université du Québec, 2007.

❷ Dominique Maingueneau, *Le Discours littéraire : paratopie et scène d'énonciation*, Paris, Armand Colin, 2004.

❸ Jean‐Michel Adam, *Eléments de linguistique textuelle*, Liège, Mardaga, 1990 ; *Les Textes : Types et prototypes : récit, description, argumentation, explication et dialogue*, 2e édition, Paris, Armand Colin, 2005.

❹ Raphaël Baroni, *La Tension narrative : suspense, curiosité et surprise*, Paris, Le Seuil, 2007.

"阅读的第一阶"[1] 探讨的是"共同阅读",他从社会学角度探究这样一个概念可能涉及的内容。热罗姆·梅佐兹(Jérôme Meizoz,洛桑)[2] 则提出了"处境"的概念,指出作者如何在其文学作品中以美学的方法将自己的境遇呈现出来,以期引起读者的共鸣。在法国,玛里耶勒·玛赛(Marielle Macé,法国国家科学研究中心)[3] 探讨的是"阅读行为"以及我们谈论文学时的行为。亚历山大·勒冯(Alexandre Gefen,索邦)研究文学中的情绪,主要从认知方法着手。[4] 我本人则在抒情诗的基础上发展了情感互动和文学共情的诗学理论。[5]

一、瑞士日内瓦学派(1980~2010)的遗产

"日内瓦学派"又称"意识学派",由马尔塞尔·雷蒙(Marcel Raymond)、阿尔贝尔·贝根(Albert Béguin)、乔治·布莱(Georges Poulet)发起。离我们更近一点的让·斯塔洛宾斯基(Jean Starobinski)影响了众多瑞士文学教师。然而,这一介于现象学(梅洛·庞蒂,Merleur-Ponty)、现代阐释学(嘎达梅尔,Gadamer)以及关于虚构的研究(巴什拉尔和精神分析)之间的方法建立在"批评关系"之上。而

---

[1] 热罗姆·戴维(Jérôme David)在进入日内瓦大学之前在洛桑接受过培训。我参考以下两篇文章:"La littérature au premier degré",*Versants*:*revue suisse des littératures romanes*, n° 57, 2010; Jérôme David, "Le premier degré de la littérature", *Fabula – LHT*, n° 9,《Après le bovarysme》, décembre 2011, URL:http://www.fabula.org/lht/9/index.php?id=304, page consultée le 29 juin 2013.

[2] Jérôme Meizoz, *Postures littéraires:mises en scène modernes de l'auteur*, Genève, Slatkine, 2007.

[3] Marielle Macé, *Façons de lire, manières d'être*, Paris, Gallimard, 2011.

[4] "情绪:艺术的力量"研究团队的合作管理人,亚历山大·勒冯(Alexandre Gefen)发起了好几项集体研究。参见其最近的集体作品:Alexandre Gefen, Bernard Vouilloux (dir.), *Empathie et esthétique*, Paris, Hermann, 2013.

[5] Antonio Rodriguez, "Le chant comme imaginaire de la lecture empathique", dans Antonio Rodriguez, André Wyss (dir.), *Le chant et l'écrit lyrique*, Bern/New York, Peter Lang, 2009, p. 63~80; "L'empathie en poésie lyrique:tension et degrés de lecture", dans Alexandre Gefen, Bernard Vouilloux (dir.), *op. cit.*, 2013.

批评关系中非常重要的一点是对作品的共情。❶ 值得一提的是，这个流派与法国由让·皮埃尔·里夏尔（Jean - Pierre Richard）引领的主题批评存在一定的共通之处：虚构故事的结构与情感偏好处于同一个研究范畴之中。那么，这是否意味着我们正在后退呢？是否要重新找到一种对作者的特别"共情"，从而在文学与批评之间的一系列计划中描述其作品？文学批评自身是否应当成为作品的延续体以揭示影响读者的要素？

这意味着忘记1980年以来出现在文学批评中的分歧。我想以日内瓦大学的主要继承人之一劳伦·杰尼（Laurent Jenny）为证。他在《独特的言辞》中提出了一个关于修辞（figural）的理论，❷ 把文风的问题从诠释的连续性中分离出来。他沿用了米歇尔·德基（Michel Deguy）关于广义修辞的理论，指出有必要建立一种将消极性考虑在内的模型，以取代单一的、由毛里斯·梅洛·庞蒂"肉体"（chair）概念引出的连续体（continuum）的概念。2013年，劳伦·杰尼在原来思考的基础上更进一步，探究了诗学的新视角，发表了题为"美学生活"的论文。❸ 这个例子体现出某些日内瓦学派（我同时还想到帕特里西亚·郎巴多Patrizia Lombardo以及他与"情感科学"之间的结合）继承者的观点与他们前辈提出的直接共情方法之间的距离。

今天这一遗产似乎应当通过诗学、文体学，或者更广泛一点，读者的情感投入等问题来审视。如今，阅读是一种更加"大众化"的、"以获得乐趣为目的"的阅读，同时也会有更多牵连、更多情感投入，由此我们需要重新审视文学批评的功能。在这样的大背景下，无论在瑞士还是法国，"共情"这个概念似乎已经成为争论的焦点。有必要对这种区分及其预设进行考查，因为它们有时是显而易见的。"共情"这一概念是关于阅读类型和美学实践争论的核心。我的理论研究方法与其他人文

---

❶ Georges Poulet, "Conscience de soi et conscience d'autrui", *La Conscience critique*, Paris, José Corti, 1971, pp. 301 – 314. 在《批评关系》中，让·斯塔洛宾斯基就文学中的自我与他者之间的关系作了一些较为特别的阐释。

❷ Laurent Jenny, *La Parole singulière*, Paris, Belin, 2009.

❸ Laurent Jenny, *La Vie esthétique: stases et flux*, Paris, Verdier, 2013.

科学相关，同时也将当今大量关于在文学领域建立美学联系的争论纳入其中。近年来，"情感"与"理智"之间的划分遭到认知流派的广泛质疑，我也对这样的区分提出疑问。"情绪的合理性"已经得到证明，正如论证或行为本身是否受到情绪的暗示。❶

二、如何对待"共情"这一概念

20年前，当我刚刚开始学习文学的时候，谈论共情会被视为非常幼稚的、偏离严肃的研究方法的行为。人文科学领域"严肃"这一特征主要通过其合理性来衡量，与感性无关。在文学领域，"共情"这一概念与非批评性阅读有着更为密切的联系。情感投入是以娱乐消遣为目的的阅读的特征，这种阅读远远偏离了解释和知识。公众对一些次要文学类型（侦探小说、悬疑小说、情感小说、自由抒情诗、凄美的自传）感兴趣是因为文学更需要的是感受而不是思考。人们在阅读的时候希望得到某一直接的情感信息，这就涉及阅读的透明度问题：阅读的时候只寻求某种兴奋而不关注文本的复杂性。相反地，站在学术的角度，批评应当通过运用已经得到检验的方法和知识❷来摆脱印象和情绪。他是中介的读者，而非现时的读者。文学批评的对象往往是那些主要的文学类型，它们通常非常复杂，在语言上精雕细琢，比如复调小说、正统诗歌以及一些可以作为典范的戏剧。

这一概念18世纪被称为"sympathy"（亚当·史密斯和一些盎格鲁撒克逊哲学家都用到这个概念），在19世纪末20世纪初的德国美学中被称为"Einfühlung"。我的综述不会仅仅局限于这一概念的历史演变、其在哲学和心理学领域的回归（铁钦耐、胡塞尔、舍勒），❸ 也不会局

---

❶ Raphaël Micheli, *L'Emotion argumentée: l'abolition de la peine de mort dans le débat parlementaire français*, Paris, Cerf, 2010. 拉斐尔·米歇里（Raphaël Micheli）曾就读于洛桑大学，在让·米歇尔·亚当（Jean-Michel Adam）的指导下完成其博士论文。

❷ 我引用的是热罗姆·戴维的观点。

❸ Gérard Jorland, "L'empathie, histoire d'un concept", dans Alain Berthoz, Gérard Jorland (dir.), *L'Empathie*, Paris: Odile Jacob, 2004, p. 19–51.

限于文学这一学科的主要历史运动,这些运动往往是针对心理学阐释和"情感错觉"❶而发起的。鉴于文学领域深深印上了对"心理学回归"的恐惧,我把上述两种历史演变及其结果、遗产都考虑进来。这种恐惧也许是某些抵抗的原因,面对这些问题,抵抗有时是合理的;但这种恐惧同时也在一定程度上解释了该学科落后于其他人文学科的原因。本文将集中讨论这个问题:文学批评与共情阅读之间是否存在一定的关联或者存在怎样的关联。首先我将对共情这一概念进行定义,随后看看人文科学近年的新发现对一些老问题作出了怎样的更新,还将举一些文学中的例子加以论证。

文学批评不能直接被视为一种共情阅读,但我作出这样一种假设以支撑我的思考:文学批评使我们更容易共情。如果批评本身不是一种共情行为,它又如何能使我们变得容易共情?我们平常使用的学术方法如何能够增加我们面对文本的共情能力(情感方面和认知方面),并使之复杂化?为了回答这些问题,我们需要在今天大家都认可的一些元素的基础上对这一概念重新定义。共情在这里指的是一种站在别人的角度来理解和感受他的体验的能力。❷通常,共情的对象是某一个人,是别人。我们可以先问问自己,在文学中,面对谁、面对什么我们会产生共情。是面对人物、作者还是叙述者?出于以下两方面原因,我们暂且保留这个不确定性,保持这种对象缺失的状态:一方面,我们将会看到,其实我们会对文本中的不同元素、不同层次产生共情,而很少会对某一主题的唯一表现形式共情。姑且简单地说我们对文本产生了共情(这是文学活动中最具体的"他者")。另一方面,共情本身也与人际关系能力相关,是一种换位思考、情感认同的能力,这种力量未必仅仅局限于某一个对象。

---

❶ Il s'agit de l'"affective fallacy" qu'indiquait Wayne Booth dans *The Rhetoric of fiction*, Chicago, Chicago University Press, 1961.

❷ Voir les chapitres suivants dans Gérard Jorland, Alain Berthoz (dir.), *op. cit.*, 2004, Alain Berthoz, "Physiologie du changement de point de vue"; Jean Decety, "L'empathie est-elle une simulation mentale de la subjectivité d'autrui". Voir également: Jean Decety, William Ickes (dir.), *The Social Neuroscience of Empathy*, Cambridge (MA), The MIT Press, 2011.

上述基础确立之后，我们还有必要吸收当前人文科学研究的一些预设，从而确定文学领域里共情的含义。首先应该把共情跟"情感传染"（contagion affective）或"情感融合"（fusion affective）区别开来。尽管这是一个古老的话题——马克思·舍勒（Max Scheler）在他 1923 年发表的作品中❶就探讨这个问题——但今天大家普遍认为这是争论中的一个基本要素。在情感传染中，一方与另一方有相同的感受，而没有意识到双方之间深层的差异。情感融合则必须在双方放弃各自观点的情况下才能实现。常常被提起的例子是婴幼儿的疯狂大笑、呵欠和哭泣。在共情中，必须始终分清自己与他人：感觉行为要与认知行为和想象相结合，同时必须清醒地意识到相互之间观点的区别。在一些跟情绪相关的文学方法里，共情往往被简单地视为一种传染，尤其是在诗歌和戏剧这些需要读者或观众情感参与的体裁中。我想以艾米尔·施泰格（Emil Staiger）关于抒情诗的评论为例，他影响了好几个当代批评家，米歇尔·柯罗（Michel Collot）的《物质情绪》❷便是一例：

读者不会保留任何距离，这是最容易发现的事实。这一现象无法用诗兴来"解释"。他对我们说话或者冷落我们，他让我们如此感动，使我们跟他处于同样的情感基调之中。由此，诗句在我们身上产生了反响，仿佛它们就从我们自己的心中迸发而出。❸

如果把共情与情感传染区分开来，那么，共情也不能与某种简单的理论归因混为一谈。❹ 在这种归因中，我们只需推断出某种情感状态，而无须亲自感受这种状态。指出某篇文章呈现的是欢乐或恼火的状态而没有情感投入便是上述态度的一种体现。在文学领域，这种阅读模式有

---

❶ Max Scheler, *Nature et formes de la sympathie: contribution à l'étude des lois de la vie affective*, Paris, Payot & Rivages, 2003 (1923).

❷ Michel Collot, *La Matière‑émotion*, Paris: PUF, 1998.

❸ Emil Staiger, *Les Concepts fondamentaux de la poétique*, Bruxelles: Lebeer‑Hossmann, 1990 (1946).

❹ Frédérique de Vignemont, "Empathie miroir et empathie reconstructive", *Revue philosophique de la France et de l'étranger*, 2008/3, pp. 337‑345. Julien Deonna, "The Structure of Empathy", *Journal of Moral Philosophy*, v. 4 (1), 2007, pp. 99‑116.

可能出现在运用方法、解构文本的学术批评中，也有可能出现在无法真正"进入"文本世界的读者身上。这些读者知道文本"谈论"的是什么，却无法真正参与进去，无法让自己被文本打动。

在基本定义中，我们还需要区分共情和认同（identification），尤其是对某一人物的认同（这一话题成为某些精神分析方法赢得关注的重要原因）。文森·鲁夫（Vincent Jouve）"人物效应"的理论正是基于认同的特征而提出的。❶ 认同某人是跟他有同感，通过一些共同特征、共同价值，一定程度上将自己投射在别人身上。我与人物同属一类人并能够体验到人物的感受。比起感受和融入，对情境的适应程度更为重要。这个他者和我一样，这里所说的"一样"（comme），指的是等同而不是对比。近年来，认同这一概念在重新表述（rééconciation）的传统中找到了重要的理论支持。重新表述这一概念首先由凯特·翰伯格（Käte Hamburger）提出，随后在话语视角下被重新提起。法国和瑞士学者劳伦·杰尼和马丁·鲁尔福（Martin Rueff）根据与米歇尔·德基相近的修辞理论又对其进行了一些细微的更新：

听见；他人和自己；在听见你的同时也听见自己，并相互倾听＝听见彼此＝根据听—说的循环，听见自己的同时，听见他人用某种语言在说——如果这种语言与"我的语言"不同，那么我是无法做到的——也就是说同样的句子同时听到两遍：就好像我自己立即又把它们重复一遍似的。两者合二为一。好像在源头那里，它们的影子（回声？替角？"可读"的字幕）在陪伴着它们，重复着它们；好像我在听到这些句子的同时，这些词还在说话者唇边的时候我就开始重复它们，我在心灵深处、在"我的"耳朵或者"头脑"里听到了它们；我作为对话者，用我们的语言把它又"重复"了一遍……❷

这个阅读模式中的认同并非完全的认同，它凭借的是一种共同语言。尽管如此，我们看到米歇尔·德基多么强调关系中对等的迹象。我

---

❶ Vincent Jouve, L'Effet-personnage dans le roman, Paris, PUF, 1998.
❷ Michel Deguy, "Je-tu-il", Modernités, n° 8, 1996.

245

通过"重复"、再述他人的话来使这些言语成为我的言语，由此而到达了双方同感的源头。但下面这种情况也是很常见的：我对人物没有认同感，但面对某个小说情境我有同感。比如，在雷吉·若弗雷（Regis Jauffret）的作品中，我们会看到一些让人非常反感的人物，但这并不妨碍我们与之共情。《爱情故事》❶便是一个非常典型的例子：故事从一个男人的视角展开，这个男人强奸了他所爱的女人。文中大部分的句子都以第一人称单数开头，他不断地强迫这个女人站在他的视角思考问题。这些行为很难让我们认同，却使这个人物很能打动读者。我们能够理解他的动机、体会他意愿的细微变化及其引发的暴力。

文学中的共情往往被简化为及时阅读中的这些态度：传染、认同或者被动重述；而专业的文学批评关注的则是情感的单纯理论归因。这些关于读者的思考中缺失的要素正与共情相关。那么，我们如何对待这种能力，如何对待这一无论在生活中还是文学中都如此重要的、自然而感性的认知态度呢？

三、共情是否与文学中的审美阅读相吻合

是否有必要回到贾科莫·里佐拉蒂（Giacomo Rizzolatti）团队关于镜像神经元的研究？❷ 这些研究在20世纪90年代推动了关于共情的争论，并由此为人熟知。如果我们试图确立诗学的自然态度，同时，我们在这些问题中只看到各种疑问的开端，那么，上述研究就可以为我们所用。目前，通过脑部成像❸而进行的神经科学观察还远远无法让我们了解阅读小说或诗歌时大脑所发生的复杂变化。镜像神经元首先在动物身上观察到，它们位于大脑的一些特别区域（今天更广泛地称为"共情区"❹）。关于镜像神经元我们已知的是：一个人看到别人完成某种行为

---

❶ Régis Jauffret, *Une Histoire d'amour*, Paris, Verticales, 1998 ; repris en Folio Gallimard.
❷ Giacomo Rizzolatti, Corrado Sinigaglia, *Les Neurones miroirs*, Paris, Odile Jacob, 2011.
❸ Stanislas Deheane, *Les Neurones de la lecture*, Paris, Odile Jacob, 2007.
❹ Christian Keysers évoque un, *Empathic Brain*, Social Brain Press, 2011.

或者想象完成某种行为的时候，他的运动神经元跟他自己完成这个动作时是一样活跃的。走钢绳的杂技演员便是一个很好的例子：观众的头跟着杂技演员的动作而倾斜。在这种情境下，我们理解他的动作、行为及其意图，我们把自己放在了他的位置上参与了所有的可能。

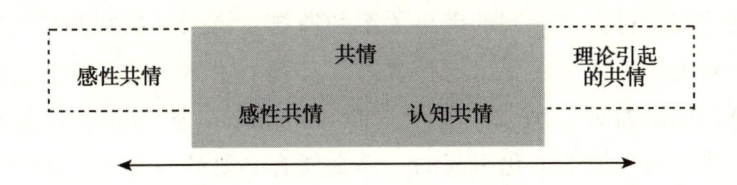

在把神经科学与心理学结合起来的各种研究中，主要有两种类型的共情：感性共情（empathie sensible）（或者"镜像共情"，empathie-miroir）和认知共情（empathie cognitive）。❶ 感性共情与情感传染比较像，其中的认知和想象的成分较少，主要是情感上的分享，区分不同观点的方法受到了限制。认知共情采纳了一些跟理论归因更接近的重构元素，尽管它也是一种参与的状态。由此，与其把共情分成不同类型，我们倒不如按渐进的方式来看待：共情多多少少都是感性的、认知的，根据其程度的不同分别导向情感传染和纯粹的由理论引起的共情。

```
感性共情 ┈┈┈┈┈┈┈┈ 共情 ┈┈┈┈┈┈┈┈ 理论引起
                                    的共情
         感性共情    认知共情
        ←                         →
```

这样一种渐进的模式使得我们可以跳出某些定义的限制：符号学家让·路易·帕托纳（Jean-Louis Patoine）认为共情首先是感性的，❷ 而另外有一些学者则采用了更偏认知方向的模式。从这些最早的定义中，我们可以吸取一些经验。与我们通常的观点相反，非批评性阅读（如迈克尔·瓦纳定义的"Uncritical Reading"❸）并非一种单纯的传染或者镜像共情。这种类型的阅读一开始被简化为情感融合和不理解两种状态：

---

❶ Frédérique Vignement, *art. cit.*; Julien Deonna, *art. cit.*

❷ Jean-Louis Patoine, *Du Sémiotique au somatique : pour une approche neuroesthétique de la lecture empathique*, thèse de doctorat, UQAM, 2010.

❸ Michael Warner, "Uncritical Reading", dans Jane Gallop, *Polemic : Critical or Uncritical*, New York, Routledge, 2012, pp. 13–38.

读者要么完全赞同，要么无法理解文本。这种阅读模式被视为批评性阅读的对立面：后者必须完全理解并且远离情感传染。即便我们说学术研究中的共情应归于理论因素，我们也不能说非批评性阅读是纯感性的。事实正好相反，我们后面会继续探讨这个问题。因而我们需要摒弃这种等级鲜明的分类，因为面对文本，感性并非最直接、最容易得到的经验。

要想知道文学批评（及其理论因素）是否能够促进非批评性读者的共情，需要我们更好地理解共情的程度，无论是感性共情还是认知共情。伊丽莎白·帕什里（Elisabeth Pacherie）特别强调认知共情的程度。在关于意向性的研究中，她提出了三种不同程度的认知共情。[1] 第一种是识别出某一情感状态的感性的、心理和行为上的特征。这种情感状态在文本中可以表现为一些简单的情绪，如快乐、悲伤、愤怒，也可以表现为一些较为复杂的情绪，如耻辱感。但是这样的识别同时还涉及与其他情感状态、行为或评判的因果关系的衔接。第二种认知共情与对情境的理解有关，由情境发展出这种状态（环境、主体、时间性的变化）及其对象。如果如贝尔纳尔·里美（Bernard Rimé）[2] 所说，情绪的产生是由状态或环境的变化引起的，那么就有必要确定环境以理解主体的意向。恐惧由某一确定或可能发生的危险引起。最后还有引起这一情感状态的复杂动机。有些人生性容易嫉妒（欲望、激情、性格、意图），有些人有某些个性特征、某些情感偏好，[3] 或者作品中塑造了这样一个情感丰富的角色。我们以怎样的预设来评判这种情境？为什么这样评判？如何从社会角度判定某一行为？为何要以这种方式来感知这种情境？

和认知共情一样，作为感性共情重要特征的注意力也分不同程度。

---

[1] Elisabeth Pacherie, "L'empathie et ses degrés", dans Alain Berthoz (dir.), L'Empathie, Paris: Odile Jacob, 2004, pp. 149–189.

[2] Bernard Rimé, Le Partage social des émotions, Paris: PUF, 2005.

[3] 在文学领域，关于作者情感偏好的细致研究曾是让·皮埃尔·里夏尔主题批评的目标之一。随后由让·斯塔洛宾斯基在其文化历史的相关研究中继续对其进行拓展。

在此我想借用让·玛丽·斯卡弗❶和玛里耶勒·玛赛❷关于"认知风格"的理论。一般程度的注意力大体上都是一致的，它把问题的复杂性统一起来。其目的在于赋予信号多样性一种更加透明的独特性。由此，阅读比起语言变得适应而"经济"，不再停留在风格的问题上，读者自己能够最大限度地将背景丰富起来——这种体验由此变得更加动人，因为作者讲述的事情都是他自己亲身经历过的。在注意力高度集中的情况下，不同的方式比透明性更重要。人们关注的是复调、句式的复杂性、意义的分解（多义性、讽刺），不再追求文本的透明度，而是强调言语的不同层次以及这些层次之间的关系。这就需要更多注意力的投入，同时读者也能得到更多的美学享受。把注意力放在文本中的声音上便是很好的例子。文本中一些恰当的叠韵、诗句的跨行断句、连续重音等会改变节奏或韵律，由此打乱情感信息。这种注意力高度集中的状态是某种特殊阅读方式的特征，但并非因此就一定是一种批评行为。读者并不会去进行文本分析、不会系统地去寻找文本现象，而是会维持他投入的状态。由此，他可以进行一种非评判性的审美阅读。在一项著名的研究中，倪普肯（Kneepkens）和万纳（Zwaan）❸指出，对文本形式（他们称为"认为情感"）最敏感的读者是那些"专家"读者，而不是读书爱好者。读书爱好者不习惯于将注意力放在文本形式上。由这项研究可以看出，对文本的敏感性不是自然产生的，它需要习惯、需要注意力的训练，甚至需要美学方面的相关教育。

四、两个文学实例

在得出结论之前，我们以两个文学文本为例来说明问题。文学中最

---

❶ Jean‐Marie Schaeffer, "Styles attentionnels et relation esthétique", dans Laurent Jenny (dir.), *Le Style en acte: vers une pragmatique du style*, Genève, MétisPresses, 2011；*Théorie des signaux coûteux, esthétique et art*, Rimouski, Tangence éditeur, 2009.

❷ Marielle Macé, *op. cit.*

❸ E. W. Kneepkens, Rolf A. Zwaan, "*Emotions and literary text compréhension*", Poetics, n° 23, 1994, pp. 125–138.

特别的元素是，我们面对的不是一个人、不是某种类人的生物，也不是某种动物，而是一个文本。在文本的基础上，我们通过某些意识行为来建立一个协调的世界。正如罗曼·茵加登（Roman Ingarden）[1] 20 世纪 30 年代所指出的，读者面对的是一个"带有某种目的的客体"，这个客体经由意识存在，同时也为意识而存在。我们通过心理行为穿过了文本带我们进入的某个世界（虚构的或真实的）。我们谈论的不是为文本而文本的理论，也不是结构主义封闭文本的理论，因为文本通过与它所产生的意识行为之间的互动来自我定义。我们来看一首诗，且不提其作者：

> 我们的生活是瑞士的——
> 如此安静——如此温和——
> 但是一个奇怪的午后
> 阿尔卑斯山忘记了它的薄纱
> 于是我们看得更远！
>
> 意大利在那里！
> 但依然在守候——
> 庄严的阿尔卑斯山——
> 命运的阿尔卑斯山——
> 阻止他进入

通过这个文本，我们进入了一片富有情感形象的风景之中：瑞士和意大利分别代表封闭和开放、黯淡和自由。一开始，生活很日常、很平淡；我们向往幸福、温和，但总是为自己树立起一道命运的屏障。是否需要认同某个角色、某位作者才能理解这个文本？这个情感情境很容易被理解；它通过形象化来使读者能够共情参与。由此，我们看出整体情境与情感形态比对某个人物的共情要重要得多。景物描写已经足以给人

---

[1] Roman Ingarden, *L'Ouvre d'art littéraire*, Lausanne, L'Âge d'Homme, 2000.

总体情绪和情感导向。比起一个生性忧郁的角色，对周围世界的观察更能引起读者共鸣。一连串的词可以让人了解其意向，而这里，这种气氛同样能够发挥这样的作用。这首诗的作者是美国诗人艾米丽·迪金森（Emily Dickinson），她从未来过欧洲，上述效果因此而更加突显。我们在不知道诗人姓名、对其世界一无所知的情况下同样能够跟她共情，更何况我们读到的还是翻译的版本。我采用的是克莱尔·梅朗松（Claire Mélançon，艾米丽·迪金森的译者之一）的译本。那么我到底应该跟作者共情还是跟译者共情呢？然而，在阅读过程中，一旦了解里面的信息，对于我而言，这个文本似乎就是这位美国诗人的。我们也以同样的方式阅读了陀思妥耶夫斯基，成了这位俄国作家痛苦世界的密友。在阅读原著之前，我们也许已经爱上了译成我们母语的莎士比亚作品。这些细微的差别正是今天许多翻译学家研究的对象。那么，从共情的角度我们能得出什么结论呢？翻译（显然是重写的）并不妨碍我们进入文本世界。情感导向并不会因为语言的改变而被颠覆，尽管我们的感性共情因此而被改变，但我们依然可以进入文本世界（比如一些论据）。所有这些对艾米丽·迪金森文本的认识并不会剥夺首次阅读及其寓意的力量。这种力量用母语触动了我们，尽管我们知道这些在一定程度上都是幻觉。

然而从这样一种经历我们可以得到另一种推断。我们不一定仅仅实现阅读的第一维度（参与）或者第二维度（批判），因为批评家也有参与、甚至审美的时候：他们在不认识源语言、也不了解这种语言规则的情况下使用翻译的文本。因此，我感觉自己可以品读日本俳句，可以欣赏古埃及神话，而不一定要掌握其语言基础和规则。这样的观察体现出，读者（即使是专业的读者）在一天中可以有多种不同的阅读方式，他也未必需要用上各种方法。这就打破了社会学的区分。我们可以迅速地从共情和审美关系过渡到批判分析阶段，而无需将自己固定在某个角色或者某种方式之中。

为进一步支撑我的论证，我想举另外一个例子：居斯塔夫·福楼拜的《包法利夫人》。书中非常出名的一个片段，艾玛第一次委身于罗多夫之后的一段描述。对其不忠的描述集中在周围风景的描写上，淡红色的风景是性爱行为的形象化体现。下午的柔情蜜意过后，艾玛回到家，回到夏尔，她可怜的丈夫身边。她只期待一件事情：把自己关在房间里，回忆她与罗多夫一起度过的美好时光。情爱关系通过温和而精致的风景来体现，甚至能给人贞洁感。而艾玛在房间里的幻想和回忆则有些过头，显得负面而激烈。

　　她刚刚摆脱了夏尔，就上楼，把自己关在房间里。一开始，她感到有点眩晕，她看到了树林、小路、沟渠、罗多夫，仿佛还能感觉到他的拥抱，而身边的树叶正在微微颤抖，灯芯草在窸窣作响。但是，她看着镜子里的自己，为这样的容颜而诧异。她的眼睛从未这样大、这样黑、这样深邃过。某种微妙的东西遍布全身，使她整个人焕然一新。她不住地重复着："我有情人了！一个情人！"想到这儿，她抑制不住内心的喜悦，仿佛又回到了青春期。她终于拥有了爱情的欢乐、幸福的狂喜，而在此之前，她几乎已经对爱情绝望了。她进入了一个神奇的境界，那里只有激情、狂喜和心醉神迷……

　　于是她想起了书中的女主角，这一群充满激情的不忠的妇人开始在她脑海里用姐妹的声音歌唱，让她沉醉。她变成了这些想象中真实的一部分，实现了她青春时代以来长久的幻想，成了她向往已久的情妇。艾玛同时也感觉到了报复的快感。难道她受的苦还不够多吗！但现在，她胜利了，长久以来被压抑的爱情欢腾奔涌而出。她品尝着这样的爱情，没有悔恨，没有忧虑，丝毫不心慌意乱。❶

　　就共情而言，我们首先从叙述者的角度看到艾玛多么狂热。她内心疯狂的沸腾通过人物一系列夸张的思维体现出来。在一阵"眩晕"之后，她开始诧异，然后因为重新回忆而欣喜不已。这种欣喜之情通过一些感知动词，如"看见""感觉到""发现"等表现出来。第一段末尾出现了大量表达激情的词汇。沉浸在回忆里的享受对于人物而言比行为本身更强烈。随后出现了报复的快感以及与小说中女主人公的对照

---

❶ Gustave Flaubert, *Madame Bovary*, II, 9.

（"一群充满激情的不忠的妇人"）。这个片段对于我们的话题而言尤其有意义，因为它是对那些代表情感传染和认同的"糟糕的女性读者"的一种指控。艾玛被"姐妹们"充满激情的歌唱吸引了，由此看到她不忠的深层动机：怨恨和报复。随后，文本词汇在她情感积极和消极的双重性之间交替。学术性阅读将会在这一认知共情的基础之上增加这样一个历史因素：居斯塔夫·福楼拜反对"浪漫""抒情"等继承自浪漫主义流派的概念。他把两类读者区分开来：一种像艾玛这样的，能够融入情景；另一种则以嘲讽为乐，他的读者应属于后者。尽管他有时也会摇摆，但是小说中叙述者的视角尝试着获取这样一帮读者的拥护：他们能意识到艾玛——以及一些浪漫主义者——非凡的想象力给外省一位不忠的妇人带来了怎样的灾难，让她做出了多么可笑的事情。作家对另一个文学流派的不赞同可能反映在更深层的动机里，体现在他对人物的影响上。

五、"情感情境"与多重视角

通过文本的不同元素，我们所谈论的共情能够产生一些与文学心理学相反的影响。❶ 并非一定要认同某个主体，无论是人物、叙述者还是作者本人。即使是最低限度的情感导向也可以很好地调动起共情，比如早期诗歌中常见的没有主体的风景描写。此外，面对某种情感情境，共情会随着视角的变化而发展。不同的主角、叙述者、书写效果都会给我们带来不同的情绪。情感情境很少通过单一的方向来确定，因为在一个文本中常常有多种情感导向在引导着我们。此外，多重视角也在随着价值体系和行为逻辑变化并与之配合。文学中的共情更多的是随着情感情境而不是某个单一主体的变化而发展。这些情境由某些人物或者几个主

---

❶ 我想到娜塔莉·布朗一些非常有意思的研究，她引用了许多阅读心理学的预设，这些预设很难被纳入更为复杂的文学行为之中。参见 Nathalie Blanc, Denis Brouillet, *Comprendre un texte: l'évaluation des processus cognitifs*, Paris, InPress, 2005; Nathalie Blanc (dir.), *Emotion et cognition*, Paris, InPress, 2006.

要的视角来导向，但单一性并非标准。同一个情感情境可以从不同的空间、时间和思想视角来呈现。人物判断其他主角的情绪，是不同性格、不同情感类型的载体；叙述者可以把自己放在一个对人物的讽刺体系里；作者将不同的声音组合起来，运用替代手法或营造诗性效果。当人物受到某种情感的影响时，作者也可以通过充分运用韵律来展示个人风格或时代风格。叙述与文本不同层面的结合打破了将简单的传染和认同作为共情阅读动力因素的理念。

如果说非批评性阅读的情感模式更多地建立在情境的基础上，而不是传染或者单一的认同之上，那么，这个研究还能让我们得出另外一个关于批评关系与共情参与的结论。此前的一个系统性错误认为阅读是感性的、富有情绪的，而批评性阅读则是理性的。然而共情这个概念，就今天的理解而言，需要更小心细致，甚至需要把某些字眼颠倒过来。对美学要求较低的普通阅读首先建立在认知共情的基础之上。面对文本，认知共情重在用很少的投入来理解意思，例如情感导向。这种共情使得我们可以与情绪及其对象认同，而不需要过多犹豫、不需要投入太多的注意力，从而保存阅读的乐趣。由此，认知共情把情感共情挤兑成了一些能够产生书写透明性的共同形式。文体现象、语言的味道在很大程度上被忽视了。

为了使阅读能够有不同的方法，读者应当对美学赋予不同的注意力：他细细品味某种修辞、某个细节或某种分句法。此外，这种注意同时也会增加对情感情境的认知投入。考虑书写背景、历史状况及其在民族传统中产生的效果有助于理解作者的意图。因此，我们要区分非批评性阅读的两种方式：一种以认知为主要特征，是一种比较经济型的阅读；另一种更具审美性质，需要感性投入和认知投入的并行增长。以文学为目的的文本利用的是第二种形式的共情。过多的效果会使得经济型阅读变得困难，但也并非不可实现。如果文本中连这种文学体裁最基本的元素都没有，读者便很难进入文中的复杂情境；文学类的小说不否定情节或故事的作用，尽管它们也批评这种占主导地位的模式，尤其在法国的新小说时期。

距离这两种阅读方式较远的是学术层面的阅读。一些特定方法和特殊词汇的使用正体现了它与共情阅读的不同。评论的"严肃性"以及将其纳入讨论的可能性正是由这样的分化来保证的。正如我一开始就说明的，我的目的不在于指出大学里的学者注重共情评论（即使他们这么做，也难以得到有说服力的结果），但是他们的评论带有理论归因的色彩，尤其涉及情感的时候，因而容易把注意力放在审美阅读上。学术课程和研讨会往往让一些新手（经济型的读者）将注意力放回文本自身。这种做法并不涉及与各种形式的感觉之间的区分，但是在评论之后，当我们再次阅读之时，感性的成分会增加。总之，在评论的时候，我们会采用一套理论体系，这些理论不是共情的，而只有在评论之后重新阅读时，我们才会更关注一些感性的细节、关注人物的动机以及写作背景中的关键点。面对一些复杂的文本，学术训练能够帮助我们完成更多的审美行为，达到某些文学目的（这些目的有时是非常大胆的）。关于共情的问题并非要延续阅读第一维度和第二维度之间的分界，而是思考不同阅读方式之间的持续循环。即使作为大学学者，一天之中也在进行着不同的阅读行为（经济型的、审美的或者批评的），甚至面对同一类型的文本，情况也是如此。认为批评性阅读胜过其他类型阅读的想法是没有意义的，虽然前者由于需要特定的教育而具有更重要的象征意义。批评性阅读并不仅仅针对大学群体，它与审美的共情阅读也有许多联系。因此，作品的前言、简介以及某些随笔针对的就是这部分群体。这便是尝试调解某些知识与共情重读之间关系的日内瓦学派或主题学派的批评准则之一。但是，与这些学派不同的是，共情有可能不太受一些尖锐的思想以及人文学科推理的影响。作品的情感关系不应再被视为为理论因素所解体的同质而连续的"肉体"，而应当是异质而不连续的。在听完某个讲座之后，我们在地铁里读一本小说，在品读某些片段的同时，我们的审美行为也因为不同的干扰（刚刚坐下来的乘客，车厢里的噪音，还有多少站才能到）而得到加强。总之，没有任何东西能够威胁到我们与作品之间的共情关系——无论是批评还是不连续性——如果只是感性与理性、作品的好坏阅读之间的对立。

通过"共情"这个概念，阅读的不同层次以及不同的情感投入可以通过将诗学与构成模仿的一些自然组成部分结合起来的方式来打破文学批评界长久以来的某些成见。批评的目的不在于打断对文本的情感参与，而在于调动知识与方法来增加共情认知程度的复杂性，并通过鼓励读者走进不同的注意模式来指出引起某些效果的不同因素。如果能够达到这样的效果，那么批评就能够满足其自身的利益（增加知识和明确方法），同时能够引导读者进入共情和感性的更高阶段。关于批评是否能够让我们更加容易共情这个问题，答案是肯定的，因为它以另一种方式促进我们共情。

情节的力量[*]

■ ［瑞士］拉斐尔·巴洛尼[**] 文
　郭兰芳　译

【内容提要】　关于情节，评论界讨论较多是的它的形式。尽管也有不少学者关注情节的力量，但其光芒一直被情节的形式所掩盖。为挖掘情节的力量并探究上述现象产生的原因，本文对情节的两种截然不同的定义，即形式主义定义和功能主义定义进行解读与分析，并探讨两种定义地位悬殊的原因。

【关键词】　情节的力量　叙述　情节的形式主义定义　情节的功能主义定义

一、富有力量的情节

情节是一种形式，通过这种形式作者或叙述者把所讲述的故事以一种诗学形态呈现出来；而这种形式同时又具有不确定性：它取决于情节的力量以及读者对其的兴趣。为了创造这样的不确定性，作者或叙述者

---

* 本文选自《寻找情节：通俗小说的故事讲述》（Fiding the Plot, Storytelling in Popular Fiction）（Loïc Artiaga Diana Holmes, Jaques Migozzi, David Platten 主编，剑桥：剑桥学者出版社，2013）。
** 拉斐尔·巴洛尼（Raphaël Baroni），瑞士洛桑大学文学院法语系副教授，主要研究方向之一为叙述学，在国际多种杂志上发表过叙述学方面的多篇论文。

需要付出的努力不亚于构建故事所需付出的努力。若要挖掘作为形式核心的情节的力量，则有必要探讨叙述的能量来源，看看是什么在推动故事前进、什么使得叙述形态得以展开、得以退场。牛顿物理学中有两种基本能量：动能和势能。我们可以作个类比：情节的力量在于把故事的势能转换为阅读的动能。阅读的过程其实是故事构建的过程，好比在错综复杂的故事网络里开辟出一条迂回曲折的道路。为了建立方程、衡量情节的力量，我们需要把下面两个基本要素重新置于分析的核心位置：一方面，要分析阅读行为，分析其在文本中的推进；另一方面，要探究叙事力量之所在，亦即情节的潜在性，篇章结构之外的潜在故事网络。然而，在很长一段时间里，这些问题一直是形式主义叙事学的盲点，因为批评强调的是重读的美学，诗学旨在探讨已经实现的篇章结构，而不是探讨其可能的结构。叙事学家感兴趣的，是这些被讲述的事件在整体中如何被安排，或者结局如何将事件的偶然性纳入情节的诗学必然性。

诚然，结构主义批评已经过时，但是许多现代的批评方法依旧，我们且套用德里达（Derrida）的话，"注重情节的形式，而使其力量失声"（1967：44）。在保罗·利科（Paul Ricoeur）的研究之后，不乏评论家继续强调叙述的"形态"功能，而不提其"情节"功能，[1]似乎情节首先必须是诗学"一致性"战胜事件"不一致性"的场所。此外，法国的篇章语言学继续推崇一种注重序列的模型，这种模型似乎把情节变成了故事的典型结构。在这个结构里，纽结和结局以对称的方式互相呼应，情节被定义为时间顺序和因果关系的建立；而关于叙述不同阶段之间的张力和衔接关系，理论界则讨论得不多。

当然，我们不能因此就断定情节从未被赋予一种积极的概念，也不能断定情节的光芒完全被结构主义叙事学所掩盖，只是它一直被边缘化，仿佛成了叙事性中让人羞于谈论的一面，仿佛是严肃的诗学不敢置于其关注中心的"公认"的糟粕。好在还是有一些例外，这些例外要从亚里士多德（Aristote）谈起。他通过强调卡塔西斯（*catharsis*，指情绪

---

[1] 关于此问题，请参见 Boroni（2009；2010）。

的净化）来对其"模仿说"进行辩护，同时还提及剧情的曲折突变和不同的情绪（pathos）效果的产生：担忧、希望、怜悯、命运突变所产生的诧异情绪等。克劳德·布雷蒙（Claude Bremond, 1973）在他的叙事作品的逻辑中也谈到了我们阅读故事时可能出现的状况：叙述者的煽动可能毫无效果，他的某种行为可能没有获得预期的成功，而是以失败告终。离我们更近一些，梅厄·斯滕伯格（Meir Sternberg, 1978）30多年来一直在为其功能主义叙事学进行辩护。他的理论主要建立在对悬念、好奇和意料之外事件的分析上，这些叙事要点甚至被他视为叙事性的基础（1992）。皮特·布鲁克斯（Peter Brooks）则把叙述张力的游戏与弗洛伊德（Freud）的本能理论相结合，来研究情节设置的心理功能。他认为，一个"追随情节"的读者对文本的介入"本质上是非常积极的，读者仿佛激活了一个能量系统，并与之进行互动"（1984：111－112 m. t.）。詹姆斯·费伦（James Phelan, 1989）对韦恩·布斯（Wayne C. Booth）提出的修辞方法进行了更深入的研究。他对情节的定义也建立在"读者对叙事的兴趣"的分析之上。他认为，读者的兴趣取决于他在文本中的"推进"，以及作者如何引入一些不稳定因素，如何使之复杂化，并最终解决或保留这些不稳定因素（Phelan, 1989：15 m. t.）。

我们发现，在接受理论的延伸研究中，评论家们对某些特定的研究方法重新产生了兴趣。这些研究方法不仅探究有助于理解和记忆故事的认知结构，同时也关注有助于构思那些还未被讲述、或许永远不会被讲述的情境❶的认知结构。因此，玛丽－劳尔·瑞安（Marie－Laure Ryan）指出，故事的"可叙述性"取决于情节的复杂性，而情节的复杂性又取决于"嵌入"实际叙述中的"潜在叙述"的可能性（Ryan, 1991：156 m. t.）。在其理论的后续研究中，让－玛丽·夏埃费尔（Jean－Marie Schaeffer）指出：

---

❶ 关于这一点，主要参考了安伯托·艾柯（Umberto Eco）的先锋作品，他的理念在很大程度上可以作为当代认知研究的前奏。

对故事的理解主要与两方面要素相关：一方面，部分记忆以及基于这些记忆的投射和期待；另一方面，对新信息的处理，而这些新信息是否能让人感兴趣又在很大程度上取决于它们与建立在前文记忆基础之上的期待的局部偏差。（Schaeffer，2010：28）

即使是格雷马斯之后的符号学也重新把关注的焦点放在了激情、张力和意指的关系上（Fontanille 和 Zilberberg，1998）。尽管有许多持类似观点的作品，但情节力量的光芒还是被掩盖住了。如何解释这一现象呢？为了弄清楚这个问题，有必要指出，情节至少有两种定义，而这两种定义事实上是相反的：第一种，形式主义定义，强调叙述形态的诗学创造，从而使得故事易于理解；第二种，功能主义定义，把重点放在阅读动力以及作为其基础的叙述机制之上。这两种定义相互竞争、局部相互矛盾，但两者都流传甚广。希拉里·丹尼伯格（Hilary Dannenberg）在其新近发表的《路特雷奇叙事理论百科全书》（*Routledge Encyclopedia of Narrative Theory*）中说道：

表面上看来，"情节"一词涉及的对象很简单，但它事实上是叙事理论中最难以定义的词汇之一。叙事学家用这个词来指代许多不同的现象。大部分关于叙事的基础定义都比较关注序列的问题，而评论界也不断地尝试重新对情节的参数进行定义，这样的尝试既体现了叙事时间维度的重要性也反映了它的复杂性。（Dannenberg，2005：435，m. t.）

我们并非要把一个词的不同用法切割开来，而是要留意到这个多义词确实引发了许多误解，也限制了这个在叙事理论中处于核心位置的概念的实际影响力。我将尽可能清楚地解释关于情节的两种不同理解，进而探讨情节的功能主义定义相对边缘化的原因；随后，我们还将讨论情节在叙事分析和文学评论中所能发挥的优势作用。

二、情节的形式主义定义

情节的形式主义定义把重点放在所讲述故事的逻辑上。情节设置的关键在于故事要素在整体中的安排和布置：简单地把要讲述的故事按照时间顺序相继排列还远远不够，要把这些事件按照因果或诗学必要性进行合理的安排，从而使读者可以反向阅读。事实上，如果事件的时间顺序（或者阅读的时间顺序）是从前往后，那么因果或诗学必要性正好是反向的：后面发生的事情解释前面的事件，正如目的可以解释方法；我们讲述某一事件，正是为了另外一件事情能够发生。在一个完全由必要性统治的世界里，时间变成了次要的变量。

在情节构建中，存在多种不同形式的必要性：可以是简单的因果关系，或者是为了营造某种特定的效果而采用较为复杂的安排方式，也可以是不同类型的文学作品自身的一些限制。例如，在悲剧中主角的死亡是必要的；相反的，在童话或者冒险小说中，主角则应死里逃生。谈到叙事因果关系，福斯特（Forster）在其1928年发表的《小说面面观》（Aspects du roman）中指出了"故事"（history）与"情节"（plot）之间的基本区别：

（1）故事："国王死了，随后王后也死了。"

（2）情节："国王死了，随后王后由于忧思过度也死了。"

对于福斯特而言，如果是一个简单的故事，叙述时要回答的是"然后呢"这个问题；而如果涉及的是情节，叙述要回答的则是"为什么"这个问题。他认为，一旦某个情节形成，它的时间顺序也就被预先确定了，但这个顺序被因果逻辑重新掩盖而处于其阴影之下。

情节的形式主义定义在不少研究团体中流传甚广，尤其在盎格鲁-撒克逊世界。它使得一些评论家❶把历史学家与小说家的工作拉近，认为对事件的叙述需要对过去进行切分并使其情节化。保罗·利科在其后续研究（1983）中，推广了这样一个理念："情节设置"最重要的作用是使时间性"成型"，通过诗学创造出来的"一致性"来克服经验的"不一致"。利科由此指出，情节化使得故事成为一个易于理解的

---

❶ 主要是海登·怀特（Hayden White）、路易斯·明克（Louis O. Mink）和保罗·维尼（Paul Veyne）。

整体。❶

这个理念跟俄国学者弗拉基米尔·普罗普（Vladimir Propp）1928年开创的形式主义传统比较接近。普罗普尝试着从俄国民间故事中抽象出一些不变的要素，由此而归纳出一些"功能"；这些功能的次序似乎是可以预见的，它由民间故事自身约定俗成的习惯来决定。在这一理论的基础上，以格雷马斯（Greimas）为首的结构主义符号学家建立了一套基本的"叙事语法"，可用于分析任何类型的叙述。受到普罗普、格雷马斯和布雷蒙（Bremond）叙述逻辑的启发，保罗·拉里瓦耶（Paul Larivaille）构建了"五元图式"的经典模式：

I 前 初始状态 平衡 1	II 中间 转变（主动或被动） 动态进程			III 后 终结状态 平衡 5
	2 诱发	3 行为	4 后果	

（Larivaille，1974：387）

这个图式之所以到今天仍然被广为接受（至少在法语世界），是因为篇章语言学（Adam，1997：54）把它作为使文本性跳出句子局限的基本典范序列之一。此外，篇章语言学还将这个图式与福斯特和利科提出的"叙述因果关系"趋同。让-米歇尔·亚当由此认为，因着"叙述的独特逻辑"，情节设置包含了对时间顺序的双重超越：一方面，通过引入"两个至关重要的叙述宏观命题——Pn2 和 Pn4（这两个命题被安插在起始情境和进程 [Pn1] 以及终结情境和进程 [Pn2] 之间）"；另一方面，通过建立"叙述因果关系"（它是叙事性的基本属性之一 [Adam，1997：51-56]）。他作出以下总结："逻辑和时间的破碎首先是通过情节设置宏观命题的'逻辑'来实现的。而五元图式正向我们揭示了这样的逻辑，它体现了片段（或一篇完整的文章）内部发展的五个

---

❶ 在我近期发表的一篇文章中（Baroni，2010），对"情节设置"这一观点进行了批评，因为利科本人在《时间与叙述》第三卷中对此论题的观点跟之前相比已经略有不同。

阶段之间的等级关系（它们之间并非简单的时间、线性关系）。"（Adam, 1997：54）

五元图式以及关于叙述因果关系思考的可操作性是毋庸置疑的。首先，这个方法不仅能够把狭义上的叙述（récits）与其他类型的片段，如描述（description）或论证（argumentation）区别开，还能使它区别于另外一些更基础的文本，如报告（relations）和专栏（chroniques）（Revaz, 2009：101-137）。其次，这个图式还适用于许多不同的情况，也可以用于探究叙述片段如何被安插在异质的文本性形式，如论证和解释当中。最后，这样的思考突出了叙事话语在所讲述故事逻辑和形式组织中的作用，亦即其在原始事件转变中的作用。"叙事化"赋予原始事件意义，并使其变得易于理解。因此，这种研究方法也涉及旨在对叙事性的模仿特征提出质疑的建构主义认识论。

尽管如此，必须指出，如果要谈论的是以具体形式表现出来的情节，也就是一个经验论的读者如何体验其阅读过程中情节的展开与收场，那么上述的思考角度会形成一些死角。首先，这种方法的重点明显在于使故事成形的诗学工作，而不在于情节设置的美学效果。[1] 在这一点上，埃德加·爱伦·坡（E. A. Poe）可谓典范，他认为"情节"是"规划"的近义词："显然，在落笔之前，就应该对文章从开篇到结局进行细致的规划。"（Poe, 1978：268）。情节之所以会以反向的顺序来呈现，而不是顺次呈现，是因为作者[2]有时会提前安排好结局。同样地，福斯特在成为诗学分析家之前是小说家；也正因此，因果关系对于他而言是使叙事定型的工作，而不是读者用于补充叙述缺陷的思考活动。那

---

[1] 詹姆斯·摩根（James Morgan）在他即将发表的一篇文章中建议，通过区别"emplotment""plot""exploitment"三个概念来界定情节的含义。其实情节的形式主义定义来自于"emplotment"，是指作者或讲故事的人将事件"情节化"的诗学工作。而情节的功能主义定义则与"plot"相对应，从读者的角度来描述情节。

[2] 马克·艾克拉（Marc Escola, 2010）近期在其作品中指出，情节的规划特征或许适用于爱伦·坡（Poe）写的中短篇小说，但是在18世纪的小说中体现得不那么明显。此外，在当代的电视连续剧中，一些编剧团队在建构故事时，其情节的发展很多都是不可预计的，因为要取决于作品受欢迎的程度以及观众的期待。

些使情节设置靠近历史编纂、旨在对过去事件进行分割并进行创意性安排的工作，其侧重点明显在于"故事的书写"，而非"故事的阅读"。因而，情节作为依赖于阅读行为的现象却不被探讨。或许有一些作家（但并非全部作家）在草拟小说或者历史作品的时候已经考虑到了结局，但是读者只有在这个结局不过是故事可能的结局之一的情况下才会形成对情节的初次体验。

其次，形式主义定义把重点放在了所讲述故事的纬线，而非故事的叙述次序上。换言之，纽结（Pn2）和解结（Pn4）是根据所讲述世界的语义学来定义的，它们分别是影响人物的冲突或缺失的"复杂化"和"解决"的过程。它们先后出现，尤其是在寓言童话（Fabula）里，人物经历着这些事件并且通过自己的行动来重新建立初始情境的平衡状态。因此，对于读者而言，如果一个故事不遵守事件发生的时间顺序（这显然是非常常见的状况），那么它完全可以从解决问题开始，而以问题的复杂化结束。

尽管如此，我们很容易证明，不遵守时间顺序的故事可以与遵守时间顺序的故事一样曲折动人。剧情"王后忧思过度而死……因为国王死了"可能与"国王死了然后……王后也因忧思过度而死"一样动人。前一剧情吸引人的地方在于事件引起的好奇心，而后一剧情的魅力在于悬念。但是二者能够成为情节的关键都在于叙述者善于用省略号来增加故事的可能性：必须通过增加"死亡"原因和结果的可能性来吸引读者，从而产生阅读的动力。

三、情节的功能主义定义

为了探究非时间顺序编排故事中的情节设置，同时使之成为一种具体现象（这种现象只有在读者的阅读过程中才会体现出来），我们有必要，至少部分地分解作为事件（这些事件构成了故事的纬线）"纽结"和"解结"的"宏观命题"。在某些情况下，叙事通过复杂化或描述某个缺陷，并尊重后续行为的方式来安排纽结；另外一些情况下，则通过呈现一种谜一样的叙事情境，并探究故事的过去以寻求解答的方式来形成纽结。这两种叙述方式之间的相似性是显而易见的，它们都以纽结开始，都保持了读者在阅读过程中一定的紧张度，并且都是通过回答读者提出的问题来解开这个纽结。但是，为了定义这些宏观命题的性质，我们必须采用功能主义的方法，这种方法不但探讨作者如何构建故事的纬线，而且还探讨了读者如何在阅读过程中慢慢构建出自己的故事。

情节是一曲乐谱，它需要"演奏者"来诠释，以实现其美学效果。在罗兰·巴特（R. Barthes）的组曲里，我们可以把这个生动的乐谱与某种"有所保留的"（1970：75）表现形式结合起来，这种表现形式旨在制造叙述的不协调和音：推迟关于所讲述故事重要信息的出现，以此来引发诠释者的疑问。

顺着这条功能主义脉络，会发现故事的纽结主要有两种形式，许多诗学分析家把它们作为两种主要的效果：好奇和悬念。对我而言，它们是叙述张力非此即彼的两种形态。此外，根据诠释者草拟的剧情以预言（pronostics，对按照时间顺序发展的剧情进行的不确定预期）还是预断（diagnostics，为理解某种不完整的叙述情境而作的假设）的形式出现，我把安排剧情纽结的两种方式与区别于行为表现的认知处理联系起来（Baroni, 2007：110 - 120）。预言和预断都是对叙述发展的预期，其区别在于它们在故事中的时间导向所引起的不同认知体验（见表1）。

表1

由纽结引发的思考	不稳定事件在时间维度上的呈现	事件的不完整呈现
叙述张力类型	悬念	好奇
认知行为类型	预言	预断

把对情感（悬念或好奇）和认知处理（预言和预断）的分析与篇章策略联系起来，就能够重新建立起情节的真正诗学。这些策略可以包括对冲突及冲突解决的时间线性叙述，也可以包含令人忧虑的氛围的营造、不同形式的假省笔法、信息缩减和视角变化、混乱的时间结构（由此，需要读者像玩拼图游戏一样把被打乱的片段组合起来以重新构建叙

述逻辑)。纽结可以突然出现，也可以是慢慢形成的。当读者思考故事现在、过去或未来的某些元素时，纽结对应的是故事发展的初始阶段；而结局，如果存在的话（有些叙事选择了开放性的结局），对应该部分的终结状态，它带来了纽结所引发问题的答案，由此来释放张力。

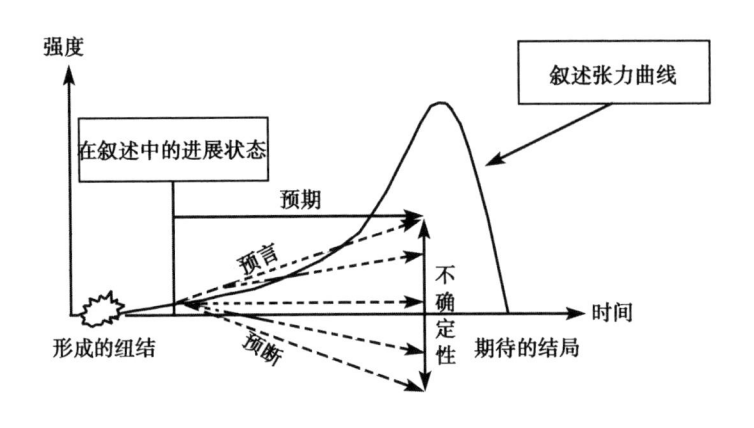

图 1

至此，我们发现，叙述次序并非由所讲述事件的时间性（或逻辑）来决定，而是由阅读故事的读者对叙述理解的时间性来决定。因而，情节的力量与故事发展的某一时刻的可能性（未来的、现在的和过去的）有关。而从实用和互动的层面讲，故事的"可讲述性"及其趣味性便取决于这些可能性。在对话性的叙述中，叙述者往往会突出这些为故事增加筹码的可能性（见图1）。他们会使用诸如此类的论述："我差点儿在那里丢了性命"或者"我以为我的生命走到头了"。拉博夫（Labova，1978）称其为"评语"（évaluation）。在文学体裁中，因为有了这些可能性，读者需要进行一系列密集的认知活动来对可能的情况进行设想；同时，这些可能性也增加了读者的阅读动力：他们需要继续阅读作品以期获得自己脑海里问题的答案。

最后，还要指出，情节的力量抵抗重读，因为每次重读文章我们都可以思考叙述之外别的可能性。事实上，文章试图讲述的不仅仅是已经发生的事情，还有本可以或本应该发生的事情。这些可能性的魅力如此之大，以至于有些读者把这些可能的故事写了出来，比如罗杰·卡约（Roger Caillois）想象出来的本丢·比拉多就拒绝袖手旁观，尼克斯·卡赞察斯基（Nikos Kazantzakis）则赋予了基督普通父亲的形象，过着平静的生活。

四、总　　结

上文提过，我很诧异地看到，评论界一直用功能主义理论对情节进行分析，即使在形式主义或结构主义盛行时期。但同时，叙述次序的形式主义定义又一直是文学诗学的标准模式。如何解释这一状况呢？其原因之一，是一直到近期，功能主义方法的可行性仍旧被局限于类文学作品，或者局限于推崇过去的美学，而现代虚构作品认为应与这种美学保持距离。因此，茨维坦·托多洛夫（Tzvetan Todorov, 1971）认为，悬念和好奇的重要性仅仅局限于侦探类的叙事中（这里需要把侦探小说和恐怖小说区别开来）。夏尔·格里维尔（Charles Grivel, 1973）在谈到小说吸引人的地方时，则以19世纪70年代发表的几部冒险小说作为对象，由此大大缩小了他思考的范围。最后，罗兰·巴特（Roland Barthes）在描述巴尔扎克小说中情节性符码和阐释符码作用的同时指出，这些符码限制了"经典文本的多义性"，而"现代文本正是在克服这些'障碍'的基础上，或者在这些'障碍'之间构建的。"（1970：33）

显然，情节的力量在通俗文学中更为突出。在这样的背景下，似乎要通过对小说情感的分析来对形式主义模式进行补充。但是，对于"正统"文学而言，这些由情节带来的情绪（Pathos）效果有着一个不可原谅的缺点：吸引读者。它们因此而往往会被视为商业技巧。罗兰·巴特把悬念与"我们社会的商业和思想习惯"联系在一起，认为这些习惯"致使我们一旦消费（'狼吞虎咽'）完一个故事便会把它'扔掉'，去消费另外一个故事、买另外一本书"（1970：20）。乔安娜·维勒纳福（Johanne Villeneuve）对此作出了以下总结：

在文学研究领域,"剧情小说"长期被视为不入流的作品……虽然远离美学标准,远离严肃的、我们已掌握的话题,但它们始终在努力着,尝试着吸引读者,尽管其道路时而平坦,时而艰难。而喜欢他们的读者也自能在这些作品里得到娱乐和消遣,找到躲避现实的一方小天地。(Villeneuve,2003:viii)

谈到文学价值,如果把"风格"作为最基本的标准,那么创造一个新世界、吸引读者的艺术便失去了它原先的显要地位,特别是我们不再提倡写冒险类的作品之后。此外,被贬低的不仅仅是"剧情小说",还有某种形式的阅读,甚至是特定的一类读者。对情节的否决则成了雅致的标准:

情节的爱好者能够很快地告诉你作品好或差。他不会纠结于诗学方面的思考。有人会把他当做一个纯粹的消费者、机械的痴迷者、丑闻的迷恋者、对大众文化生产线上的产品饥不择食的观众,认为他对形式的复杂性视若无睹,对诗学的呼唤充耳不闻。被歪曲的情节于是有了异化的力量:它紧紧地抓住了天真的观众的心,使观众沉浸于幻境之中。(Villeneuve,2001:13)

韦恩·布斯则认为:"大部分对情节的诋毁都建立在对以下论述的肯定之上:生活是没有情节的,而文学应该模仿生活。"(1983:57,m.t.)这个观点尤其适用于形式主义模式,其前提是萨特在《恶心》中所说的,人们以某种方式在经历生活,却以另一种方式来讲述生活。然而,如果我们把自己放在读者的视角,就可以以阅读的方式来经历生活,使生活趋向于我们即将读到的方向。与此同时,存在的体验和在报刊上看到的连载作品每天都在提醒我们,悬念、好奇和惊喜并非纯粹的文学技巧(Broni, Pahud &Revaz, 2006)。由此可以认为,现实本身也是通过不断出现的情节来构建的。从我们自己的经历角度来讲,现实与一个好奇的读者在书中经历的故事之间的差别非常小。此外,布斯还补充道,关于情节矫揉造作的批评应当回归当时的历史背景:

大部分对于情节的所谓非美学特征以及叙事中情感投入的批评都建立在当代对"美学距离"的重新发现之上……但是,人们并非到了20

世纪才开始认真地思考这样一种可能性：人为的技巧使我们与现实保持一定距离，我们不能说它们仅仅是彻底的现实主义的不可逾越的障碍，而应当承认它们也有可能成为一种力量而发挥某种功效。（Booth，1983：121，m.t.）

对叙述张力的分析之所以不太适用于现代文学，是因为它没有得到评论界的认可。但是，这并不意味着这一时期的作品彻底地否定了情节的作用。让·里卡尔杜（Jean Ricardou）在批评情节的"极权主义"（"一切都应为结局服务"）时（1967：171-172），主要批评的是爱伦·坡和福斯特所建构的情节，而对通过改变时间顺序或因果关系来引发读者强烈好奇心的叙述内在动力并未有任何诟病。此外，侦探小说是对现代性作品影响最大的文本构建典范之一，从《橡皮》到《弗兰德公路》，再到《时间表》，都受到了侦探小说的影响。当然，形式主义研究方法及其五元图式似乎不能用于分析这类把时间和因果关系打乱的作品。但是，功能主义模型则完全可以用于描述其动力[1]。

现代诗学似乎与修辞学重归于好，并终于开始探讨美学体验中认知与情绪相结合的问题。由此，关于情节的功能主义理论重新成了根本。情节也终于走出了被专业读者禁闭于其中的实验室，专家们开始谈论其构建方法，谈论其内在结构或美学缺陷，而不需要真正去考虑惯例或其人类学功能。文学研究的生存问题从未像现在这样得到如此多的关注。在这样的背景下，需要指出，关于虚构作品叙述重点的分析为我们开辟了一条道路，这使得我们能够很快进入人在时间里的体验之核心。因此，可以说，诗学使这个富有创造性的、陶冶情操的游戏得以更新，而这个游戏能够把一些被讲述的事件变成一个资源无比丰富的故事库。

【参考文献】

[1] Jean-Michel Adam, *Les Textes*, *types et prototypes*, Paris, Nathan, 1997.

---

[1] 关于这些问题，请参见瓦格纳（Wagner, 2010）。

[2] Raphaël Baroni, "Ce que l'intrigue ajoute au temps. Une relecture critique deTemps et récit de Paul Ricœur", *Poétique*, n° 163, 2010, p. 361 – 382.

[3] Raphaël Baroni, *L'œuvre du temps. Poétique de la discordance narrative*, Paris, Seuil, 2009.

[4] Raphaël Baroni, *La tension narrative. Suspense, curiosité et surprise*, Paris, Seuil, 2007.

[5] Raphaël Baroni, Stéphanie Pahud et Françoise Revaz, "De l'intrigue littéraire à l'intrigue médiatique: le feuilleton Swissmetal", *A Contrario*, n° 4 (2), 2006, p. 123 – 143.

[6] Roland Barthes, *S/Z*, Paris, Seuil, 1970.

[7] Wayne C. Booth, *The Rhetoric of Fiction*, Chicago, The University of Chicago Press, 1983.

[8] Claude Bremond, *Logique du récit*, Paris, Seuil, 1973.

[9] Peter Brooks, *Reading for the Plot. Design and Intention in Narrative*, Cambridge & London, Harvard University Press, 1984.

[10] Hilary P. Dannenberg, "Plot", *in The Routledge Encyclopedia of Narrative Theory*, David Herman, Manfred Jahn et Marie – Laure Ryan (dir.), London, Routledge, 2005, p. 435 – 437.

[11] Jaques Derrida, "Force et signification", *in L'Écriture et la différence*, Paris, Seuil, 1967.

[12] Umberto Eco, *Lector in fabula*, Paris, Grasset, 1985.

[13] Marc Escola, "Le clou de Tchekhov. Retours sur le principe de causalitérégressive", in *La partie et le tout*, Marc Escola et al. (dir.), Bruxelles, Peeters, 2011, p. 107 – 120.

[14] Jacques Fontanille et Claude Zilberberg, *Tension et signification*, Liège, Mardaga, 1998.

[15] Edward Morgan Forster, *Aspects du roman*, Paris, Christian Bourgois, 1993 (1928).

[16] Charles Grivel, *Production de l'intérêt romanesque*, Paris & The Hague, Mouton, 1973.

[17] William Labov, "La transformation du vécu à travers la syntaxe narrative", in *Le Parler ordinaire*, Paris, Gallimard, 1978, pp. 457-503.

[18] Paul Larivaille, "L'analyse (morpho) logique du récit", *Poétique*, n° 19, 1974, pp. 368-388.

[19] James Morgan, "Emplotment, Plot, and Explotment: Refining Plot Analysis of Biblical Narratives from the Reader's Perspective", *manuscrit soumis à Biblical Interpretation*.

[20] James Phelan, *Reading People, Reading Plots: Character, Progression, and the Interpretation of Narrative*, Chicago, University of Chicago Press, 1989.

[21] Edgar Allan Poe, *Histoires grotesques et sérieuses*, Paris, Gallimard, 1978.

[22] Vladimir Propp, *Morphologie du conte*, Paris, Seuil, 1970.

[23] Françoise Revaz, *Introduction à la narratologie. Action et narration*, Bruxelles, De Boeck, 2009.

[24] Jean Ricardou, *Problèmes du Nouveau Roman*, Paris, Seuil, 1967.

[25] Paul Ricœur Ricœ ur, *Temps et récit*, Paris, Seuil, 1983.

[26] Marie-Laure Ryan, *Possible Worlds, Artificial Intelligence and Narrative Theory*, Bloomington, IN, Indiana University Press, 1991.

[27] Jean-Marie Schaeffer, "Le récit entre fait et fiction: perspectives cognitives", in *Devant la fiction, dans le monde*, Catherine Grall et Marielle Macé (dir.), Rennes, PUR, 2010

[28] Meir Sternberg, *Expositional Modes and Temporal Ordering in Fiction*, Baltimore & London, Johns Hopkins University Press, 1978.

[29] Meir Sternberg, "Telling in time (II): Chronology, Teleology, Narrativity", *Poetics Today*, n° 13, 1992, pp. 463-541.

［30］Tzvetan Todorov, "Typologie du roman policier", *Poétique de la Prose*, Paris, Seuil, 1971.

［31］Johanne Villeneuve, *Le Sens de l'intrigue*, Laval, Presses Universitaires de Laval, 2003.

［32］Frank Wagner, "Alain Robbe-Grillet raconte (dysnarration, fabula, intrigue)", in *Alain Robbe – Grillet. Balises pour le XXIème siècle*, Roger – Michel Allemand et Christian Milat (dir.), Paris, Presses de la Sorbonne Nouvelle, 2010.

情节为时间增添了什么？
——重读保尔·利科（Paul Ricoeur）的《时间与叙事》[*]

■ 拉斐尔·巴洛尼[**] 文
　向征 译

【内容提要】《时间与叙事》三卷集（1983~1985）是保尔·利科又一部探讨语义创新现象的力作，在社会科学和人文科学众多研究领域中产生深远的影响。然而，随着时间的推移，需要重读利科所提出的模仿三段论，从而更好地认识利科如何综述现象学、历史学和虚构思考时间再塑型问题。

【关键词】模仿三段论　情节编排　时间再塑型　叙事同一性

《时间与叙事》三卷集最后一卷出版已经 25 年了。随着时间的推移，我们深切感受到这本广博[❶]且又复杂的书对我们的影响：一些概念，例如，模仿活动Ⅰ、Ⅱ、Ⅲ（自第一卷就介绍的概念），"情节编排"

---

[*]　本文选自 2010 年 2 月 12 日巴黎七大（Françoise Lavocat）和艺术语言研究中心（Marielle Macé）组织的题为"阅读、理解、阐释"（Lecture, perception, interprétation）的研讨会上的发言。

[**]　拉斐尔·巴洛尼，瑞士洛桑大学文学院法语系副教授，主要研究方向之一为叙述学，在国际多种杂志上发表过叙述学方面的多篇论文。

[❶]　除了三卷《时间与叙事》（1983，1984，1985），我们可以将以下著作看做模仿三段论的"预塑型"：《活的隐喻》（La Métaphore vive, 1975）和《叙事性》（La Narrativité, 1980）；将以下著作看做该理论的"再塑型"：《从文本到行动》（Du texte à l'action, 1986），《自我如同他者》（Soi-mê me comme un autre, 1990），《记忆、历史、遗忘》（La Mémoire, l'histoire, l'oubli, 2000），《重新认识的历程》（Parcours de la reconnaissance, 2004）。因此，从更广的范围来看，可以认为《时间与叙事》所探讨的问题是持续了 30 年的思考，自然会在细读中发现存在很多"不和谐"。

的塑形功能（利科诗学的中心所在）或者叙事同一性（最后一卷最后几页引入的概念），在现今很多人文科学和社会科学研究者眼中，如此根深蒂固，引人深思；以至于几乎无人质疑，在利科著作中陆续出现的这些概念之间有什么细微差别，以及这些概念的合理性所在。

不论多年后人们对利科提出什么样的批评，都不能否认他最大的贡献之一是，他加速了20世纪90年代中期提出的"叙事转向"（Kreiswirth，1995），并且在很大程度上为之作出了贡献。令人不解的是，在叙事学作为一门独立学科被宣布死亡、入土之后，人们才开始大量谈论叙事、情节、叙事性。事实上，当代叙事学，有些人称为"后经典"，只是被分化了，无法被一种单独学说所建立的学科定位。然而，叙事学又令人吃惊地传播开来，具有开放性，以至于今天，这门学科包含了很多以前与之并无关联的问题，同时又整合和运用了一些新的分析工具（Nunning，2003）。

在叙事研究进程中，利科无疑扮演了重要角色，他使我们从形式主义叙事思考中解脱出来，并且动摇了形式主义提出的"历史学、文学批评和现象主义哲学之间漫长且艰难的三角对话"（1983，p.125）。在利科的著作中，格雷马斯（Greimas）和热奈特（Genette）或许是第一次不仅和保罗·韦纳（Paul Veyne）、海登·怀特（Hayden White）对立，而且和圣·奥古斯丁（Saint Augustin）、胡塞尔（Husserl）、海德格尔（Heidegger）对立。《时间与叙事》在某种程度上给曾经随着结构主义的衰退而近乎消失的叙事理论以活力，并因此打开非常丰富的全新研究领域，调动了叙事性和我们与世界关系的某些方面千丝万缕的联系：时间性、同一性、事件性、行为语义学、伦理学，等等。利科的"情节编排"或者"叙事同一性"等概念在多门学科中广泛传播时，我们要问，这些概念是否被理解了，它们是否是合理的阐释工具，或者相反，成为思考的障碍。

重读利科这部经典著作时，我将着重评价利科如何提出模仿三段论，并试图指出"情节编排"的作用和性质很难被理解，因为，它们总是不断地被重新定义。此外，我思考，是否模仿三段论并非阐释学和存在主义这两种本不相容的理论交叉后产生的结果。将"叙事中介"与文学虚构体裁以及历史学结合,并因此排除叙事性的所有其他表述,而且试图指出前两种模仿间可能存在的差异。也就是说,在亲身经历的时间或哲学所思考的时间(这不是一回事)和"被讲述"的时间之间,我认为,利科自相矛盾地掩盖了叙事方式如何真正讲述了人类的时间。我的观点,恰巧也是利科本人的观点,时间不是通过叙事中介成为人类的时间,而是一直被以叙事的形式讲述,因为它只能表现为包含不协调的协调的经验,以及与我们有关的过去、现在或将来的故事经验。

一、模仿三段论和对循环的质疑

《时间与叙事》第一卷中提出的问题初看似乎简单。利科延伸了之前有关隐喻的思考,他认为,文学或历史叙事的情节以从未有过的形式与诗歌创作对应,通过这种形式,以前无法言传的经验可以付诸于语言。因此,利科辩证地将奥古斯丁时间思索的疑难和亚里士多德诗学有可能提供的解答联系起来。根据这一观点,以诗学的方式建构的历史统一性——利科定义为事件"叙事编排"的能动过程——将是对存在问题的诗学回答,否则这个问题也许无法解决。

就此问题,利科的思考又多了一个层面,因为他引入了"视角"概念,如同汉斯-格奥尔格·伽达默尔(Hans - Georg Gadamer)在《真理与方法》(1976)中提出的概念。在这个概念中,读者的视角,被称作"预塑形"或者模仿活动 I,可以对应奥古斯丁提出的时间问题;作品的视角,被称作"塑形"或者模仿活动 II,与亚里士多德在《诗学》中提出的情节统一性联系在一起;各个视角的融合在阅读阶段,被称作"再塑形"或者模仿活动 III,对应因叙事中介而变得丰富的时间经验的变化。

利科的模仿三段论,源自于奥古斯丁对时间的思索、亚里士多德的诗学和阐释循环。因此,利科提出,在时间预塑形和叙事塑形之间可能存在差异。此外,视角的融合在审美过程中会改变读者,并形成读者的时间经验。今天我们认识到利科写在《时间与叙事》前言中这段话的重大意义："当时间被以叙事的方式讲述出来时，时间就变成了人类的时间，同样，当叙事描述时间经验时，叙事才有意义。"（1983，p. 17.——作者注）

时间经验和叙事之间的关系一经提出，利科便第一个意识到由此产生的难题。在引言中，利科就承认"模仿论有循环特征"（1983，p. 17），但是，他认为这个循环不是恶性的，而是良性的。提出模仿三段论之后，利科重新思考危及他全部研究的循环的危险：

我们应该重视行动的语义学结构，其象征力，或者时间特征，终点似乎又回到了起点，甚至更糟，终点似乎在起点之前。如果是这种情况，叙事性和时间性的阐释循环就会变成模仿的恶性循环。（1983，p. 110）

但是，利科随即又说：

毋庸置疑，分析应该是循环的。但是认为循环是恶性的会招致反驳。就此，我更倾向无限螺旋这个说法，它让思考多次从同一点经过，但是高度不同。（1983，pp. 110 - 111）

稍后，他又补充道：

所有叙事分析中都有循环性，它不断地阐释经验的内在时间形式和叙事结构，循环性不是死的重言式。应该看到一个"运转良好的循环"，其中，对于问题的两个不同方面的进一步论述相互支撑。（1983，p. 116）

利科在此部分指出他的理论面对的两个危险：一方面，阐释"暴力"嫌疑，使叙事和所指涉的时间之间必然产生割裂；另一方面，"冗余"嫌疑，在叙事中简单复制亲身经历的故事（1983，p. 111）。这两种危险从某种意义上说，是两个相互对立的绝境，利科接下来的论述行走在其间，如履薄冰。

"叙事编排"的"暴力"，也许是叙事和经验之间的彻底分离，亲身经历的叙事编排因此就只是虚构，是面对死亡的安慰，或者用萨特的话说，是伪善的形式。利科认为叙事塑形中"弄虚作假"的嫌疑让我们觉得经验可能是"绝对未完成",尼采曾想通过"彻底的诚实"来接受这一点(1983,p. 111)。与这种做法相反,利科将之定义为"特定文化特征意义的丢失——我们的文化"(1983,p. 112),并肯定地指出,直接经验和叙事中介是互为辩证的。因为他认为,"时间性经验不能简化为不协调。正如圣奥古斯丁指出,在最真实的经验中同时存在'张和弛'"。利科认为,"应该防止时间简化为不协调时出现的平均化矛盾"(1983,p. 111),并补充道:

  我们试图非辩证地将叙事的协调特征与时间经验的不协调对立起来,前者也应该是适度的。叙事编排从来都不是"次序"的简单胜利。即使是希腊悲剧范例也总是赋予情节波动干扰功能,戏剧性的变化,命运的逆转,会引起恐惧或者怜悯。情节本身就协调了张与弛。(1983,p. 112)

  当利科承认,历史学家,例如路易斯·明克(Louis O. Mink),当他试图完全从时间洪流中走出,以回顾的方式对时间进行解释塑形的时候,他有可能会忽视历史自身的时间维度时,上述论证便显得更为重要:"比如偶然与次序,不协调和协调之间的辩证关系",也就是利科定义的"叙事的特有时间性"(1983,p. 224)。

  利科由此得出结论,他定义的第二阶段模仿并非原本意义上的为经验"塑形",因为经验本身是"未完成的",而是让"丰富"经验,包含不协调的协调,融入本身就是不协调的协调的现实。由此,我们看到,不能按照字面意思去理解利科的观点。他认为,情节是时间经验塑形的场所。在三卷集前言中,他说:"情节可以是混乱的,未完成的,甚至是缄默的。"(1983,p. 13)情节远非要与它所建构的现实割裂,而是再现了最真实的经验所特有的"不协调和协调"之间的辩证关系。

  在反对情节"暴力"嫌疑的同时,利科所作的论证从反面威胁着他。现在出现了"冗余"的危险,因为"终点似乎又回到了起点,甚至,更糟,终点似乎在起点之前"。利科因此意识到:

  对冗余的反对似乎受到了第一阶段模仿分析的启发。如果没有象征系统,其中包含叙事,间接表达人类经验,说行动在寻找叙事,如同我

们所做的那样，就是空话。(1983，p. 113)

在第一卷《时间与叙事》出版座谈会上，利科指出所有批评中令他最为不安的一点：

> 我认为，循环性是真正问题所在。人们可以因此对我提出异议，认为我不得不将先前再塑形的结果加入预塑形的概念中——因为，事实上，对于我们中的每个人而言，我们生命中的预塑形来自于教导过我们的其他所有生命的再塑形。但是，这个循环不是恶性循环，因为从始动的到最终确定的过程中，仍然有意义的提升和进步。(利科：《卡尔、泰勒、利科》[Carr, Taylor, Ricoeur]，1985，pp. 17 - 318)

利科就这样回答了对冗余的反对，提请注意"始动"叙事性的存在，它会被记录在我们生活中未被讲述的故事里。在《时间与叙事》中，为了说明这种始动叙事性，即尚处于萌芽状态的叙事，利科着重提到精神分析和法律案件的例子：它们可能是存在的状况，需要寻找有效的叙事，或者从事件中生发出的可接受事实的表述。在这段简短，但对接下来的论述至关重要的文字中，利科特别引用了德国哲学家威廉·沙普（Wilhelm Schapp, 1992）提出的概念，即故事中的被动错综复杂。对于沙普而言，"故事在被某人讲述之前'发生'在一个人身上"（Ricoeur, 1983, p. 114）。在这里，利科似乎被尚未讲述的故事所束缚了。"故事难道不是通过定义被讲述吗？"他自问，而后又说："如果我们谈论的是实际发生的故事，这点倒不成问题。但是，潜在历史的概念能被接受吗？"(1983, p. 114) 为了就此进一步论述，利科提出"前历史"或者"后景"的概念，它们先于真正意义上的叙事：

> 这个后景是所有历史之间"活的嵌套"。被讲述的故事必须从这个后景中"浮出"（Auftauchen）。【……】讲述故事，跟随故事，理解故事，只不过是这些未被说出的故事的延续。(1983, p. 115)

遗憾的是，利科并未详细分析在"亲身经历的"故事中，或者"潜在的""始动的"故事中，"活的嵌套"具体是指什么，他也没有继续寻求定义和"情节编排"联系在一起的"浮出"过程。他最多只是强调了历史多样性的错综复杂，以及由此应该产生的，通过对比或者视角的选择，真正意义上的叙事。就这一点，我们有如下几个疑问。

首先，为什么不通过智力的、认知的和情感的叙事形式，将被动讲述与"我们身上发生的故事"联系起来，也就是说，与感动（情感—松弛）我们的事件经验联系在一起，并与我们的行动（实践—紧张）相呼应？利科也许意识到，发生在我们身上的事件和我们的行动的叙事感知形式并非彻底区别于叙事，不论是真实的，还是虚构的叙事，都需要诉诸话语和书写来表达。这一点有助于我们理解利科所提出的活的后景或者叙事的前历史，同时理解被表达的叙事（口头的、书面的，或者其他形式的）如何相互区别，或者相反，如何延续亲身经历的故事，以及如何将我们身上发生的事件变成经验。

此外，我们还要问，难道始动的叙事性不是恰好与现象学意图描述的时间经验性相对应吗？我认为，沙普继承了胡塞尔的观点，尤其是海德格尔的现象学概念，这一点并不令人吃惊。然而，利科从未倾向于强调这些问题之间的相关性。他在《时间与叙事》第三卷前几章致力于时间的现象学难题时，从未提到过沙普的研究，虽然此人承继了现象学，并有可能将哲学与叙事诗学联系在一起。

至关重要的一点是，如果在未被说出或者未被写出的我们生活中的故事与确实被讲述的故事之间存在延续性，难道不也是两种叙事性形式上的延续吗？这样，我们就不明白，始动故事中被动的错综复杂这个概念如何让利科从冗余的危险中解脱出来。只有当利科能够说明，模仿第一阶段和模仿第二阶段的虚构的或历史的情节之间有何区别，恶性循环才有可能被真正打破。❶ 这恰好是利科在著作中着重探讨的问题。在试图说明模仿三段论模式的"螺旋"特征时，利科会首先阐明，叙事中介给时间直接经验增添了什么；然后，他会尽力深入分析现象学思考的疑难，从而通过对比指出，虚构的和历史的中介价值何在。这就是我在此试图简要描述的两个方面，另外还有关于叙事同一性问题的若干评论。

---

❶ 关于 Schapp 的研究与利科叙事诗学理论之间的关系，参阅 Greisch（1990）；关于模仿三段论批评，参阅 Baroni（2009）。

二、叙事中介给时间增添了什么

细心的读者会发现,《时间与叙事》第一卷和第三卷之间发生了微妙的转变。与时间"前塑形"相比,问题难度不断升级,或许说明我们通过文学虚构或者历史叙事的中介所取得的成功。某个故事情节中缺少的开头应该通过艰难的探寻被补充完整,利科首先指出与时间问题相关的不可逾越的疑难。在第一部著作中,利科似乎着重强调在最真实的时间经验中的"不协调"问题。对应亚里士多德提出的神话的"协调"。第三部著作则是将叙事解答的疑难与哲学思索并置。我们将看到此处重要的细微差别如何彻底转变问题和对时间"问题"的模仿回答的意义。

三、历史和虚构对于时间经验问题的共同回答

第一章的标题不无含混,"时间经验的疑难"。利科首先在经验层面,而不是哲学思辨层面提出问题。评论奥古斯丁在《忏悔录》第十一章所思考的问题的同时,利科描述了精神的状况(今天我们称为意识),一边回想过去,一边展望未来,一边回忆,一边期待,但同时随着时间流逝,变得松弛。因此,会有一种记忆、专注和期待意识,试图衡量时间,给时间广延,也就是说,"时间存在"所依靠的形式。因此,奥古斯丁认为,既然时间是可衡量的,就应该有客观存在的形式,"因为我们不能衡量不存在的事物"(1983,p.30)。

问题明确了:时间是如何存在的,如果过去已经消逝,将来还未到来,而现在不是永恒的?这个最初的矛盾变成了中心矛盾,由此出现了松弛说。如何衡量不存在的事物?衡量的矛盾是直接由时间存在的矛盾引发的(Ricoeur,1983,p.23)。

因此,要回答什么是时间,是不可能的,至少,是非常困难的。"什么是时间",奥古斯丁问道;回答似乎是,时间是存在的另一面,是一种运动。通过时间,我们可以意识到现在,将来和过去所发生的事情

转瞬即逝。难以回答的在于如何说出什么在延续（manet），何为时间的广延——因此是可衡量的——可能是精神连接的时间的各个阶段，回忆、期待、专注时间的流逝。但是，我们还是难以想象既紧张又松弛的精神，既是在现在的一刹那，又在回忆过去，还在期待未来；既是被动的精神专注时间的流逝，又是主动的精神，有意识地连接时间的各个阶段，以此来衡量时间。

对于奥古斯丁，最终的答案是将精神活动记录在已经完成且成型的时间上，或者说，归结于神的全知全能。但是，在永恒的时间中记录现在的时间，显然与经验无关，经验只可能在时间终结时出现，只能建立在教徒的希望之上。❶ 利科认为，与奥古斯丁在神的永恒和信徒的希望之上寻找答案不同，亚里士多德提出的悲剧神话整体性似乎提出了另一种解决方案。他的答案不再是神学的，而是诗学的：在诗人的叙述中，时间已经被客观地界定在完成的作品中，已经被塑形在完整性（holos）之中，包含了开头，中间和结尾。❷ 读者意识的张弛只能借助于作品的中介，将时间经验的不协调包含在叙事诗学的协调之中。

因此，在论述的第一部分，利科强调借助叙事模式的不同写作体裁间的融合，不论是描述过去的事实，还是建构想象的世界。他肯定地指出，"历史学和虚构叙事之间存在结构同一性"，以及 "一个对真实性的要求和另一个对叙事模式的要求之间存在深远的关系"（1983, p. 17）。这里情节的间接所指功能应该被包含于其中，如同隐喻陈述的

---

❶ 一些哲学家，如黑格尔，以及其后的 Francis Fukuyama，认为，"世界的历史可以看做是实现的全体性"（Ricoeur, 1985, p. 372），因此我们可以像谈论一个完成的存在一样谈论世界历史。利科反对这种说法，即使他承认曾经被黑格尔的"思想的力量"所吸引，而且，背离他的观点"是无法治愈的"创伤（1985, p. 372）："我们无法再迈出的一步是，在永恒的现在，现在的现在能够抓住经历的过去并在过去发展趋势中展望未来。历史本身的定义被哲学摧毁了，自从现在，与实效相等，摧毁了它与过去的区别"（1985, pp. 368 – 369）。

❷ 必须注意，将"情节编排"理解为本身未完成事件的完成过程是值得商榷的，当亚里士多德将整体性置于对象中，表现只是模仿了世界中已经存在的一切，例如，雕塑，或者绘画，被认为再现了身体的全部而不是部分："同样，在其他模仿艺术中，模仿的整体源自于对象的整体，历史是对行为的模仿，因此也是对整体行为的模仿并形成了一个全部"（Aristote, 1451a, 30——笔者注）。译文出自：Michel Magnier（1990, p. 98）。

功能，让我们获得"描述无法直接描述的事实"的功能（1983，p.13）。在《时间与叙事》引言中，利科讲述了他的研究计划，这段文字众所周知：

在情节中，我看到我们发明了最好的方法来重置我们混乱的、未完成的，至少是缄默的时间经验："奥古斯丁问，什么是时间？如果没有人如此问我，我知道什么是时间；但是，如果有人向我提出这个问题，而且我要予以回答，我就不知道什么是时间了。"情节的所指功能在于重塑饱受哲学思辨疑难折磨的时间经验的虚构能力。（1983，p.13）

在此，我们看到了给首先被称作"未完成的"或者"变形的"经验赋予形式的必要性。然而，在阅读中，当时间经验只是实现了已经被情节制造者记录在书中的成型的历史时，这种"变形"似乎就出自文学和历史经典情节。

因此，书本已经成型的特征似乎保证了，只是在《时间与叙事》的分析摇摆不定时，被重塑的经验的协调，不应当让过度的形式主义掩盖问题，并将问题简化。正如利科指出："如果通过叙事重塑时间的问题在叙事中出现，那么在叙事中找不到答案。"（1983，p.328）读者的行为成为视角融合的重要时刻，情节的所指目标在融合的视角中形成。

总之，图书馆里有很多未读的书，但是，它们的塑形是确定的，什么都不会被重塑。【……】没有读者，就没有文本塑形；没有读者，就没有文本世界（1985，p.297）。

因此，作品已经完成的特性只能随着阅读接近尾声而逐渐表露出来。这种依赖阅读行为的叙事塑形解释了，为什么不会有纯粹的协调，也就是说，没有偶然性、波折或者期望的塑形。作品即使已经完成，我们看到它的整体时，也不能是一种纯粹的形式，相反，作品是意义形成的过程，离不开阅读时间决定的阐释经验。如同热奈特关于衡量文学叙事时长时所指出的："没有人可以衡量叙事时长，我们本能地这样命名的，只能是【……】阅读所需的时间，但是，非常明显，阅读所需的时间随着个体情况而变化。"（Genette，1972，p.122）所以，衡量一部文学作品的时长，与衡量一生所发生的事情同样复杂和主观：阅读是生命中的一个事件。页数这样的客观标记对应于时钟和日历的标记,同样,对被讲述故事时长的感知对应于对(我们)经历事件时长的感知。唯一的区别是,待读页数减少,好像预示着即将到来的结尾,但是,在生命中的其他事件,也有终结的预示,比如,体育比赛的时长取决于比赛规则和秒表,有争议的选举的期限或者一次考试的期限,取决于立宪时间表或者校历。总之,"最终叠合"(1983,p.104)的性质是文学情节和生活之间重大区别的决定性因素。❶

四、历史和虚构对于时间思辨问题的不同回答

在《时间与叙事》第一卷出版后引起的论争中,卡尔所指出的问题,也是利科在随后的三卷集中主要思考的关键性问题:是否奥古斯丁的迷惑确实指向了时间经验,或者更确切地说,指向一个纯粹思辨问题。由此产生另一个问题,利科提出的诗学解决方案具体与什么对应:

奥古斯丁没有描述经验的不协调,而是将经验的可理解与理论的不可理解对立起来。"什么是时间?"如果没人向我提出这个问题,我还知道什么是时间",他说。他本可以补充说,我可以很好地解决这个问题。我支配过去和将来,我按照过去的经验计划我的行动,以此类推。只是当人们想要解释什么是时间,而且想要从逻辑或者本体论上理解时间时,我们就不知所措了。利科使用的"疑难"(Aporie)这个词,原本就是指理论上的困难,而不是实践中的。【……】毋庸置疑,实践经验摆出了很多问题。但是时间矛盾的性质也是其中之一吗?(Carr, Taylor et Ricoeur, 1985, pp. 310 - 311——笔者译)

如同我所指出的,当利科意识到,包含不协调的协调既是我们亲身经历的故事特有的特征,也是我们讲述的或者阅读的,真实的或者虚构的故事的特征,在对于时间和叙事关系的思考中,他做出了关键性的转变。原本对于时间经验和叙事再塑形辩证关系的探索变成了对思辨所产

---

❶ 有关这一点,利科主要参考 Kermode 的著作 *The Sense of an Ending* (1967)。

生的疑难问题的探索。在这个新的框架中，历史叙事和虚构叙事的诗学答案为西方哲学传统形而上固有问题，尤其是本体论问题，提供了解决方案。在此，利科明确指出，现象学为时间存在提供的答案是远远不够的。他将奥古斯丁、胡塞尔、海德格尔对于时间存在的主观主义思考，与亚里士多德和康德的客观主义思考对立起来。他指出，在现象的主观时间和物体的客观时间之间，在"我"的时间和"我们"的时间之间，在我们置身其中的时间的"被动"经验和投射时间的"主动"经验之间，无法建立对等关系。总之，利科认为，要将不相容的各个维度联系起来异常艰难，但是对于时间的思索却是必要的，历史的和虚构的叙事提出的"诗学答案"可能为这条死胡同打开出路。他指出，如果我们试图抓住辩证的一端（客观和主观、集体和个体、被动和主动），辩证的另一端就会被掩盖，然而，历史的和虚构的叙事要么让人类历史重新写入宇宙时间，要么将现象学意图掩盖的时间思索中的疑难暴露出来。

首先，历史文字可以让无法调和的哲学家之间建立关系，因为，从定义上看，历史文字就是集体创作，而非个人创作，是想要达到主观态度之外的客观叙述行为：

> 然而，历史通过发明和使用某些"思想工具"，例如，日历，世代相传的思想，同时代人三代传承的思想，从先辈到后辈，最后特别是通过档案、史料和行迹，展示它对于时间重塑的创造能力。这些思想工具最重要的功能就是将亲身经历的时间和宇宙的时间联系在一起，并证明了历史的诗学功能，从而试图为时间疑难找到答案。（Ricoeur，1985，p. 189）

因此，利科认为历史文字建立了"第三时间"，他将之定义为"现象学时间在宇宙时间中的重新记录"（1985，p. 229）。至于虚构，历史文字将提出"历史世界的对立面"（1985，p. 29），同时提供了利科所称的可能是"时间的虚构经验"的"想象的变奏"（1985，p. 229）。自此，该叙述模式的功能将揭示哲学思考在时间问题上的局限，因为它对时间问题的解答可能会掩盖自身的疑难特征：

> 时间问题产生的矛盾是"同一个分析既揭示了疑难，但又以其理想

的解答典范掩盖了时间的疑难特征,这一典范,作为"本质"决定分析,只有通过疑难主题的想象的变奏才能实现。(Ricoeur, 1985, p. 248)

由此我们看到,不仅是问题在发生变化,而且解答的形式也不一样:不再注重历史的和虚构的叙事的塑形功能。利科在第一卷曾强调,历史的和虚构的叙事的融合,现在他着重指出"两大叙述模式的不对称"(1985, p. 247),因为它们对一个新的问题会带来不同的答案:哲学疑难问题。❶ 虚构眼下的任务是揭露现象学思考的死角以及其理想解答的不足,而远非提出诗学解答,让混乱的经验变得有序。更确切地说,从此,虚构要化解最有序的协调深处无法弥补的弱点,即,时间的不协调。在此,利科的结论令人吃惊地与《时间与叙事》第一卷的论述矛盾,因为,虚构叙事不再是所谓不协调的协调的答案,不协调是时间前叙事经验的特征,却最鲜明地表达了协调-不协调难以克服的辩证矛盾:

主要在虚构文学中,人们探索张与弛对立统一的无数种方式。因此,这种文学就是探寻生命内聚力形成的包含不协调的协调所不可替代的工具。(1985, pp. 248–249)

视角在此发生了完全的改变:从此,利科承认,包含不协调的协调既是有待解决的问题,又是这个问题完美的答案(1985, p. 248)。至此,他肯定指出,从存在问题到它的叙述表达,什么都没有完胜,由于文学叙事的介入,亲身经历的时间没有变成人类的时间,因为它一直都是人类的时间。相反,虚构讲述的情节有助于揭示另一种话语形式的缺

---

❶ 在利科的 *La Mémoire, l'histoire, l'oubli* 中,虚构叙事与历史学之间的分歧会更深,因为,历史文字从此属于再塑型的一部分,而不是塑型。

陷：哲学话语和它所谓的对于时间问题的思辨解答。[1] 也许对于时间存在这个哲学问题的答案并不存在，但是这个无解的谜却相反可以通过虚构叙事讲述，这就是《时间与叙事》最后捍卫的观点。

五、历史和叙事对于同一性问题的交叉回答

尽管利科三卷集结论走到了死胡同，或者正因如此，他在模仿三段论最后提出了一个新问题。利科认为，历史的和虚构的交叉辩证法"本身就表明了诗学不适合解决疑难问题，如果这种彼此交叉没有产生"后代"（1985，p. 442）。利科在论述的最后几页，似乎发现了一个新的问题，历史的和虚构的叙事诗学能够为同一性问题提供答案。

不借助叙述，个人同一性问题变成了无法解决的悖论：要么我们提出一个主体，与自身各阶段多样性同一，要么我们延续休谟和尼采的理论，认为这个主体的同一性是实体性错觉，只有出现纯粹多样的认知、情感、意志后才能被消除。二难推理的情况出现了，如果将同一性理解为本我（idem），我们用这个同一性代替自我（ipse），本我和自我之间的区别就仅仅是实体或者形式同一性与叙事同一性之间的区别。自我可以脱离本我和他我，如果其同一性建立在时间结构上，与叙事文本的诗学结构中出现的有活力的同一性模式相吻合。与本我抽象的同一性不同，他我的叙事和构成同一性可以将变化、可变性包含在生命凝聚力中。因此，如同普鲁斯特所希望的那样，主体就同时由读者和书写自己生活的作家组成。（1985，p. 443）

利科曾经是叙事同一性概念最有影响力的倡导者之一，如同我们所知，这个概念取得了巨大成功，今天却被加伦·司特森（Galen Straw-

---

[1] 在利科第二部分思考中，《文本的世界和读者的世界》这一章无疑是《时间与叙事》最出色的一部分，一方面是因为，这各部分综合论述了读者行为的种种表现，这些表现之间常常分离或者互相掣肘（修辞学的、诗学的和美学的），尤其是因为，他将阅读再次置于行动世界中。暂时抛开时间经验和它的疑难的特殊问题，一个更大的问题被提出，比如，模仿三段论的循环揭示了一个问题，将叙事诗学置于它本身源自的世界（作为作者的有意安排），而且叙事在改变读者的同时转向这个世界。

son）（2004）称作可质疑的老生常谈，❶ 被詹姆斯·费伦（James Phelan）（2005）称作叙事帝国主义。暂且不细纠人们对他的批评，利科令人吃惊地将这个问题看作是他之前研究的延伸，将同一性与文学虚构体裁和史学体裁联系在一起。我们现在处在一个起点上，由此我们会问，是否"历史的"和"虚构的"最终没有成为简单的象征，用来描述所有只叙述事实的叙事内在的两面性，要求忠实于过去记忆和行迹的报告，同时动员想象创造性形式，以便根据现在的问题，重新建立持续同一性。这至少是以下这段话想要表达的：

在这方面，我们可以说，在历史的和虚构的角色交换中，叙事自身的历史部分使叙事脱离遵循同样文献真实性的其他所有历史叙事编年史，然而，其虚构部分使之脱离动摇了叙事同一性的想象的变奏。（1985，p. 446）

是不是应该将利科关于虚构的和历史的全部理论，看做是对于在所有叙事中发挥作用的历史的和虚构的成分的思考，不管是自传还是任何一种叙事体裁？不论怎样，这好像不是绝大部分《时间与叙事》所预计的。有关叙事同一性，不论利科假设的有效性是什么，对叙事同一性的探索应该在他的著作后期有所发展，而情节模仿三段论的最后高潮只是指出，提出问题如何困难，叙事和局限（文学的？）会给予怎样的回答，必须将这个困难交给模仿第二阶段，使之区别于第一阶段。

六、情节的比较诗学

我认为，《时间与叙事》论述的主要问题在于，它的出发点是靠不住的直觉，而且利科在逐渐意识到这个直觉引发的问题时，不停地转移答案和问题的表述，而未能找到立足点。这个不幸的直觉寄希望于《活的隐喻》中提出的问题，本可以重新引入叙事诗学的范畴。障碍在于，

---

❶ Strawson（2004）尤其探讨了，是否所有的同一性实质上都是叙事的，是否不应该提出情节的同一性，后者并不关心将存在置于自我宏大叙事的世界中。

隐喻的作用和情节编排有着明显的区别，因为两者不是以同样的方式存在于经验之中的。作为"转义"，"活的"隐喻（在社会公认的隐喻里还没有固定下来）必然取决于语言普通用法的转移，因此，从定义来看，它就显示了语义上的差别或者"不同"。所以，新发事件经验，或者，传统继承之外的非同寻常的事物，以及新的语言形式的后继创作，可以通过话语的诗歌创造性弥补语言的不足，二者之间可以建立动态的关系。

时间经验和叙事之间也可以建立同样的关系吗？我们对此有所怀疑，尤其当最初的经验，如同利科逐渐意识到的，落入始动叙事性陷阱时，后者与文学诗歌生发的叙事性并非彻底不同。形成中的叙事性，混合了协调与不协调、张与弛、形式与变形，与完成的文学的或者历史的情节不会有太大差异。换句话说，问题在于，当涉及情节而非转义时，我们不容易看出，给经验形式的语言和更新经验的诗歌话语之间的距离。

如果我们真的可以"将叙事看做时间的卫士，当时间是思考时间而非叙述时间时"（1985, p.435）还需要确定什么是"叙述"：当我们意识到时间流逝的时候，比如，当我们经历了非常重要的事件，当我们在回忆过去或者期待未来时，我们已经在"叙述"了？如果不是这样，模仿三段论就应该让位于叙事体裁的比较诗学。这些体裁范围很大：历史学家的叙事，忠实于过去，总体上和虚构叙事有所区别，后者注重情节，这两种叙事模式也区别于媒体或者谈话叙事。还必须区分对别人讲述自身的特征和我们亲身经历的直接经验中的认知模式。当然，在连接协调和不协调的诸多方式之间有不可忽视的区别，只有当我们相信，包含不协调的协调的某种叙事形式已经讲述了以最直接的经验表现的事件，才能理解它们之间的细微差别。[1]

背景（社会历史的）准则在这个比较诗学中变得更为重要。这些准

---

[1] 这种类型学的雏形，见 Baroni（2009, pp.85 – 91）。关于历史经验性，见 Carr（2010, pp.83 – 94）。

则决定了叙事建立时，特殊语用学的关键问题，并会产生一些独特的形式上的约束，这些准则同时也影响着对循环叙事的认识和使用。例如，我们可以依据热奈特的类型学强调预叙、追叙、在故事发展中同时或者插入的叙事之间存在差异，我们会问，是否被讲述的事件是真实的（要求对事件行迹的忠实）或者是想象的（不受此约束），是对自己讲述还是对他人讲述；我们在叙述时，是否试图解释事件，还是相反，意图激发一种情感。当然，需要考虑叙事体裁的故事，如果是文学叙事的话，还应该考虑风格深度和它的诗学创造性，我们可以将这个故事看做叙事螺旋上升中的一个决定性因素（Macé，2010，p. 262）。但是，还需要补充指出，风格的垂直度对协调和不协调同样产生作用，既可以强调世界的可读性，增加世界的能指，同时也可以打乱对世界的阅读，让我们脱离日常规范，开始奇罗夫斯基（Chklovski）提出的艺术作品的异化过程。

最终，在经验范畴更新过程中，广义文学的地位问题被提出了。仍然是卡尔提出了这个问题：

当我们认为，时间被讲述时，时间变成了人类的时间，最后一个问题出现了：是否可以说这样的讲述必然采取文学形式，或者，更广泛地说，通过文本来实现？问题好像就此回到了没有文学，生活就不可能被经历的论点。总之，我们得到了一个更合情理的解释，如果人们接受我的观点，比如，叙事不仅仅是言语方式，而是更重要的生活方式，甚至或许是生活的唯一方式。（Carr, Taylor et Ricoeur，1985，p. 311——笔者译）

的确，我们每天都会看到，很多事件都可能影响主体，而且，由此看到，这样的经验使过去的叙事成为过去，并要求产生新的情节。因此，我们当然可以承认，总是存在意义的进展，以及过去的叙事与形成中的新的叙事之间螺旋式的上升，因为时间一直在重复。"始动叙事"的概念是明确建立在过去叙事的界限上的，对于新的事件，要求新的叙述。但是，在对卡尔的回应中，利科是否有理由强调象征化过程中文学的作用？

您问我是否需要通过文学理解生活；我会回答：是——在很大程度上。因为"赤裸裸"的生活不可触及，因为我们不是生活在儿童世界中，但是，我们是不说话的儿童，来到一个已经在说话的世界，充满各种我们的前辈讲述的故事。因此，在我论述预塑型时，即模仿第一阶段，行动已经象征性地被传达；最广义的文学，包含历史和虚构，加强了已经开始的象征化进程。（Ricoeur, in Carr, Taylor et Ricoeur, 1985, pp. 317 – 318）

"象征化进程"依靠我们的谈话，在书中读到的故事，在广播中听到的故事，在电视中看到的故事，甚至，这些故事就发生在我们的信件中，在日记中，乃至在我们思想最隐秘处，在我们的梦中，在我们巧妙的计划中，在我们的希望和恐惧中，在我们的忧伤和遗憾中；为什么在赋予生活形式的"说话的世界"中，不融入"象征化进程"？文学作品和历史学作品只是偶尔地帮我们，给我们提供叙事形式，在其中模仿我们的经历，比如某人经历滑铁卢，或者某人与风车作战。这种原则上的束缚将情节编排的创造过程局限于仅有的几种文学体裁——将"书"看做象征形式唯一的更新场所——只能用利科对于阐释学传统的忠实来解释。

七、利科思想传承中的得与失

利科理论的复杂性导致了理解上的众多歧义，但是，如果某些观点本身是合理的，这些歧义的优点在于，它们并非来自错误的理论。为了拯救包含了众多不协调的观点的协调性，大多数人简化了《时间与叙事》：在歪曲利科理论的最初阶段时，人们最多强调的是"叙事的塑型功能"，与未成形的或者不可说的经验相反。这种做法，与社会科学中处于高潮阶段的结构主义建构相一致，通常造成了对利科的相对论阅读。因此我们陷入了利科指出的两种危险之一：将生活看做绝对未成形，将诗学解答看做纯粹虚构。所以，在话语分析批评范畴中，可以肯定，比如，媒体的"不可能透明"（Charaudeau, 2005），或者，相反，指出面对信息流的加快和直接叙事的模式，意义丢失的危险（Lits，1995）。

此外，还有一种做法，依我看相当合理，即试图在模仿第二阶段中融入既是转移生成又是转移中介的叙事性，将使利科的理论不仅广及传媒叙事，还涉及口头和谈话叙事（Bres，1994）。如果将此做法推广，直至在行动和事件的认知理解研究中融入"情节编排"进程，❶ 我们就没有理由考虑模仿第二阶段之前的阶段，因为，如果我们将模仿第一阶段看做经验前叙事模式，就会毫无意义。

我认为，走出这种恶性循环的最好的方法是放弃这个模式，或者，将它涉及的范围缩小至叙事性范畴内对阐释学循环的简单表达。如果这样做，便可以将模仿第一阶段当做期待视域，建立在行动的语义学基础上，❷ 和所有阅读过、听过或者经历过的故事的互文认识基础上。❸ 因此，好像有必要分清阐释学循环的三个组成部分，虽然利科的理论会在此造成混淆，即从读者（Ⅰ）和文本（Ⅱ）视域、"时间问题"辩证法（不论性质是经验的、哲学的还是同一性的）和需要"情节编排"创造性进程的叙事回答三者的融合出发，定义阅读经验（Ⅲ）。根据阐释学循环自身的逻辑，期待视域和文本视域是审美经验的先决条件，而不是具体经验的先决条件。对于涉及人类的时间模仿的不同类型，我们应该限于叙事体裁的比较诗学，在其中，历史和虚构只代表多种模式之中的两种，并受到了复杂生成学子类型的影响。

此外，为了理解利科关于时间与叙事关系思考的细微差别——事实上，这些关系对应不同时刻，由此必须得出结论，从三部曲的结尾部分回看时，它们之间不会达成一致，必须能够区分引导利科从时间经验问题开始滑向现象学对于时间思考的疑难的各个阶段。与此同时，必须注

---

❶ 参阅，比如，Herman（2003）。

❷ Bertrand Gervais（2009）在一个相当成功的研究中，特别探讨了有关行为语义学（是阅读的前提），同时将模仿三段论与认知哲学和人工智能作比较。

❸ 参阅，例如，我的研究，并结合 Gervais 和 Genette 的研究，有关"内叙事"和"互文"（2007，pp. 161–249）。

意"诗学"解答的模糊性不断表现为：为了重塑经验的"情节编排"形式；而后表现为：对于历史学第三时间或者无解问题的想象的变奏的形成；最后，表现为动态同一性的生成。

在自称是《时间与叙事》理论的继承者中，我们并不吃惊地看到，现象学关于时间的思考生成的疑难几乎完全消失，因为这个本体论上的问题在很多盛行模仿三段论的学科领域中已经失去了重要性：文学、话语分析、社会语言学、心理学，等等。因此，必须承认，在所有学科对话中，哲学家所关注的并非是历史学家、文学家或者语言学家所关注的。不要忘记，如果我们不想背离他的思想，利科首先是哲学家，然后才是历史学家、历史作品理论家。

如果，与时间存在的哲学问题相反，同一性问题在利科理论的继承者中取得了重大成功，我们的时代便是同一性危机的时代，不论是个体还是集体。利科在"很有分寸的"辩证法中，与这个危机相对抗，"情节编排"保护了协调与不协调之间的关系。仍然在这个意义上，《时间与叙事》最初的思考形成时就追随利科的人，常常简化了叙事提供的解答和叙事解答同一性矛盾之间的对立关系，忘记了利科的审慎，以防陷入时间之外的、纯粹虚构的同一性的深渊：

叙事同一性不是一个稳定的、没有缺点的同一性。【……】叙事同一性因此成为问题的代名词，但至少同样也是答案的代名词（Ricoeur，1985，p. 447）。

最后，我想要说明，我的批评阅读并非为了指出利科的理论缺乏内在一致性或者他的著作缺乏活力，而是想要指出一个思想的冒险精神：它的诚实和创造性使之毫不犹豫地自我否定，从而追求真理。为了忠实利科，不能盲目崇拜他的作品，将其思想僵固在过去，而是应该继续他的研究道路，并有所创新。

【参考文献】

[1] Aristote, *Poétique*, M. Magnien (trad.), Paris, Le Livre de Poche, 1990.

[2] Michael Bamberg, "Identity and Narration", in *Handbook of Narratology*, *Peter Hühn, John Pier, Wolf Schmid et Jörg Schönert* (dir.), Berlin et New York, Walter de Gruyter, 2009, pp. 132 – 143.

[3] Raphaël Baroni, "Histoires vécues, fictions, récits factuels", in *L'OEuvre du temps*, Paris, éd. du Seuil, "Poétique", 2009, pp. 45 – 94.

[4] Raphaël Baroni, *La Tension narrative*, Paris, éd. du Seuil, "Poétique", 2007. 1

[5] Jacques Bres, *La Narrativité*, Louvain, Duculot, 1994.

[6] David Carr, "Y a – t – il une expérience directe de l'histoire ?", *A Contrario*, n° 13, 2010, pp. 83 – 94.

[7] David Carr, Charles Taylor et Paul Ricoeur, "Table ronde/Round Table. Tempset récit, vol. I", *Revue de l'université d'Ottawa*, n° 55 (4), 1985, pp. 301 – 322.

[8] Patrick Charaudeau, *Les Médias et l'information. L'impossible transparence du dis-cours*, Bruxelles, De Boek, 2005.

[9] Viktor Chklovski, *L'Art comme procédé*, Paris, Allia, 2008.

[10] Hans-Georg Gadamer, *Vérité et méthode. Les grandes lignes d'une herméneutique philosophique*, Paris, éd. du Seuil, 1976.

[11] Gérard Genette, *Figure III*, Paris, éd. du Seuil, "Poétique", 1972.

[12] Bertrand Gervais, *Récits et actions : pour une théorie de la lecture*, Longueuil, Le Préambule, 1990.

[13] Jean Greisch, "Empêtrement et intrigue. Une phénoménologie pure de la nar – rativité est – elle concevable ?", *Etudes phénoménologiques*, n° 11, 1990, pp. 41 – 83.

[14] David Herman, *Narrative Theory and the Cognitive Sciences*, Stanford, CSLI, 2003.

[15] Frank Kermode, *The Sense of an Ending : Studies in the Theory of Fiction*, Londres, Oxford University Press, 1967.

[16] Martin Kreiswirth, "Trusting the Tale: The Narrativist Turn in the Human Sciences", *New Literary History*, n° 23 (3), 1995, pp. 629 – 657.

[17] Marc Lits, "Temps et médias: un vieux couple dans des habits neufs", *Recherches en communication*, n° 3, 1995, pp. 49 – 62.

[18] Marielle Macé, "Un petit tour dans l'avenir. Le temps long de la lecture roma – nesque", in *Devant la fiction, dans le monde*, Catherine Grall et Marielle Macé (dir.), Rennes, PUR, 2010, pp. 261 – 276.

[19] Ansgar Nünning, "Narratology or Narratologies ? Taking Stock of Recent Deve – lopments, Critique and Modes Proposals for Future Usages of the Term", in *What is Narratology ? Questions and Answers Regarding the Status of a Theory*, Tom Kindt et Hans – Harald Müller (dir.), Berlin, de Gruyter, 2003, pp. 239 – 275.

[20] James Phelan, "Who's Here ? Thoughts on Narrative Identity and Narrative Imperialism", *Narrative*, n° 13 (3), 2005, p. 205 – 210.

[21] Paul Ricoeur, *Temps et récit*, t. 1, Paris, éd. du Seuil, "Poétique", 1983.

[22] Paul Ricoeur, *Temps et récit, La Configuration dans le récit de fiction*, t. 2, Paris, éd. du Seuil, "Points", 1984.

[23] Paul Ricoeur, *Temps et récit, Le Temps raconté*, t. 3, Paris, éd. du Seuil, "Points", 1985.

歧路花园：当代叙事学的虚构化与挑战*

■ ［瑞士］拉斐尔·巴洛尼** 文
　景岚*** 译

【内容提要】 结合对小说《歧路花园》的分析，本文展示了当代叙事学在虚构方面的一些最新理论。

【关键词】 当代叙事学 虚构化 挑战《歧路花园》

一、经典叙事学与后经典叙事学的分叉口

述本应如何嵌套在错综复杂的虚构叙事底本的网络之中？如今，如果不探究这一问题而试图对叙事学核心概念——如叙事序列，情节，可述性，叙事旨趣（narrative interest），叙事性等——进行解释似乎已经变得不切实际。相比之下，形式主义和结构主义的研究者在很大程度上忽视了以上问题。戴维·赫尔曼曾说：

---

* 向我的同仁阿格涅丝卡·索尔提斯克·莫内（Agneszka Soltysik Monnet）和马蒂尼·赫纳德·迪代伊·德·拉·罗谢尔（Martine Hennard Duteil de la Rochère）表示诚挚的感谢。感谢他们负责的校读和真知灼见。

** 拉斐尔·巴洛尼，瑞士洛桑大学文学院法语系副教授，主要研究方向之一为叙事学，在国际多种杂志上发表过叙述学方面的多篇论文。

*** 景岚（1978~），西安石油大学外语系讲师，主要研究方向为西方文艺理论，论文《冷淡的深挚，玩笑的辛酸——论卞之琳对西方象征主义诗学的接受》发表于《西安外国大学学报》2007年第2期。

在普洛普的理论方法体系中叙事序列被过度僵化。有时，叙事旨趣和复杂性只取决于行动和事件的或然相关性，而非必然相关性。(Herman, 2002: 94)

同样，希拉里·丹嫩贝格❶也对此表示赞同：

情节的动态走向和读者眼中虚构世界的神奇色彩在述本的分析中较少提及。这源于叙事作品不仅仅是在讲述一个故事，而是在编织丰繁多姿、本体论的多维度可能世界。(Dannenberg, 2004: 160)

因此，随着研究工作重心向分析"可能世界"的转移，叙事学已经偏离了经典结构主义叙事学形式或范式化研究的路线，从而突破了该学科在方法论上的局限。爱玛·卡法勒诺斯在试图描述当代叙事学进化史时指出，新近的研究倾向于突出读者的地位和叙事的不确定性：

读者的抉择从很大程度上决定着叙事世界的构建，这是我所看到的（叙事学）新特质。如果顺着这条道路上继续开掘的话，叙事再现世界里不确定性出现的节点定位将会愈加准确，（作者）建构的叙事世界里的理想读者与叙事再现世界的互动也会愈加突出。(Kafalenos, 2001: 114)

乍看之下，"可能世界"已成为当代叙事学研究的共同领域，如果对此领域的分析研究已成蜂起之势，如果进化是叙事学理论发展的大趋向，我们就要对这一领域（概念）的统一或一致性，以及此类研究理论的补充性和涵盖性发出质疑。因此，审视处理叙事虚构化问题的不同方法为我们提供了一个描述叙事学现状的良好契机。这样我就可以试着看清现状之下的各种推动力，正是这诸多的推动力即带动了学科的一体化进程，又促生了学科内流派的多样化发展。

二、崔本与博尔赫斯的歧路花园

在此，我以博尔赫斯的短篇小说《歧路花园》为例，来说明叙事作

---

❶ 希拉里·丹嫩贝格新近将先前理解的"本体论情节"定义为"对多个可能世界交互协作从而赋予叙事作品深度与旨趣的分析"。

歧路花园：当代叙事学的虚构化与挑战

品虚构化的问题。这部短篇既是一部元小说（元叙事小说），又是一部间谍小说，这样的体裁归类将便于后文的讨论。

从元叙事角度来看，博尔赫斯以题目指涉主人公余尊外祖父崔本的小说《歧路花园》。这部书描述了一座物理空间的迷宫，其同时又是一座时间纬度的迷宫。

在所有的小说作品里，当一个人面临多种选择而必选其一时，他就扼杀其他的可能。而崔本的小说同时选中了所有的选择。他以此种方式创造出多种未来，多样的时间，而这多种的未来和时间又不断地衍生出更多歧出的选择。

书中的崔本常与交互性叙事发生联系，特别是与超文本和数媒。[1]实际上，在各种叙事当中，所有歧出的选择都被纳入到叙事程序或是被直接写入书中，即使读者（或者说参与阅读游戏的人）只选择了其中的一条路径，而抛荒了其他的歧路，这些歧出的选择也完全属于作品内容结构本身。

尽管叙事吊诡，我们还是注意到崔本的这部书被定义为小说，而崔本也被定义为小说家。博尔赫斯强调多样的选择归属于多向的文本。即使不是所有的可能性都被文本全景呈现，但他们的风貌仍可在小说人物的规划和读者对情节发展好奇的揣测中呈现。我们可以得出这样一个可能性结论：当人物行动被再现或转述于读者时，所有的叙事路径纵横交错，构成了多向的歧路。[2]

现在，我们再从间谍小说的角度来解读这个故事。这部叙事作品采用同故事叙述方式，讲述了一起发生在"一战"期间的虚构事件，是一篇口供的片断，由余尊"口述、复阅、签名核实"。华裔德国间谍余尊原先供职于青岛大学，是一名英语教授。故事一开始，他已落入了为英国效力的爱尔兰人马登上尉的追捕。发现自己的搭档维克多·鲁纳伯格已经暴露，余尊彻底放弃了逃命的打算，计划完成他的最后一项任务。

---

[1] 参见 Moulthrop（1991）。
[2] 参见 Ryan（2006）。

他成功地把英国炮兵阵地所在城市艾伯特的名称传送给了德方情报部门。为了完成这项任务，余尊杀死了一位名为史蒂芬·艾伯特的博士。报纸登印了艾伯特博士被刺杀的消息，由此德国官方得到了余尊发出的密报。对于余尊而言，不幸的是被害者是一位友善的汉学家，并且一直致力于他外祖父崔本小说的研究工作。这名华裔间谍在供词的末尾着重强调了他"卑劣的胜利"，表达了他的"无限地悔恨和厌倦"。

三、小说的可能世界以及叙事层次

博尔赫斯的《歧路花园》不仅反映了叙事的虚构化，还呈现了我们在叙事试验场搭建的所有可能的虚构世界。

我们可以用类似于托马斯·帕维尔（1975）学说的多个虚构世界概念来开始我们的文本勘查工作。在此阶段，我们摒除直线形发展观，把叙事世界看作是一个整体。安伯托·艾柯（1979）坚持认为即使所有的可能世界经过不同路径的发展都得以实现，但在不同时间纬度的发展路径都会最终指向作者规划的同一可能世界，作者所断言的这个可能世界则与人物或读者想象的其他可能世界截然不同。

我们如何基于所拥有的现实世界信息来构建虚构世界？模态逻辑为此提供了有用的理论工具。此处，根据对现象学的阅读，我们认为可能世界必定是寄生于现实世界这一宿主之上。

当读者建构小说虚拟世界时，他们依照自己的经验来揣测相似的小说世界，从而填补文本留下的空白。这种构建模式受到文本本身的主宰；因此，如果文本提到一头蓝色的鹿，读者想象中的这头鹿的各个特征，除了颜色其他均是他经验世界中鹿的模样。（Ryan，2005a：447）

当然，我们知道小说的角色是人，他们具有不言自明的人类特征。比如，他们有一对手臂，两条腿。我们还会联想到其他一些与人类相关的特征。比如，我们了解到敌对双方一位是华裔，一位是爱尔兰裔，他们分别为德国和英国政府效力。我们还能够从小说的一开始获知一些相关信息：

歧路花园：当代叙事学的虚构化与挑战

　　李德·哈特写的《欧洲战争史》第212页有段记载，13个英国师（有1 400门大炮支援）对塞尔—蒙托邦防线的进攻，原定于1916年7月24日发动，后来推迟到29日上午。上尉解释说延期的原因是滂沱大雨，无甚特别的原因。

　　以下是青岛大学前英语教师余尊博士的证言，经过记录、复述、由本人签上信息便必不可少。名核实，却对这一事件提供了始料不及的说明。

　　在此，我们无须质疑李德·哈特史学著作是否存在，也无须考证其第22页到底记录了什么。结合我们了解的真实世界，从这段文字能够推敲出其他深意才是关键所在。故事背景设置在一个为人熟知的历史语境中，开头为读者提供了填补叙事空白所需的珍贵信息。比如，我们获知故事发生在1914年始于欧洲的一场战争之中，当然李德·哈特的著作确有其事，它为我们呈现了胜利方对事件的解释。我们也知道战争期间，叙事常常是由不可靠叙事者完成，或者由于叙事的政宣目的，信息来源本就不可信。所以，要想了解故事文本的身份立场，恰当地推衍出其言外之意，从而卓有成效的解释文本，以上信息便必不可少。

　　有趣的是，博尔赫斯流露出了对李德·哈特记录的怀疑态度，历史著作从来就不是对历史事实的详尽而可靠记录。余尊的供词也许只是一份虚构的文件，在现实生活里，我们看待历史的方式也会不断变化。博尔赫斯加剧了同一事件不同解释版本之反差的复杂性。余尊说，鲁纳伯格或是被捕或是被杀。可是，编辑却在这段假设之后加上了批注：

　　荒诞透顶的假设。普鲁士间谍汉斯·拉本纳斯，化名维克托·鲁纳伯格，用自动手枪袭击持证前来逮捕他的理查德·马登上尉。后者出于自卫，击伤鲁纳伯格，导致了他的死亡。

　　此处显而易见的是，编辑透露了余尊同谋的真实姓名，他所掌握的信息似乎远远多于叙事者。但是与读者而言，鲁纳伯格的死因仍扑朔迷离。余尊的说辞流于片面，但官方急于撇清责任而释放的烟幕弹也干扰了这位编辑的视线。我认为，底本是让我们在政治烟幕弹和谋杀两种解释之间做出自己的选择。其实，无论谋杀、虚构，甚或现实都不是无可

299

争辩的真相,即便一方似乎比另一方更可靠。

无论如何,最后一点道明了可能世界叙事学以语义学作为理论取向的特性:事实是,在一些条件下,在截然相反的两种讲述之间建立叙述层次是可为的;在另外一些条件下,我们必须接受多个可能世界共存的尴尬,因为我们没有一对九九归一或归真的法眼。

多元世界的并存与历史修纂的文本形式存在联系。弗朗索瓦兹·拉沃卡说:"倘若作品规定种种可能的世界,它们的生产方式和它们的轮廓却因历史时代的不同而相异。"(Lavocat,2010:8)希拉里·丹嫩贝格也认为:

> 随着小说文类的兴起,对历史发展脉络的分析表明按时序编排的史料纠结缠绕,勾连出不同的事件版本,呈现出不同的文化景观,文本让多种过去或未来都得以展现。(Dannenberg,2004:161)

我们可以说博尔赫斯故事的不确定性部分来自于这样一个事实:它写自于某个世纪,是对妄想狂似的间谍小说的拙略模仿。

跨界的小说文体,无论是现实主义的、奇幻的,还是元小说都利用了可能世界,是本体逻辑不同层次形式的再现。(Dannenberg,2004:161)

我想再次强调我们在此关注的是小说设定的多重可能世界,它们可以是多元的,也可以是单一的;可以是无确定疆界的,也可以是有明确界定的;可以是含糊的,也可以是层次分明的。我们既可以把文本和存在无限可能又束缚重重的外部世界加以比较,又可以把文本内部同一事件的两种截然不同的解释版本加以对比。在整个过程中,我们可能会辨识出多重世界或版本清晰的层次,也可能如坠迷雾。现在,我要试图说明叙事文本所实现的虚构多重世界的特性。

四、开诚布公的虚构

我首先从形式主义的角度出发,谈论不从属于底本的自由间接叙事。1988年杰拉德·普林斯以主干叙述之外的叙述形态为对象,提出了"隐含叙事"理论。他如此定义道：隐含叙事包罗万象，是对没有实现却可能发生的各种事件的文本表达（Prince，1988：2）。此刻，我们所要研究的虚构化完全包蕴于文本。它的根本准则建立在显而易见的故事性和文本的非断言性叙事模式之上。隐含叙事有三种表现形式：（a）角色想象世界中现实无法满足的臆想；（b）叙事者勾勒出的可能世界的歧路；（c）文本世界或作者抛弃的可能叙事却被其他的权威叙事者提起。❶ 博尔赫斯的《歧路花园》中的两桩潜在叙事都是通过故事的主要人物来实现的。一桩是有关敌手的猜想，另一桩是对未来的希冀。比如：

> 有一阵子我想理查德·马登用某种办法已经了解到我铤而走险的计划。但我立即又明白那是不可能的。

> 想到我的决斗已经开始，即使全凭侥幸抢先了 40 分钟，躲过了对手的攻击，我也赢得了第一个回合。我想这一小小的胜利预先展示了彻底成功。我想胜利不能算小，如果没有火车时刻表给我的宝贵的抢先一着，我早就给关进监狱或者给打死了。我不无诡辩地想，我怯懦的顺利证明我能完成冒险事业。

在以上的两段叙述当中，人物的侥幸心理和叙述者言语间透露的信息有严重的冲突。因为后者是事后讲述事件经过，知道主要人物的悲剧性结局。但是叙事者对于可能发生的过去也会阐发观点。比如：

> 马登在维克多·鲁纳伯格的住处，这意味着我们的全部辛劳付诸东流，我们的生命也到了尽头——但是这一点是次要的，至少在我看来如此。

五、故事中人物构建的虚构

莱恩在其 1991 年出版的著作中，对于虚构化提出几种看法。她并不花费心思去描述叙事文本表达的各种可能的未然，而是着力于分析底

---

❶ 参见 Ryan（1991：169）。

本内在可述性的联系以及其逻辑的复杂性。

可述性的活力来自于概念和逻辑的复杂。复杂的情节依赖于完全虚构的嵌套叙事。嵌套叙事是人物角色隐秘空间内的故事建构。这建构不仅仅有人物编织的梦想、虚构、幻象,还有关于过去境遇或未来推测的表达:蓄意的谋划、负面的记忆、内心的渴望、执着的信仰……在这些嵌套性叙事中有客观世界的实在,也描画了无法实现的或然。(Ryan, 1991: 156)

和杰拉德·普林斯形成比对,希拉里·丹嫩贝格总结说:"把错误和谎言归入这一范畴仅仅是因为它们是人物角色思想活动的产物。"(Dannenberg, 2004: 172)事实上莱恩也提出:"把叙事者营造的隐含叙事从文本里剔除并不影响叙事逻辑的连贯性。"(Ryan, 1991: 169)但是她又谈到隐形虚构必是由读者重建,比如当人物动机不明时。

例子已经提到余尊对过去的假设建立在已掌握的信息之上:

马登在维克多·鲁纳伯格的住处,这意味着鲁纳伯格已经被捕,或者被杀。

即便他的推想被证明是错误的,对于把握叙事进程而言也是至关重要的,因为主人公未来的行动基于对过去的判断。第二个例子表明了清晰的意图,叙事者解释了不会有下一步的行动:

我不由自主地检查一下口袋里的物品,找到的都是意料之中的东西。那只美国挂表,镍制表链和那枚四角形的硬币,拴着鲁纳伯格住所钥匙的链子,现在已经没有用处,一个笔记本,一封我看后决定立即销毁但是没有销毁的信。

最后一个例子模糊地提到了将要施行的计划:

我血肉之躯所能发出的声音太微弱了。怎么才能让它传到头头的耳朵?……枪声可以传得很远。不出十分钟,我的计划已考虑成熟。电话号码簿给了我一个人的名字,唯有他才能替我把情报传出去:他住在芬顿郊区,不到半小时的火车路程。

在可述性和叙事策略相区分的过程中,莱恩强调了由于人物所制订的计划的复杂性,以及该计划于读者而言的暂时不确定性,叙事旨趣会大有不同。比如：

叙事悬念来自于有限视野之内的人物之间的冲突对立和读者对情节走向或对或错的预判。反其道而行之的策略（倒叙？）也是抓人心思的有效手段，如阻碍读者进入了解间谍动机的嵌套叙事空间。当情节建构起多种可能并存的场域，叙事文本的各种叙事策略引导读者通往特定的路径。（Ryan，1991：174）

上述的最后一点将引起下一个虚构类别，即读者建构的虚构空间（这个词，做不到全文的统一）。它的关注焦点是叙事的不完整性（或断裂性），故事的诠释者或曰读者主动参与，在通往叙事密林的深处，步步惊心地探出条条曲径。

六、由隐含读者或经验读者搭建的虚构以及虚构的审美效应

多位叙事学专家都曾根据读者搭建的虚构场景之时空定向归纳出两种叙事旨趣。他们当中首当其冲的是 1966 年托多洛夫对"侦探小说创作倾向的两分法——推理类型是要激起读者对已发生的过去的好奇；惊悚类型则是对未来未知的恐惧。"（Dannenberg，2004：160，footnote 2）这一特点远非侦探所小说独有，丹嫩贝格提出："可能发生的过去和或然发生的未来共同编织出天地纵横的小说世界。"（Dannenberg，2004：160）

沿着同样的思路，梅厄·斯滕博格、彼得·布鲁克、詹姆斯·费伦，还有我自己，都探究过读者的情感活动和文本的演进之间存在何种的联系，包括如何使读者产生、保持、缓释对文本的兴趣关注，特别是小说的再现模式和时间顺序在此过程中所起到的作用。我不想在上述学者的学说之间辨析异同，我只想强调他们都志在思辨叙事技巧之间的关联，以及阅读过程中各两种思维向度的联系，简单地说就是前瞻与追

溯。❶ 更有一些研究甚至以更为先锋的姿态试图描述前瞻与追溯两种叙事方法是如何被转化为言之凿凿的假定场景。实际上1979年安贝托·艾柯就公开表述了读者的推衍思路与模态逻辑、皮尔斯符号学以及更为广泛的学科领域之间的联系。

就在最近，除了其他人，伯特兰·杰维斯（1990）、戴卫·赫尔曼（1997）和我（Baroni 2007），都使用了人工智能研究领域的认知模式去解释：我们掌握的行为逻辑知识如何构架出文本的阐释空间。在这些技巧当中，我们发现了诸如"叙事脚本"❷和意向性行为图示化❸的概念。根据这些研究，述本的可述性依赖于一套不稳定的模式场景，❹即书面文本，可述性的发展包括对计划行为的实践。在《歧路花园》里，余尊暴露之后必须放弃他的间谍活动，故事按照双重可能发展：第一种可能成功概率甚微，即逃脱理查德·马登上尉的捕杀；第二种可能即是把密报传送给远在千里之外的上级组织。

在有些模式里，学者们强调了与读者推理过程紧密相连的互文性知识背景。❺ 其中，约翰·皮尔表示，关于底本的过去与未来的诱导式推论，❻"互文性构成的大环境"（2004：240）为其夯实了基础。在《歧路花园》里，间谍小说的体裁为帮助读者判断叙事的虚构性营造了有效的氛围。比如，我们认识到"传送情报"和"追捕"是此文类的惯见桥段。我们还能够参照以往的同类型小说来猜想斗争的发展方向。可是此类小说的情节发展往往有多重走向，因为老套的间谍故事里总是有一

---

❶ 斯滕博格增加了第三种叙事旨趣，即"出乎意料"，其建立在另外一种认知模式之上，即"再识别"。
❷ 见 Baroni（2002）。
❸ 在此方面，受普罗普叙事功能理论的启发，爱玛·卡法莱诺斯运用一个抽象模型定义读者在阅读过程中建立的"因果构造"这一概念。卡法莱诺斯特别强调了那些滞后或被压制的信息在这个不断变化的架构中所起到的作用。
❹ 布鲁纳（1991），"论正规性与违背"，见《论刻板印象》，让·路易·杜法伊斯（2010）。
❺ 在我的模型中，我试图将斯滕伯格的修辞学观点与我对读者所使用的行为学和互文知识的调查相结合，以勾勒出读者所幻想的场景。
❻ 在我的理论模型中，我试图对读者运用的"内在叙事能力"和"超文本知识"进行全盘描述，以勾勒由"叙事张力"所引起的叙事虚幻。

种被迫害妄想症似的断想:任何人都不值得信赖,最终的结局必定出乎预料。

我必须指明有关读者建构的虚幻世界的最后一点问题:

即便是某一个行动过程完全反证了某种猜想,读者依旧会为了对角色的策略或道德选择进行判断,也为了对作者的审美取向进行评判,去回味这个错误的猜想。(Ryan,2005b:628)

艾伯特博士在言谈间竟然不经意地讽刺了余尊:"时间的岔路口永远的指向无数的未来。在某个可能的将来我会是你的敌人。"在杀死谈话者之前,余尊回答:"我是你的朋友。"毕竟读者会认识到在多个可能的世界里,艾伯特和他的访客亦敌亦友,即便罪行已成事实,未来也已谱写,余尊还是能够也应该放过他的朋友。正是这一情理之中的可能,凸显了余尊"卑劣的胜利"。底本中已发生的事实和未发生的可能之间的对比是读者进行道德判断的基础。

七、可能性文本的理论

在作出总结之前,我还想说明另外一种处理文本虚幻化的方式。马克·艾斯科拉去年出版的著作里提出了一种新的批评方式的可能,书的名字是"对叙事干预者的批评"。这部著作式受到皮埃尔·贝阿德的启发,后者著有学术畅销书《夏洛克·福尔摩斯错了:重判巴斯克维尔的猎犬》,或名为"如何揭穿文学作品中的妄象"。

这部《可能文本之理论》的贡献吸收了P.巴雅尔的下述思想,即一个读者绝对不必一定要采纳作者自诩得出的结论,文学批评因而可以是通过其他手段进行创作的继续,且归根结底,一部作品的阅读与它的再创造或再创作永远都只是咫尺之遥。(Escola,2012:10)

我们可以将"可能叙事学文本理论"以不同的方式运用于博尔赫斯的小说之中。比如,当读到"证言记录缺了前两页"时,我们可以看到故事缺失的部分给事件投下一线值得怀疑的光芒。或者当发现凶手与他在电话簿里随机选择的被害人之间存在惊人的联系与巧合时,我们尽可怀疑供词的真实度。然后，为了建构更为可信的事件经过，我们就得重写故事。经验读者是指有能力开发潜文本或进行文本批评，甚或开辟叙事新方向的读者，为讨论叙事虚幻化，我们在此的关键问题是如何从隐含作者的假设意向过渡到经验读者的世界。

八、当代叙事学是否也是一座歧路花园

对当代叙事学新动向急不可待地开掘，行文至此该是得出结论的时候了。正像我试图表述的那样，叙事虚幻化的研究所呈现出的面貌正如歧路花园一般。乍看之下简单易懂的问题却繁殖衍生出许多个性鲜明，相互对立的理论分支。

虽然如此，在一些著作当中我们仍可辨识出叙事史学的发展连贯性。莱恩扩展了形式主义的"底本"概念，探索了人物建构的虚幻性，丰富了叙事学研究的内容。我们还能把普林斯的"隐含叙事"当做是经典叙事学叙事辞格派生下的一个分支（特别是在热奈特的著作里）。

另一方面，很多阐述虚构化的著作也把叙事结构和散漫无序的交流联系到一起，跨越了附加阈值。这里，有两种可能的态度：第一，詹姆斯·费伦提倡从修辞角度出发，认为我们的创作是以理想读者为对象，他们可以领会隐含作者的创作意图。如此一来，我们也不必对前文所提的观点持否定态度。因为从属于叙事"底本"逻辑的虚构化和文本的表层叙事，某种程度上诱导了理想读者的判断。读者用于填补叙事空白的超文本知识，以及他们对包括文本、规划行为的逻辑，故事套路、互文性、文体等等因素在内的故事进展的预判，我们必须把上文提到的观点融入以上因素当中。

第二种态度与老套的范式有明显的相悖，关注的是经验读者。如麦克·图伦所述：

这个难以解释却又有趣的问题不是读者是否有惊讶、回避、预见等阅读体验，而是读者是否能概括性地超越文中具体并有助于理解的注释性描写，准确地指出应该产生此类阅读体验的文字语境。他们（读者）

是否能用规范的术语指明这些文字语境?(Toolan,2004:220)

这是一个开放性问题。安伯托·艾柯和沃尔夫冈·伊瑟尔认为"理想读者"或"隐含读者"几乎与文本同构,这个抽象的概念与经验读者顺利地无限接近。其他学者也强调了"经验读者"的主动性以及他们对文本诠释的不可预见性。

赫尔曼回顾道:

1983年,什洛米斯·里蒙-凯南希望理论界相对新鲜的血液——解构主义能够丰富叙事学理论,而不是只有无用的陈词滥调。(Herman,1999:1)

我认为在这30年中,除了对叙事手法主要属性的描述,后经典叙事学研究还完全接受了其他新的学术观点。尽管如此,叙事理论两个主要走向之间关于如何应对解构的挑战还存在着一定的分歧。(后经典叙事学是指热奈特总结的经典叙述学理论以后尤其是20世纪90年代以后在美国发展起来的叙事学理论)

因此,无论怎样,后经典叙事学跨入到了一个整合的阶段,我认为这全然取决于我们看待叙事学这座"花园"的方式,我称为"叙事学的学术立场"。第一,对于这座花园我们应能俯瞰全貌。当然,"花园"中的各个部分——也就是我们要讨论的虚构化——景观各有不同。这意味着在异彩纷呈的"花园"里,各个路径之间交错互补。由于这样的异彩纷呈,我们愿意游遍"花园"的各个角落,绘制出一幅来路清晰的地图,对未经涉足之地了然于心。用希拉里·丹嫩贝格的话说便是:"叙事理论对于小说中有悖于现实世界的各种可能性仍需找到一个综合的(理论)模式"。(Dannenberg,2004:172)赫尔曼在做出以下论述时也表达了同样的看法:

重新审视叙事序列可以促进后经典叙事学的发展,而无须引征经典叙事学不曾涉足的后结构主义丰繁的理论。(Herman,1997:1048~1049)

其他学者更倾向于强调各种观点学说之间的相悖性。有关形式主义和认知主义,斯滕博格有过一番激进的批评。依他所言,这些流派都不足以反映叙事结构的复杂性,以及经验读者对文本可能构成的影响的多样性。他还认为结构功能主义范式不仅仅是叙事学史演进的一个新层面,也是探观叙事现象的一种新方法。

我不想言过其实,但这确是一个非此即彼的选择。其实,一些采纳了我观点的人们遇到的问题是:时至今日,他们还多少抱着形式主义臭老九和法国结构主义的那一套不肯撒手。(Sternberg,2011:43)

对爱玛·卡法勒诺斯而言,当与形式主义理论描述拉开距离时,我们就会不可避免地遭遇到经验阐释的复杂性:

我要强调:在阅读过程中,被发展铺陈的底本具备了不确定性,就是这些矛盾使得叙事作品的读者有幸参与到这意蕴无限地阅读游戏之中。她的看法赞同了这一理论立场:叙事作品并不是一种意义单一明了的交流模式。(Kafalenos,1999:60)

我们还应指出这样一个事实,皮埃尔·贝阿德、伊夫·西通、马克·艾斯科拉等法国批评家,明确地超越了形式叙事学和功能叙事学的藩篱,清楚地确立了评论阐释和多向文本的无限性。

此外,当我们处理非文学文本时,情况可能会大有不同。很明显,在数媒和电玩中,玩家可以选择实现不同的述本,分属于底本的各个不同身份状态,斩断其他的可能,一切都在变动不居之中。同样,与故事中的世界相融合,现实世界[1]为人们打开了多个维度,比如:乔治·卢卡斯的《星球大战》中所描绘的世界现已拓展至诸多艺术产品之中,包括卡通、连环画、小说、电玩、同人小说等,这一现象本身就暗含着"可能文本世界"的无限性。由此带出的一个悬而未决的问题就是:这些情节的形式和功能是否迥然不同仍有待讨论。[2] 我们在此看到了叙事学面临的新挑战。

在结论部分,我想说当代叙事学的丰繁多姿,恰恰源于共时存在又彼此矛盾的多重时空向度,正是它们让我们领略了未曾发现的风光,看

---

[1] 比如法国的圣热莱。
[2] 关于延续性的讨论可参见莱恩(Ryan,2006)和奥利维尔·凯拉(Olivier Caïra)的研究。

到了悠久理论传统的利用前景,为开发理论模式的相关探讨提供了源头活水,验证了我们在此研究领域的认识论和方法论的有效性。

托马斯·帕维尔在以下的论述中,可能捕捉到了所有叙事学家抛开分歧,共同认可的普遍真理:

为了很好地反映我们与虚构的关系,认证与所是的关系是不够的,然而还应该并特别思考虚构所引发的推论。这些推论与日常生活的推论完全一样,展现在某种价值、规范和可能行为的空间里(Pavel,2010:312)。

【参考文献】

[1] Baroni, Raphaël. "Le rôle des scripts dans le récit.", *Poétique* 129 (2002), 93 – 114.

[2] Baroni, Raphaël. "Compétences des lecteurs et schèmes séquentiels.", *Littérature* 137 (2005), 111 – 128.

[3] Baroni, Raphaël. *La tension narrative*. Paris:Seuil, 2007.

[4] Baroni, Raphaël. *L'œuvre du temps. Poétique de la discordance narrative*. Paris:Seuil, 2009.

[5] Baroni, Raphaël. "Tellability." In *Handbook of Narratology*. Edited by J. Pier, W. Schmid, J. Schönert, P. Hühn, 447 – 453. Berlin & New York, Walter de Gruyter, 2009.

[6] Bayard, Pierre. *Comment améliorer les oeuvres ratées*? Paris:Minuit, 2000.

[7] Bayard, Prerre. *Sherlock Holmes was Wrong. Reopening the Case of the Hound of the Baskerville*. New York:Bloomsbury, 2008.

[8] Borges, Jorge, "The Garden of Forking Paths." In *Collected Fictions*. Translated by Andrew Hurley, 119 – 128. London:Penguin, 1999.

[9] Brooks, Peter. *Reading for the Plot. Design and Intention in Narra-*

tive. Cambridge and London: Harvard Univ. Press, 1992 (1984).

[10] Bruner, Jerome. "The Narrative Construction of Reality." *Critical Inquiry* 18 (1991): 1 – 21.

[11] Citton, Yves. "Indiscipline littéraire et textes possibles. Entre présomption et sollicitude." In *Théorie des textes possibles*. Edited by Marc Escola, 215 – 229.

[12] Dannenberg, Hilary P. "Ontological plotting: Narrative as a Multiplicity of Temporal Dimensions", In *The Dynamics of Narrative Form. Studies in Anglo – American Narratology*. Edited by John Pier, 159 – 189. Berlin and New York: De Gruyter, 2004.

[13] Eco, Umberto. *The Role of the Reader*. Bloomington: Indiana UP, 1979.

[14] Eco, Umberto. "Plot." In *The Routledge Encyclopedia of Narrative Theory*, edited by Marie – Laure Ryan and al., 435 – 439. London: Routledge, 2005.

[15] Eco, Umberto. *Coincidence and Counterfactuality: Plotting Time and Space in Narrative Fiction*. Lincoln: University of Nebraska Press, 2008.

[16] Doležel, Lubomir. *Heterocosmica: Fiction and Possible Worlds*. Baltimore: Johns Hopkins UP, 1998.

[17] Dufays, Jean – Louis. *Stéréotype et lecture*. Bruxelles et al.: Peter Lang, 2010.

[18] Eco, Umberto. *The Role of the Reader*. Bloomington: Indiana UP, 1984 [1979].

[19] Escola, Marc (ed). *Théorie des textes possibles*. Amsterdam and New York: Rodopi, 2012.

[20] Escola, Marcced. "Changer le monde: textes possibles, mondes possibles." In *La Théoie littéraire des mondes possibles*. Edited by Françoise Lavocat, 243 – 257. Paris: CNRS Editions, 2010.

[21] Escola, Marcced. "Le chêne et le lierre. Critique et création." In *Théorie des textes possibles*. Edited by Marc Escola, 7–18.

[22] Gervais, Bertrand. *Récits et actions. Pour une théorie de la lecture*. Longueuil: Le Préambule, 1990.

[23] Herman, David. "Scripts, Sequences, and Stories: Elements of a Postclassical Narratology." *PMLA* 112, no. 5 (1997): 1046–1059.

[24] Herman, David. *Story Logic: Problems and Possibilities of Narrative*. Lincoln: Univ. of Nebraska Press, 2002.

[25] Ireland, Ken. *The Sequential Dynamics of Narrative: Energies at the Margins of Fictions*, London, Associated UP, 2001.

[26] Kafalenos, Emma. *Narrative Causalities*. Columbus: Ohio State Univ. Press, 2006.

[27] Kafalenos, Emma. "Editor's Column." *Narrative* 9 (2001): 113–114. (Special issue: "Contemporary narratology")

[28] Kafalenos, Emma. "Not (Yet) Knowing: Epistemological Effects of Deferred and Suppressed Information in *Narrative*." In*Narratologies: New Perspectives on Narrative Analysis*. Edited by David Herman, 33–65. Columbus: The Ohio State Univ. Press, 1999.

[29] Lavocat, Françoise (ed). *La Théorie littéraire des mondes possibles*. Paris: CNRS Editions, 2010.

[30] Hart, Liddell, *History of the First World War*, London, Papermac, 1992 (1934).

[31] Moulthrop, Stuart. "Reading From the Map: Metonymy and Metaphor in the Fiction of 'Forking Paths'". In Paul Delany and al. (eds). *Hypermedia and Literary Studies*. Cambridge, Massachusetts and London, England: The MIT Press, 1991.

[32] Nünning, Ansgar. "Narratology or Narratologies?" In *What is Narratology? Questions and Answers Regarding the Status of a Theory*. Edited

by Tom Kindt and Hans‐Harald Müller, 239‐275. Berlin and New York: De Gruyter, 2003.

[33] Pavel, Thomas. "Possible Worlds in Literary Semantics." *The Journal of Aesthetics and Art Criticism* 34, n°6 (1975): 165‐176.

[34] Pavel, Thomas. "Univers de fiction: un parcours personnel." In *La Théoie littéraire des mondes possibles*. Editied by Françoise Lavocat, 307‐313. Paris: CNRS Editions, 2010.

[35] Phelan, James. *Reading People, Reading Plots: Character, Progression, and the Interpretation of Narrative*. Chicago: Univ. of Chicago Press, 1989.

[36] Pier, John. "Narrative configurations." In *The Dynamics of Narrative Form. Studies in Anglo‐American Narratology*. Edited by John Pier, 239‐265. Berlin and New York: De Gruyter, 2004.

[37] Prince, Gerald. "The Disnarrated." *Style 22* (1988): 1‐8.

[38] Prince, Gerald. "Périchronismes et temporalité narrative." *A Contrario* 13 (2010): 9‐18.

[39] Ryan, Marie‐Laure. *Possible Worlds, Artificial Intelligence, and Narrative Theory*. Bloomington: Indiana Univ. Press, 1991.

[40] Ryan, Marie‐Laure. "Virtuality." In *The Routledge Encyclopedia of Narrative Theory*, edited by Marie‐Laure Ryan and al., 627‐628. London: Routledge, 2005.

[41] Ryan, Marie‐Laure. "Possible‐Worlds Theory." In *The Routledge Encyclopedia of Narrative Theory*, edited by Marie‐Laure Ryan and al., 627‐628. London: Routledge, 2005.

[42] Ryan, Marie‐Laure. "From Parallel Universes to Possible Worlds: Ontological Pluralism in Physics, Narratology, and Narrative." *Poetics Today* 27 (4) (2006): 633‐674.

[43] Ryan, Marie‐Laure. *Avatars of Story*. Minneapolis: University of Minnesota Press, 2006.

[44] Ryan, Marie-Laure. "PossibleWorlds." In *The Living Handbook of Narratology*. Edited by J. Pier, W. Schmid, J. Schönert, P. Hühn. Hamburg: Hamburg University Press, 2012. URL: http://hup.sub.uni-hamburg.de/lhn/index.php/Possible_ Worlds

[45] Saint-Gelais, Richard. *Fictions transfuges: La transfictionalité et ses enjeux*. Paris: Seuil, 2011.

[46] Sternberg, Meir. "Telling in Time (Ⅱ): Chronology, Teleology, Narrativity." *Poetics Today* 13 (1992): 463-541.

[47] Sternberg, Meir. "How Narrativity Makes a Difference." *Narrative* 9 (2001): 115-122.

[48] Sternberg, Meir. "Reconceptualizing Narratology. Arguments for a Functionalist and Constructivist Approach to Narrative." *Enthymema* 4 (2011): 35-50.

[49] Todorov, Tzvetan (1971) "Typologie du roman policier." In *Poétique de la prose*. Paris: Seuil, 1971 (1966): 55-65.

[50] Toolan, Michael. "Graded Expectations: On the Textual and Structural Shaping of Readers' Narrative Experience", In *The Dynamics of Narrative Form. Studies in Anglo-American Narratology*. Edited by John Pier, 215-235. Berlin and New York: De Gruyter, 2004.

[51] Vaina, Lucia (ed.). "Les mondes possibles du texte." *Versus* 17 (1977): 3-13.

[52] Villeneuve, Johanne. *Le sens de l'intrigue, ou la narrativité, le jeu et l'invention du diable*. Laval: Presses de l'Univ. Laval, 2003.

Fantaisies chromatiques 色彩幻想[*]

■ （manière chinoise）（中国方式）

［瑞士］弗朗索瓦·德布律　文
史忠义[**]　译

1　*D'une demi – lune*
À la fenêtre
la demi – lune de la nuit
déjà a cédé la place
au soleil levant
d'un matin de printemps.

半月
窗前
夜间的半月
已让位于
春天早晨
初升的太阳。

2
Si belle la rive
sur l'autre rive
de tendres forêts
mêlées de brumes bleues

此岸多么美
而在彼岸
温柔的森林
裹着一身蓝雾

Si cruelle la distance
d'une rive à l'autre
du fleuve impassible.

距离多么残酷
从此岸到彼岸
江水阻隔。

---

[*] 这一组诗是瑞士著名诗人、小说家、评论家弗朗索瓦·德布律 2010 年应笔者之邀访问中国时的部分诗作。2012 年 11 月笔者赴法国和瑞士访学时，曾应邀出席了他的诗集《中国》（*La Chine*）的出版发布会。——译者注

[**] 史忠义，中国社会科学院外国文学研究所研究员。

Fantaisies chromatiques 色彩幻想

3
Si courte la distance   距离多么短
d'un cœur qui aime   从一颗爱着的心
au cœur qui l'aime   到另一颗爱它的心

Si longue la distance   距离多么远
et si nombreux les obstacles   从春到秋
de l'automne au printemps   从帝国的北方到南方
et du Nord au Sud de l'Empire. 关卡重重。

4   Éventail   扇子
À l'éventail d'un cerisier en fleurs   扇面上樱桃开花
des pétales de lumière blanche   花瓣透着白光
à chaque branche éclos   在枝上含苞
puis dépliés   然后绽放
au fond brun d'un ciel presque carré.   在方形的深褐色天空。

5   D'un faisan doré   锦鸡
Sur un fond d'or   金黄的底色
scellé de rouge   覆盖着大红
le faisan s'est posé   锦鸡卧于其间
capuchon blanc écharpe de pourpre   白头从紫衣脱出

Ses longues plumes   它长长的羽毛
lui font une traine   拖成一条裙裾
de marqueterie noire et brune   镶嵌黑色和棕黄

L'œil vif   眼珠骨碌碌

315

il épie	它窥视着
deux papillons	两只蝴蝶
échappés d'un buisson de calligrammes.	飞过灌木丛

6 *D'un rosier blanc*	白玫瑰树
Le rosier de roses blanches	白玫瑰树
ne manque pas d'épines	少不了刺
qui piquent les doigts	扎伤手指
déchirent la peau	划破皮肤
et font sur la main	给性子急的
de l'amateur empressé	爱好者的手上
de fines perles de carmin.	镶上紫红色的珍珠。

7 *Lampions dans le vent d'été*	夏风中的彩灯
Un grand vent s'est levé	一场大风卷起
un vent d'été	夏日的风
qui rend vain les éventails	让纸扇顿显无用
et bouscule la lune rouge	它在暗夜里
des lampions suspendus	摇曳着那轮
au noir de la nuit.	高悬在灯的红月。

8 *À main levée*	挥毫
À main levée	画家
sous pinceau de peintre	挥毫
trois fleurs d'orchidée	三朵兰花
parmi tiges d'herbe élancées	跃然纸上
De la même main	诗人
sous pinceau de poète	挥毫

Fantaisies chromatiques 色彩幻想

d'autres musiques
- d'autres cadences en silence.

另一些音乐
静默地渗透。

9   *Jeu d'enfant*

童趣

À l'enfant
une branche suffit
au dessin
de la feuille et du fruit.

对孩子
一截树枝足以
画出
叶子和果实。

10   *Signes*, *I*

素描一

Insectes :
signes cursifs
qu'une main habile
aura tracés
à la marge d'une page de papier clair.

昆虫
那是一只妙手
画在
白纸边缘的
素描。

11   *Signes*, *II*

素描二

Tantôt touffues tantôt déliées
savantes petites araignées d'encre
voyez-les qui dégringolent
le long de fils invisibles
sur fond de ciel pâle.

时浓，时疏
活生生的黑蜘蛛
瞧，正沿着无形的线
爬行
背景是夜空。

12   *D'un chat blanc*

白猫

Familier des artisans
de leurs boutiques d'encres rouges
de pinceaux et de papiers de soie
au coin de la rue
un chat blanc s'est arrêté

熟悉的工匠
他们的店铺里
各色笔墨宣纸
而在街角
蜷缩着一只白猫

317

De son œil vert et de son œil noir
Sceptique
il observe l'objectif qui le fixe.

它的绿眼珠它的黑眼珠
疑虑着
它观察正注视它的对象。

13 D'une averse d'été
La pluie est sans couleur
qui rend plus sombre
le gris des trottoirs
plus verte la verdure des feuillages
– et plus bleu le bleu du ciel
à lui – même revenu.

夏日暴雨
雨是无色的
它让灰色的街道
变得更暗
又让绿叶更绿
让蓝天更蓝
复归本色。

14 D'une fleur de lotus
Pétales roses étamines blanches
le lotus
dresse sa fleur de soie
comme fanion d'une victoire
sur les eaux bleues et noires
des marais engourdis.

一朵莲花
白绢上 玫瑰花
莲
从深沉的沼泽
从蓝黑相交的水面
升起它的花
就像胜利的旗。

15 Saisons des brumes
La brume ici
pénètre toutes les saisons
efface pontons et passerelles
lagunes et terres fermes

雾季
这里 雾
深入四季
淹没小船和舰桥
湖面和坚实的土地

Suspendues
les barques

轮渡
悬于

Fantaisies chromatiques　色彩幻想

entre mer et ciel　　　　　　　　　　　海天之间

Suspendue　　　　　　　　　　　　　　无岸之人的幻想
la rêverie des hommes sans rivages.　　悬于空中。

16　*Après un incendie*　　　　　　　火灾之后
De la forêt incendiée　　　　　　　　火灾之后
ne restent plus　　　　　　　　　　　森林只剩下
que troncs noirs et nus　　　　　　　烧黑的树干

Mais déjà l'herbe a repoussé　　　　但青草已发芽
d'un vert plus frais que jamais　　　草地更显嫩绿
et les passerelles de bambou　　　　重又搭起的
reconstruites　　　　　　　　　　　　那些竹架
conduisent le regard　　　　　　　　把目光引向
de falaises fauves en crêtes bleues.　蓝色山顶之上的褐色
　　　　　　　　　　　　　　　　　　悬崖。

17　*Crépuscule*　　　　　　　　　　夕阳
À la lumière incertaine du crépuscule　暮色的苍茫之光
Filtrée　　　　　　　　　　　　　　　被滤过
la boule rouge du soleil　　　　　　　夕阳的火红球
comme fruit du jour　　　　　　　　　宛如
trop mûr　　　　　　　　　　　　　　熟透的白昼之果
et près de tomber.　　　　　　　　　行将落地。

18　*Pleine lune*　　　　　　　　　　满月
Comme grand lampion jaune　　　　　犹若硕大的黄灯笼
aux branches de la nuit　　　　　　挂在黑夜的枝桠上

319

la pleine lune grimpe au ciel   满月爬上天空
puis elle répand   然后
l'égarement au cœur des hommes   把迷茫撒向男人心窝
et le sang   而把血
au ventre des femmes.   撒向女人腹腔。

19
Si bref   这样一场情爱的时间
le temps d'un tel amour   如此短促
qu'un coup d' éventail   合扇间
déjà en replie l'image.   已合上了爱的图像。

20　*De la tour du Tambour*   **鼓楼**
Tremble tremble   铿锵
la tour du Tambour   鼓楼
et toute la ville alentour   和周围的整座城市
quand vient l'heure   当关闭
de rabattre   黑夜之门
les portes de la nuit   的时刻来临时

Tremblent tremblent   忐忑 忐忑
les cœurs sans amour   没有爱的心灵
et le corps tout entier   和整个身体
quand vient l'heure   当离开
de quitter   欢乐和白昼
les plaisirs et les jours.   的时刻来临时。

21　*D'un chien errant*   **流浪狗**
Inquiet égaré   担惊 迷茫

320

Fantaisies chromatiques　色彩幻想

comme rêve étrange　　　　　　　　　犹如怪梦
à lui – même livré　　　　　　　　　　缠上了它
le chien errant　　　　　　　　　　　流浪狗
de terrain vague en terrain vague　　　　游走在
s'en va　　　　　　　　　　　　　　从苍茫之地到苍茫之地
et son chemin n' aura de fin　　　　　唯有睡眠或死亡
que le sommeil ou la mort.　　　　　　它的路才会终结。

22　　*D'un cheval décharné*　　　　　　瘦马

L'échine raide　　　　　　　　　　　脊柱陡峭
le corps efflanqué　　　　　　　　　身躯凹陷
il broute les derniers herbages　　　　它啃着
d'un automne gris　　　　　　　　　灰秋的最后青草
sur une terre trop basse　　　　　　　惜草地贫瘠
pour ses dernières forces.　　　　　　叹老马难肥。

23　　*D'un pêcheur immobile*　　　　　钓翁

Sa canne à pêche　　　　　　　　　钓鱼竿
dressée haut　　　　　　　　　　　高举
sur ciel vide et froid　　　　　　　　背后的蓝天清冷
le pêcheur attend　　　　　　　　　钓翁等着
 – puis n'attend plus　　　　　　　　然后不再等了
rêve seulement　　　　　　　　　　陷入幻境
au pied de la falaise　　　　　　　　山崖下的他
immobile　　　　　　　　　　　　一动不动
le regard perdu　　　　　　　　　　目光消逝在
plus loin que tout horizon.　　　　　地平线以远。

321

24	*D'une légère ivresse*	小醉

Léger parfumé　　　　　　　　　　清香的
l'alcool de riz　　　　　　　　　　白酒
pétille dans le bol　　　　　　　　在碗内冒泡
entre pétales de jasmin　　　　　　穿过茉莉花瓣
et minuscules chrysanthèmes　　　 与纤巧的菊花
 – puis pétille sur la langue　　　　然后沁入舌苔
et console l'esprit　　　　　　　　安神
des jours de froid　　　　　　　　浓灰色晚秋
d'un automne trop gris.　　　　　 干冷日子的神经。

25	*D'un premier hiver*	初冬

Sous la neige nouvelle de novembre　十一月的初雪日
trois passereaux désemparés　　　　三只慵懒的迷途鸟
de ne trouver　　　　　　　　　　在最高的树枝上
aux plus hautes branches　　　　　也找不到
ni feuilles ni fruits à picorer.　　　　充饥的绿叶和果实。

26	*D'un arbre moribond*	枯树

Évidé　　　　　　　　　　　　　　空心
le tronc noir　　　　　　　　　　　黑色的树身
d'un arbre qui ne survit　　　　　　仅仅为候鸟
que du séjour d'oiseaux passagers.　苟延着生命。

27	*Contre – jours*	逆光

Si noueux si décharné　　　　　　冬日的树木
l'arbre d'hiver　　　　　　　　　 如此纽结 如此干瘦
que l'on ne sait plus　　　　　　　拍摄者看不清
si ce sont branches ou racines　　　究竟是枝桠还是树根

Fantaisies chromatiques 色彩幻想

qui déchirent
la page aveuglante du ciel.

它撕裂着
苍穹的无形画绢。

28   *L'arrière – pays*

À l'arrière – pays
on ne parvient
qu'après des mois de voyage
et de pèlerinages incertains
Et toujours
la semelle s'use
les jambes se fatiguent
et le cœur cherche son bien.

内地

行旅者
历经数月旅行
和心里没底的朝圣
才到达内地
他持之以恒
踏破铁鞋
开动双脚
心灵寻觅着幸福。

29   *D'une forêt de stèles*, I

Dans la forêt de pierres dressées
plus hautes que nous et plus que
centenaires
dans la forêt de troncs noirs
sans branches ni racines

dans la forêt où tout n'est que signes
je m'aventure
démuni perdu
comme analphabète
aux allées d'une immense bibliothèque.

碑林一

在矗立的碑林
在这些比我们还高的数
百岁老人中
在挺身立柱
没有枝桠没有根孽的黑
森林中

在一切都是符号的碑林
我探索着前进
底气不足
像文盲一样迷失在
一座巨大文库的小径间。

30   *D'une forêt de stèles*, II

Dans l'enceinte de cette forêt
on pénètre par la porte de courtoisie

碑林二

人们从谦恭之门进入
这座碑林的腹带

323

et d'ici l'on ne sort qu'en franchissant	且只能通过穿越礼仪之门
celle des rites	才能走出这条腹带
C'est que l'on est entré ignorant	因为进入时无知
et modeste	又虚心
et que l'on s'en va	而走出时
plus modeste et plus ignorant encore	更虚心且更觉愚昧
Ne reste qu'à s'incliner.	我们只有顶礼膜拜。